Réussir

Eureka Math®

4e année
Modules 1 à 4

Great Minds PBC is the creator of Eureka Math®,
Wit & Wisdom®, Alexandria Plan™, and PhD Science™.

Published by Great Minds PBC. greatminds.org

ISBN 978-1-64929-092-2

1 2 3 4 5 6 7 8 9 10 XXX 25 24 23 22 21 20

Printed in the USA

Apprendre ♦ Pratiquer ♦ Réussir

Le matériel pédagogique d'*Eureka Math*® pour *A Story of Units*® (K-5) est proposé dans le trio *Apprendre, Pratiquer, Réussir* Cette série prend en charge la différenciation et la remédiation tout en gardant les documents pour les élèves organisés et accessibles. Les éducateurs constateront que la série *Apprendre, Pratiquer,* et *Réussir* propose également des ressources cohérentes—et donc plus efficaces—pour la réponse à l'intervention (RAI), la pratique supplémentaire et l'apprentissage pendant l'été.

Apprendre

Apprendre d'Eureka Math sert de compagnon de classe aux élèves, où ils montrent leurs réflexions, partagent ce qu'ils savent et voient leurs connaissances s'enrichir chaque jour. Apprendre rassemble le travail quotidien en classe—Problèmes d'application, Tickets de sortie, Séries de problèmes, Modèles—dans un volume organisé et facilement navigable.

Entraînement

Chaque leçon *Eureka Math* commence par une série d'activités de perfectionnement énergiques et joyeuses, y compris celles se trouvant dans Pratiquer *d'Eureka Math*. Les élèves qui maîtrisent déjà leurs savoirs en mathématiques peuvent acquérir une plus grande maîtrise pratique, encore plus approfondie. Avec *Pratiquer,* les élèves acquièrent des compétences dans les savoirs nouvellement acquis et renforcent leurs apprentissages antérieurs en vue de la leçon suivante.

Ensemble, *Apprendre* et *Pratiquer* fournissent tout le matériel imprimé que les élèves utiliseront pour leur enseignement fondamental des mathématiques.

Réussir

Réussir d'Eureka Math permet aux élèves de travailler individuellement vers leur maîtrise. Ces séries additionnelles de problèmes font correspondre chaque leçon à l'enseignement en classe, ce qui les rend idéaux comme devoirs ou entraînements supplémentaires. Chaque ensemble de problèmes est accompagné d'une Aide aux devoirs, un ensemble d'exemples concrets qui illustrent comment résoudre des problèmes similaires.

Les enseignants et les tuteurs peuvent utiliser les livres *Réussir* des niveaux précédents comme outils cohérents avec le programme pour combler des lacunes dans les connaissances fondamentales. Les élèves s'épanouiront et progresseront plus rapidement parce que les modèles familiers facilitent les connexions au contenu de leur niveau scolaire actuel.

EUREKA MATH®

Élèves, familles et éducateurs :

Merci de faire partie de la communauté *Eureka Math®*, qui célèbre la passion, l'émerveillement et le plaisir des mathématiques.

Rien ne vaut la satisfaction de la réussite : plus les élèves sont compétents, plus leur motivation et leur engagement sont grands. *Le livre Eureka Math Réussir* fournit les conseils et les exercices supplémentaires dont les élèves ont besoin pour consolider leurs connaissances de base et acquérir la maîtrise de nouveaux matériaux.

Que contient le livre Réussir ?

Les livres *Eureka Math Réussir* fournissent des ensembles d'exercices pratiques qui complémentent les leçons de *Une histoire d'unités®*. Chaque leçon de *Réussir* commence par un ensemble d'exemples travaillés, appelés "aides aux devoirs", qui illustrent la façon dont le programme d'études utilise la modélisation et le raisonnement pour renforcer la compréhension. Ensuite, les élèves s'exercent à l'aide d'une série de problèmes soigneusement séquencés afin de partir d'une zone de confort, puis augmentent progressivement en complexité.

Comment utiliser Réussir ?

La série de livres *Réussir* peut être utilisée comme enseignement différencié, exercices pratiques, devoirs ou comme soutien scolaire. Associées à *Affirmé®*, le système d'évaluation numérique d'*Eureka Math*, les leçons de *Réussir* permettent aux éducateurs de dispenser une pratique ciblée et d'évaluer les avancées des élèves. L'alignement de *Réussir* avec les modèles mathématiques et le langage utilisés dans *Une Histoire d'Unités* assurent aux élèves la compréhension les liens et la pertinence de leur enseignement quotidien, qu'ils travaillent sur les compétences de base ou qu'ils s'exercent dans la thématique du moment.

Où puis-je en savoir plus sur les ressources Eureka Math ?

L'équipe de Great Minds® s'engage à aider les élèves, les familles et les éducateurs avec une bibliothèque de ressources en constante expansion, disponible sur le site eureka-math.org. *Le site Web propose également des histoires de réussite inspirantes survenues dans la communauté Eureka Math. Partagez vos idées et vos réalisations avec d'autres utilisateurs en devenant un Champion d'Eureka Math.*

Meilleurs vœux pour une année remplie de moments Eureka !

Jill Diniz
Directrice des mathématiques
Great Minds

Contenu

Module 1 : Valeur de position, arrondi et algorithmes pour l'addition et la soustraction

Module 2 : Conversions d'unités et résolution de problèmes avec la mesure métrique

Module 3 : Multiplication et division à plusieurs chiffres

Sujet B : Mesure d'angle

Sujet C : Résolution de problèmes avec l'ajout de mesures d'angle

Sujet D : Figures bidimensionnelles et symétrie

4e année
Module 1

1. Étiquette les tableaux de valeur de position. Remplis les blancs pour que les équations suivantes soient correctes. Dessine des ronds dans le tableau de valeur de position pour montrer comment tu as obtenu ta réponse, en utilisant des flèches pour montrer tout regroupement.

dix × 3 unités = **30** unités = ***3 dizaines***

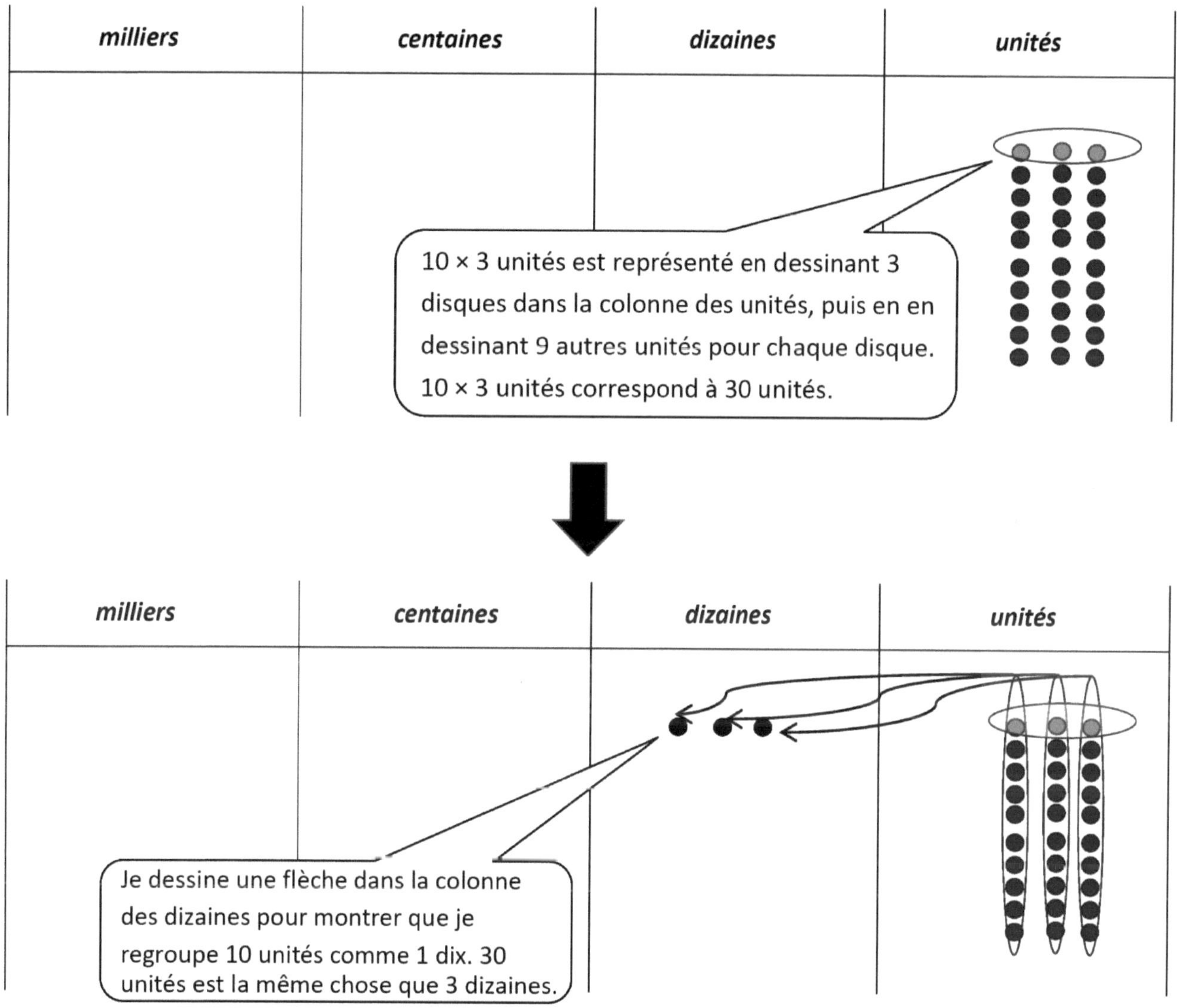

2. Complète les déclarations suivantes en utilisant tes connaissances sur la valeur de position. Ensuite, utilise des images, des chiffres ou mots pour expliquer comment tu as obtenu ta réponse.

<u>60</u> centaines est égale à 6 milliers.

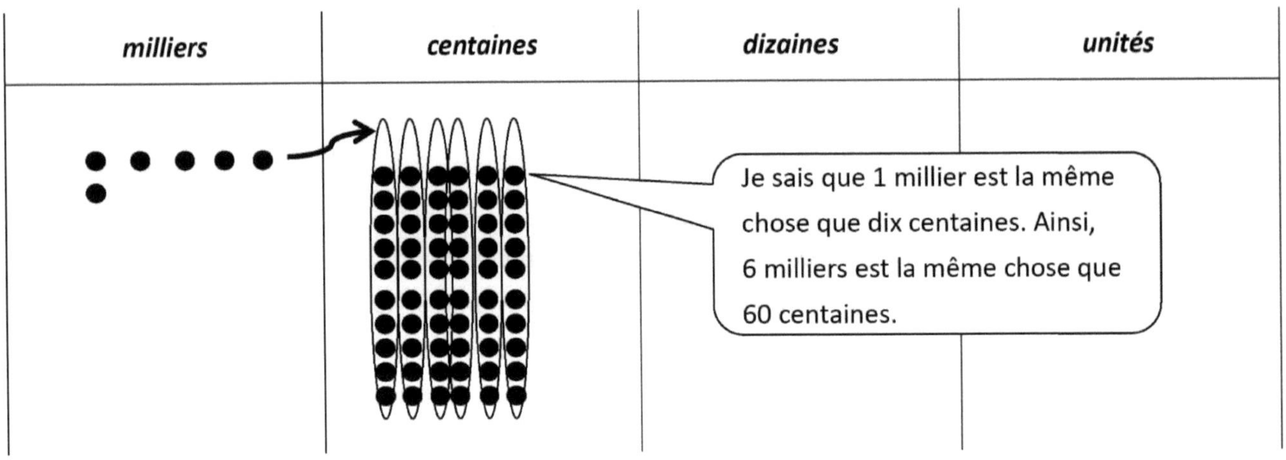

3. Gabby a 50 livres dans sa chambre. Sa maman a dix fois plus de livres dans son bureau. Combien de livres la maman de Gabby a-t-elle ? Utilise des chiffres ou des mots pour expliquer comment tu as obtenu ta réponse.

5 *dizaines* × 10 = 50 *dizaines*

La mère de Gabby a 500 livres dans son bureau.

50 dizaines est la même chose que 5 centaines. Je peux écrire ma réponse sous forme standard dans une phrase pour expliquer ma réponse.

Nom ____ Date ____________________

1. Étiquette les tableaux de valeur de position. Remplis les blancs pour que les équations suivantes soient correctes. Dessine des ronds dans le tableau de valeur de position pour montrer comment tu as obtenu ta réponse, en utilisant des flèches pour montrer tout regroupement.

   a. dix × 4 unités = __________ unités = __________

   b. 10 × 2 dizaines = __________ dizaines = __________

   c. 5 centaines × 10 = __________ centaines = __________

2. Complète les déclarations suivantes en utilisant tes connaissances sur la valeur de position :

   a. 10 fois 1 centaine est égale à ______ centaines ou ______ millier.

   b. 10 fois plus que ______ centaines égale 60 centaines ou ______ milliers.

   c. ________________________________ 8 centaines égale 8 milliers.

   d. __________ centaines équivaut à 4 milliers.

   Utilise des images, des nombres ou des mots pour expliquer comment tu as obtenu ta réponse pour la partie (d).

3. Katrina dispose de 60 Go de stockage sur sa tablette. Le père de Katrina a 10 fois plus d'espace de stockage sur son ordinateur. Combien d'espace de stockage le père de Katrina a-t-il ? Utilise des chiffres ou des mots pour expliquer comment tu as obtenu ta réponse.

4. Katrina a économisé 200 $ pour acheter sa tablette. Son père a dépensé 10 fois plus pour acheter son nouvel ordinateur. Combien a coûté l'ordinateur de son père ? Utilise des chiffres ou des mots pour expliquer comment tu as obtenu ta réponse.

5. Remplis les blancs pour faire des déclarations correctes.

   a. 4 fois 3 égale _______.

   b. 10 fois 9 égale _______.

   c. 700 égale 10 fois _______.

   d. 8.000 égale ________________________________800.

6. Le grand-père de Tomas a 100 ans. Le grand-père de Tomas est 10 fois plus âgé que Tomas. Quel âge a Tomas ?

1. Étiquette et représente le produit ou le quotient en dessinant des ronds sur le tableau de valeur de position.

   a. 10×3 milliers = **30** milliers = ***3 dizaines de milliers***

millions	*centaines de milliers*	*dizaines de milliers*	*milliers*	*centaines*	*dizaines*	*unités*

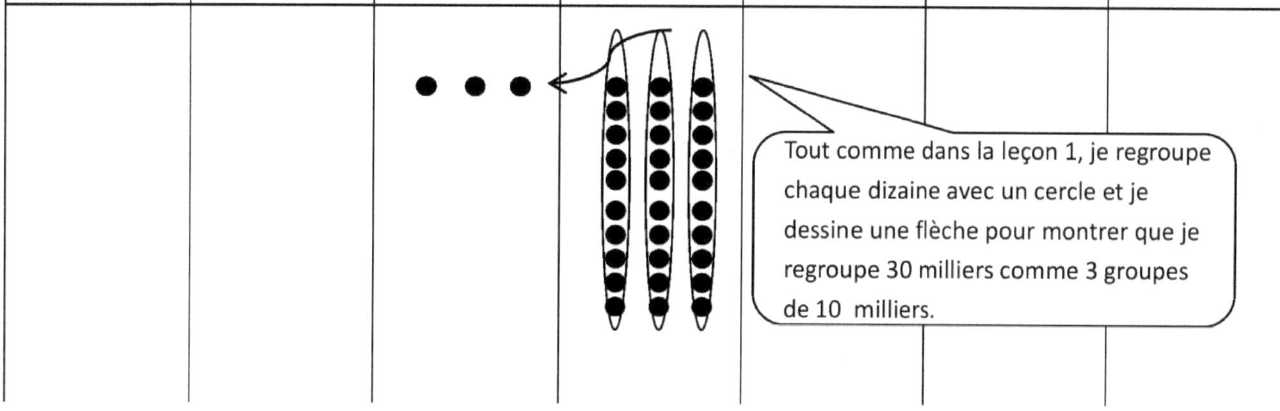

   b. 2 milliers $\div 10$ = **20** centaines $\div 10$ = **2 centaines**

millions	*centaines de milliers*	*dizaines de milliers*	*milliers*	*centaines*	*dizaines*	*unités*

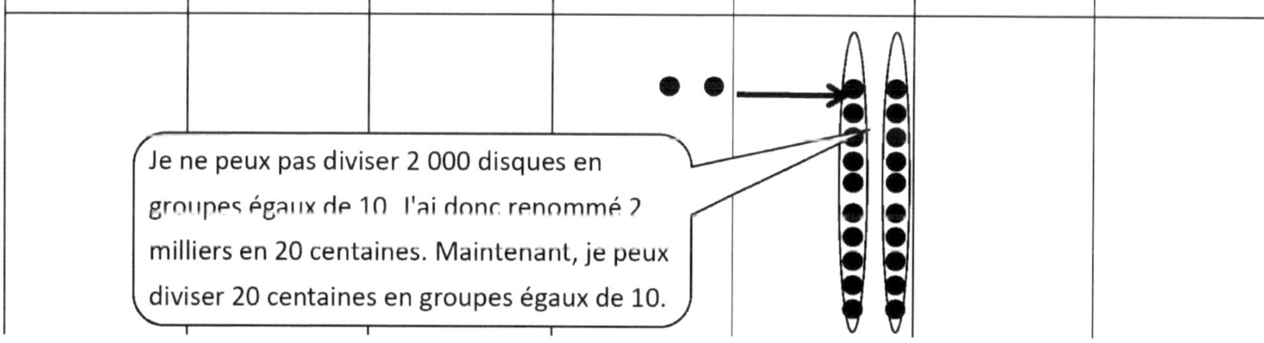

2. Résous chaque expression en écrivant la solution sous la forme unitaire et sous la forme standard.

Expression	Forme d'unité	Forme standard
(3 dizaines 2 unités) × 10	**30 *dizaines* 20 *unités***	**320**

Je multiplie chaque type d'unité, les dizaines et les unités, par 10.

3. Résous.

840 allumettes se trouvent dans 1 boîte. 10 fois plus d'allumettes se trouvent dans un paquet. Combien d'allumettes y a-t-il dans un paquet ?

84 dizaines × 10 correspond à 840 dizaines ou 84 centaines.

$\mathbf{840 \times 10 = 8,400}$

Un paquet d'allumettes contient 8 400 allumettes.

Je peux utiliser le formulaire des unités pour faciliter la multiplication et vérifier ma réponse sous une forme standard.

Nom ______________________________ Date ________________

1. Comme tu l'as fait pendant la leçon, étiquette et représente le produit ou le quotient en dessinant des ronds sur le tableau de valeur de position.

   a. 10 × 4 milliers = ________ milliers = ____________________

   b. 4 milliers ÷ 10 = __________ centaines ÷ 10 = ____________________

2. Résous chaque expression en écrivant la solution sous la forme unitaire et sous la forme standard.

Expression	Forme unitaire	Forme standard
10 × 3 dizaines		
5 centaines × 10		
9 dizaines de milliers ÷ 10		
dix × 7 milliers		

3. Résous chaque expression en écrivant la solution sous la forme unitaire et sous la forme standard.

Expression	Forme unitaire	Forme standard
(2 dizaines 1 unité) × 10		
(5 centaines 5 dizaines) × 10		
(2 milliers 7 dizaines) ÷ 10		
(4 dizaines de milliers 8 centaines) ÷ 10		

4. a. Emily a récolté 950 $ en vendant des biscuits Girl Scout toute la journée de samedi. La troupe d'Emily a récolté 10 fois plus qu'elle. Quelle somme la troupe d'Emily a-t-elle récoltée ?

b. Samedi, Emily a récolté 10 fois plus que lundi. Quelle somme Emily a-t-elle collectée lundi ?

1. Réécris le nombre suivant, y compris le point là où c'est nécessaire :

   30030033003 ___30.030.033.003___

   J'utilise un point tous les 3 chiffres à partir de la droite pour indiquer les périodes ou le regroupement d'unités - unités, milliers, millions et milliards.

2. Résous chaque expression. Note ta réponse sous la forme standard.

   Je peux ajouter 5 dizaines + 9 dizaines = 14 dizaines.

Expression	Forme standard
5 dizaines + 9 dizaines	**140**

   14 dizaines est la même chose que 10 dizaines et 4 dizaines. Je peux regrouper 10 dizaines pour en faire 1 centaine. 14 dizaines équivaut à 140.

3. Représente chaque terme par des ronds de valeur de position dans le tableau de valeur de position. Montre la composition d'unités plus grandes à partir de 10 unités plus petites. Écris la somme sous la forme standard.

   3 milliers + 14 centaines = ___**4.400**___

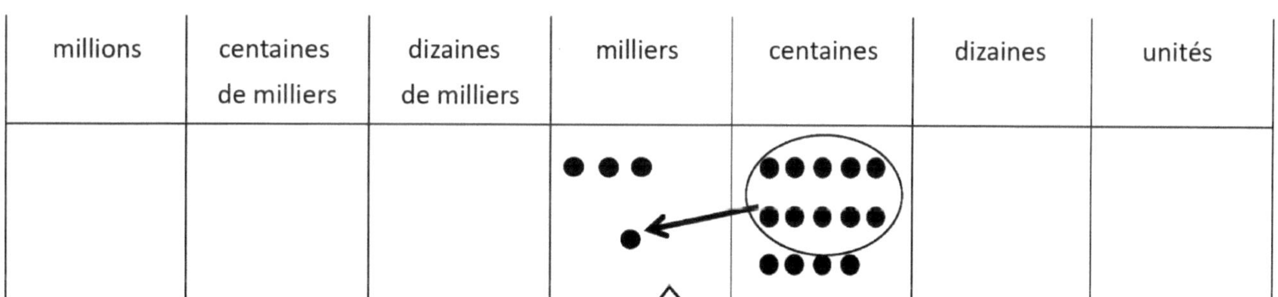

Après avoir dessiné 3 milliers et 14 centaines de disques, je remarque que 10 centaines peuvent être regroupées en 1 millier. Maintenant, ma photo montre 4 milliers 4 centaines, soit 4 400.

4. Utilise des chiffres ou des ronds sur le tableau de valeur de position pour représenter les équations suivantes. Écris le produit sous la forme standard.

(5 dizaines de milliers 3 milliers) $\times 10 =$ **530.000**

Combien de milliers as-tu dans ta réponse ? **530 *milliers***

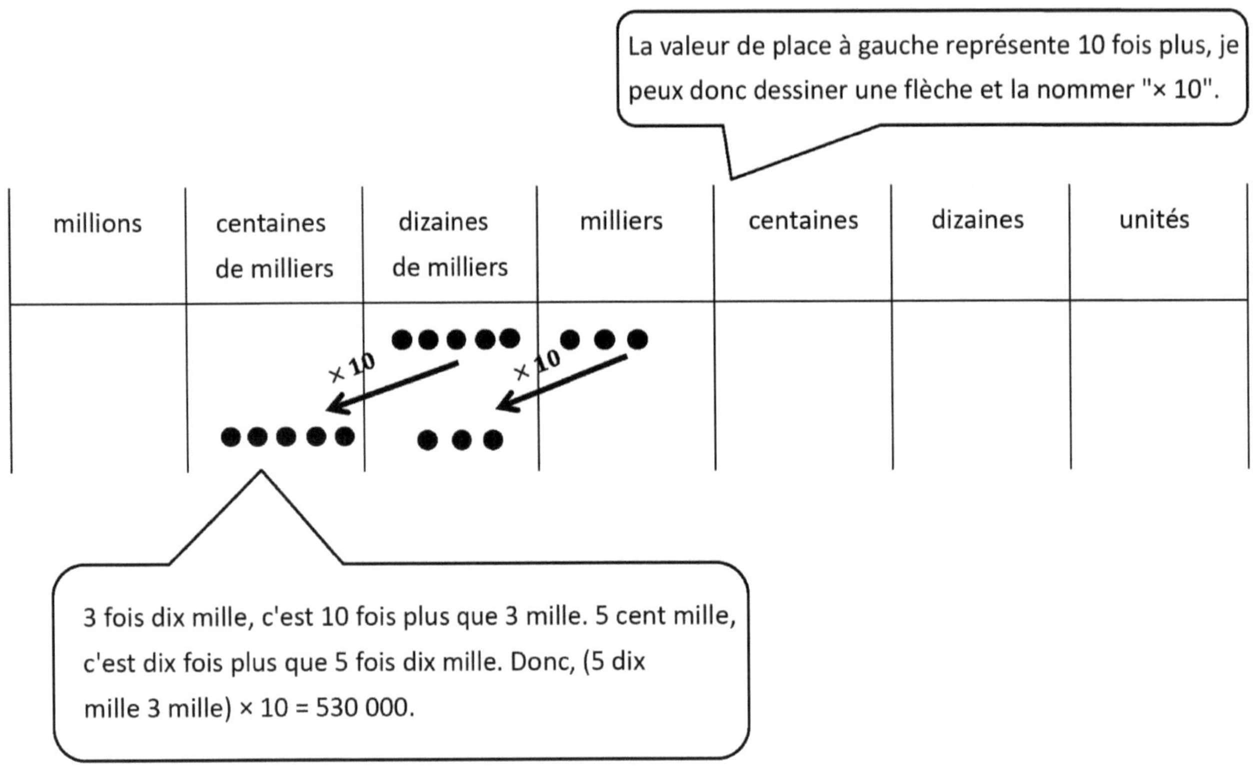

EUREKA MATH

Nom ____________________ Date ____________

1. Réécris les nombres suivants y compris le point là où c'est nécessaire :

   a. 4321 ____________ b. 54321 ____________

   c. 224466 ____________ d. 2224466 ____________

   e. 10010011001 ____________

2. Résous chaque expression. Note ta réponse sous la forme standard.

Expression	Forme standard
4 dizaines + 6 dizaines	
8 centaines + 2 centaines	
5 milliers + 7 milliers	

3. Représente chaque terme par des ronds de valeur de position dans le tableau de valeur de position. Montre la composition d'unités plus grandes à partir de 10 unités plus petites. Écris la somme sous la forme standard.

   a. 2 milliers + 12 centaines = ____________________

millions	centaines de milliers	dizaines de milliers	milliers	centaines	dizaines	unités

b. 14 dizaines de milliers + 12 milliers = ______________________

millions	centaines de milliers	dizaines de milliers	milliers	centaines	dizaines	unités

4. Utilise des chiffres ou des ronds sur le tableau de valeur de position pour représenter les équations suivantes. Écris le produit sous la forme standard.

   a. 10 × 5 milliers = ______________________

   Combien de milliers as-tu dans ta réponse ? ____________

millions	centaines de milliers	dizaines de milliers	milliers	centaines	dizaines	unités

   b. (4 dizaines de milliers 4 milliers) × 10 = ______________________

   Combien de milliers as-tu dans ta réponse ? ____________

millions	centaines de milliers	dizaines de milliers	milliers	centaines	dizaines	unités

c. (27 milliers 3 centaines 5 unités) × 10 = ______________________________

Combien de milliers as-tu dans ta réponse ? ____________________________

millions	centaines de milliers	dizaines de milliers	milliers	centaines	dizaines	unités

5. Une grande épicerie a reçu une commande de 2 mille pommes. Une école voisine a reçu une commande de 20 caisses de pommes contenant chacune 100 pommes. Utilise des chiffres ou des ronds sur le tableau de valeur de position pour comparer le nombre de pommes reçues par l'école et le nombre de pommes reçues par l'épicerie.

1.

a. Sur le tableau de valeur de position ci-dessous, étiquette les unités et représente le nombre 43.082.

millions	*centaines de milliers*	*dizaines de milliers*	*milliers*	*centaines*	*dizaines*	*unités*
		●●●●	●●●		●●●●● ●●●	●●

b. Écris le nombre en toutes lettres. ***quarante-trois mille quatre-vingt-deux***

Je lis 43 082 dans ma tête. J'écris les mots que je dis. J'ajoute des virgules pour séparer les périodes de milliers et de uns, tout comme je le fais lorsque j'écris des chiffres.

c. Écris le nombre sous sa forme développée. 40.000 + 3.000 + 80 + 2.

J'écris la valeur de chaque chiffre dans 43 082 comme une expression d'addition. Le 4 a une valeur de 4 dix mille, que j'écris sous la forme standard de 40.000. 43.082 = 40.000 + 3.000 + 80 + 2.

2. Utilise des images, des nombres et des mots pour expliquer une autre manière de dire 39 centaines.

Une autre manière de dire 39 centaines est 3 mille, 9 cents. Je peux écrire 3. 900, et je dessine 39 centaines de ronds comme 3 milliers de ronds et 9 centaines de ronds.

millions	*centaines de milliers*	*dizaines de milliers*	*milliers*	*centaines*	*dizaines*	*unités*

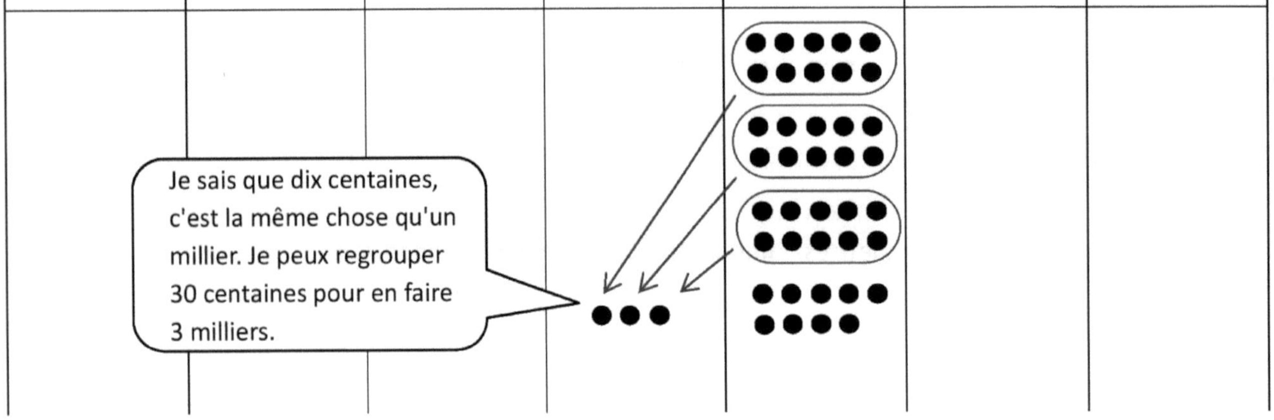

Nom ____________________________ Date ________________

1. a. Sur le tableau de valeur de position ci-dessous, étiquette les unités et représente le nombre 50.679.

b. Écris le nombre en toutes lettres.

c. Écris le nombre sous sa forme développée.

2. a. Sur le tableau de valeur de position ci-dessous, étiquette les unités et représente le nombre 506.709.

b. Écris le nombre en toutes lettres.

c. Écris le nombre sous sa forme développée.

3. Complète le tableau suivant :

Forme standard	En toutes lettres	Forme développée
	cinq mille trois cent soixante-dix	
		50.000 + 300 + 70 + 2
	trente-neuf mille sept cent un	
309.017		
770.070		

4. Utilise des images, des nombres et des mots pour expliquer une autre manière de dire soixante-cinq centaines.

1. Étiquette les unités dans le tableau de valeur de position. Dessine des ronds de valeur de position pour représenter chaque nombre dans le tableau de valeur de position. Utilise $<$, $>$, ou $=$ pour comparer les deux nombres. Écris le bon symbole dans le cercle.

503.421 (>) 350.491

Je note le symbole de comparaison "Plus grand que".

millions	*centaines de milliers*	*dizaines de milliers*	*milliers*	*centaines*	*dizaines*	*unités*
	●●●●●		●●●	●●●●	●●	●
	●●●	●●●●●		●●●●	●●●●● ●●●●	●

Je note la valeur de chaque chiffre à l'aide de disques de valeurs de lieu, en plaçant 503 421 dans la moitié supérieure et 350 491 dans la moitié inférieure du tableau des valeurs de position Je peux clairement voir et comparer l'unité avec la plus grande valeur - cent mille. 5 cent mille est supérieur à 3 cent mille. 503 421 est plus grand que 350 491.

2. Compare les deux nombres en utilisant les symboles $<$, $>$, ou $=$. Écris le bon symbole dans le cercle.

six cent deux mille quatre cent soixante-treize (<) $600.000 + 50.000 + 2.000 + 700 + 7$

Cela m'aide à résoudre le problème si j'écris les deux chiffres sous une forme standard.

602.473 (<) **652.707**

Comme la valeur de la plus grande unité est la même, je compare la deuxième plus grande unité, les dix mille. Zéro dix mille, c'est moins que cinq dix mille. Donc, 602 473, c'est plus petit que 652 707. Je note le symbole de comparaison "moins que" pour compléter ma réponse.

3. Jill a 1.462 $, Adam a 1.509 $, Cristina a 1.712 $, et Robin a 1.467 $. Classe les sommes d'argent dans l'ordre du plus grand au plus petit. Ensuite, nomme qui a le plus d'argent.

milliers	*centaines*	*dizaines*	*unités*
1	4	6	2
1	5	0	9
1	7	1	2
1	4	6	7

Le fait de répertorier les montants d'argent dans un tableau de valeurs de position m'aide à voir les valeurs dans chaque unité

Je remarque que 1 462 et 1 467 ont tous deux 1 millier, 4 centaines et 6 unités. Donc, je compare les deux. 7 est plus grand que 2. 1 467 est plus grand que 1 462.

1 712 $ > 1 509 $ > 1 467 $ > 1 462 $

C'est Cristina qui a le plus d'argent.

Nom ____ Date ____________________

1. Étiquette les unités dans le tableau de valeur de position. Dessine des ronds de valeur de position pour représenter chaque nombre dans le tableau de valeur de position. Utilise <, >, ou = pour comparer les deux nombres. Écris le bon symbole dans le cercle.

   a.

   9.09.013 ◯ 90.013

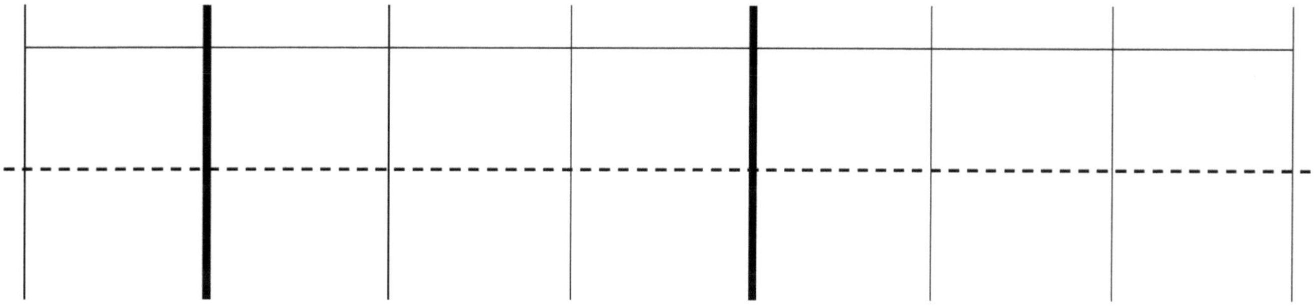

   b.

   2.10.005 ◯ 2.20.005

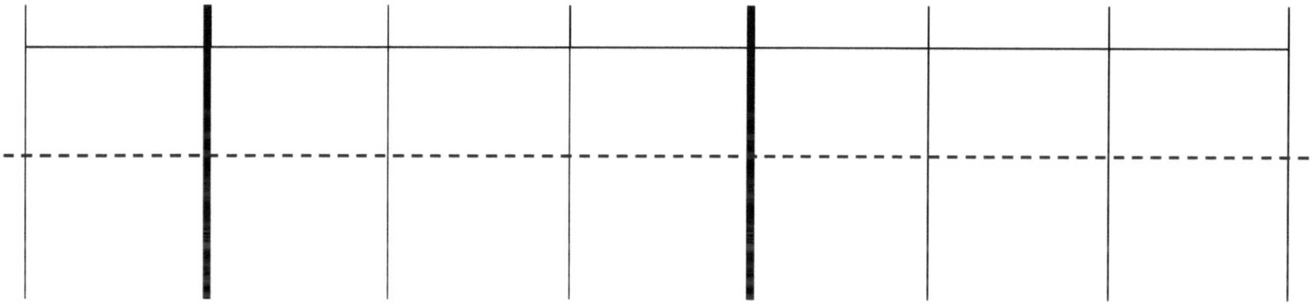

2. Compare les deux nombres en utilisant les symboles <, >, et =. Écris le bon symbole dans le cercle.

a. 501.107 ◯ 89.171

b. 300.000 + 50.000 + 1.000 + 800 ◯ six cent cinq mille neuf cent huit

c. 3 centaines de milliers 3 milliers 8 centaines 4 dizaines ◯ 303.840

d. 5 centaines 6 dizaines de milliers 2 unités ◯ 3 dizaines de milliers 5 centaines 1 unité

3. Utilise les informations du tableau ci-dessous pour classer la hauteur, en pieds, de chaque gratte-ciel du plus petit au plus grand. Ensuite, nomme le plus haut gratte-ciel.

Nom du gratte-ciel	**Hauteur du gratte-ciel (pi)**
Willis Tower	1.450 pi
Une tour du World Trade Center	1.776 pi
Taipei 101	1.670 pi
Tours Petronas	1.483 pi

4. Classe ces nombres du plus petit au plus grand : 7.550 5.070 750 5.007 7.505

5. Classes ces nombres du plus grand au plus petit : 426.000 406.200 640.020 46.600

6. Les superficies des 50 États des États-Unis peuvent être mesurées en miles carrés.

   La Californie a une superficie de 158.648 miles carrés. Le Nevada a une superficie de 110.567 miles carrés. L'Arizona a une superficie de 114.007 miles carrés. LeTexas a une superficie de 266.874 miles carrés. Le Montana a une superficie de 147.047 miles carrés et l'Alaska de 587.878 miles carrés.

   Classe les États de la superficie la plus petite à la plus grande.

1. Étiquette le tableau de valeur de position. Utilise des ronds de valeur de position pour trouver la somme ou la différence. Écris la réponse sous la forme standard sur la ligne.

   a. 100.000 en moins que six cent trente mille cinq cent dix-sept est **530. 517**.

millions	*centaines de milliers*	*dizaines de milliers*	*milliers*	*centaines*	*dizaines*	*unités*
	●●●●● ● (rayé)	●●●		●●●●●	●	●●●●● ●●

Après avoir modélisé 630 517, j'ai rayé le disque de cent mille. 100.000 moins que 630 517 égale 530 517.

   b. 260 993, c'est **10 000 de plus** que 250 993.

millions	*centaines de milliers*	*dizaines de milliers*	*milliers*	*centaines*	*dizaines*	*unités*
	●●	●●●●● ● (entouré)		●●●●● ●●●●	●●●●● ●●●●	●●●

Pour modéliser 260 993 par rapport à 250 993, j'ajoute 1 disque de dix mille. 60 000, c'est 10 000 de plus que 50 000. Par conséquent, 260 993 égale 10 000 de plus que 250 993.

2. Remplis le blanc pour cette équation :

   17 082 – 1 000 = **16.082**.

Il y a 17 centaines dans 17 082. 1 millier de moins que 17 milliers, c'est 16 milliers.

3. Remplis les cases pour compléter les modèles. Explique avec des images, des chiffres ou des mots comment tu as trouvé tes réponses.

245.975	**345. 975**	445.975	**545.975**	645.975	**745.975**

Réponse élève 1 :

Je vois que les centaine de milliers augmentent. Les autres unités restent les mêmes. Dans le premier chiffre, il y en a deux centaines de milliers. Ensuite, il y a 4 centaines de milliers et 6 centaines de milliers. Je peux remplir les cases avec 3 centaines de milliers, 5 centaines de milliers et 7 centaines de milliers. Chaque nombre dans le modèle augmente de 1 centaine de millier à chaque fois.

Je réponds à la question : "Les chiffres du modèle augmentent-ils ou diminuent-ils ? De combien ?

Réponse élève 2 :

Les nombres augmentent de* 100. 000 *à chaque fois.

centaines de milliers	*dizaines de milliers*	*milliers*	*centaines*	*dizaines*	*unités*
2	4	5	9	7	5
3	4	5	9	7	5
4	4	5	9	7	5
5	4	5	9	7	5
6	4	5	9	7	5
7	4	5	9	7	5

J'écris rapidement des chiffres au lieu de disques de chiffres. Je vois clairement que les centaines de milliers augmentent. Les autres valeurs ne changent pas.

245 975 + 100 000 = 345 975

345 975 + 100 000 = 445 975

445 975 + 100 000 = 545 975

545 975 + 100 000 = 645 975

645 975 + 100 000 = 745 975

J'écris une série de phrases numériques pour montrer le même changement à chaque fois. La règle du modèle est "ajoutez 100 000".

Nom ______________________________ Date ____________________

1. Étiquette le tableau de valeur de position. Utilise des ronds de valeur de position pour trouver la somme ou la différence. Écris la réponse sous la forme standard sur la ligne.

   a. 100.000 en moins que cinq cent soixante mille trois cent treize égale______________.

   b. Dix mille en plus que 300.000 + 90.000 + 5.000 + 40 égale ____________________.

   c. 447.077 est______________________________ que 347.077.

2. Remplis le blanc pour chaque équation :

   a. 100.000 + 76.960 = ____________

   b. 13.097 - 1.000 = ____________

   c. 849.000 - 10.000 = ____________

   d. 442.210 + 10.000 = ____________

   e. 172.090 = 171.090 + ____________

   f. 854.121 = 954.121 - ____________

3. Remplis les cases vides pour compléter les modèles.

a.

145.555		147.555		149.555	

Explique avec des images, des chiffres ou des mots comment tu as trouvé tes réponses.

b.

	764.321	774.321			804.321

Explique avec des images, des chiffres ou des mots comment tu as trouvé tes réponses.

c.

125.876	225.876		425.876		

Explique avec des images, des chiffres ou des mots comment tu as trouvé tes réponses.

d.

	254.445			224.445	214.445

Explique avec des images, des chiffres ou des mots comment tu as trouvé tes réponses.

4. En 2012, Charlie a gagné un salaire annuel de 54.098 $. Début de l'année 2013, le salaire annuel de Charlie a été augmenté de 10.000 $. Combien Charlie gagne-t-il en 2013 ? Utilise des images, des mots ou des nombres pour expliquer ton raisonnement.

1. Arrondis au millier près. Utilise la ligne numérique pour modéliser ton raisonnement.

a. 3 941 ≈ **4.000**

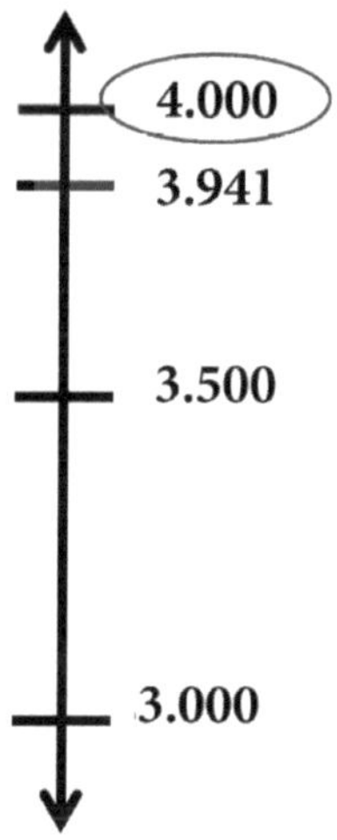

Il y en a 3 milliers dans 3 941. Un millier de plus, c'est quatre mille. Je marque 3 000 et 4 000 comme les extrémités d'une ligne de nombres verticale.

b. 53 269 ≈ **53.000**

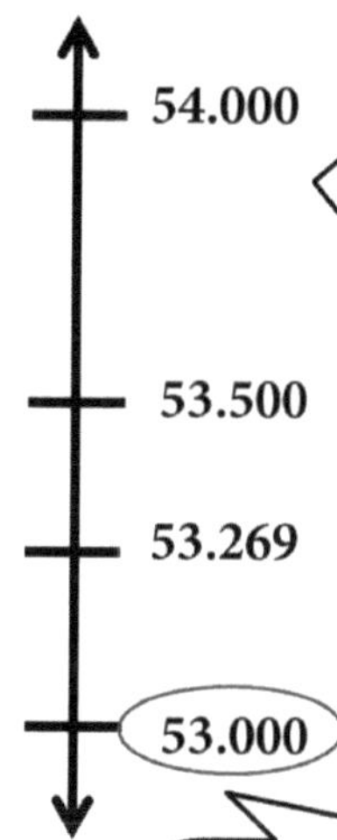

Une ligne de nombres verticale me permet d'aligner les chiffres des nombres que j'enregistre. Cela me permet aussi de savoir plus facilement : "Arrondir vers le haut ou vers le bas ?

53 269, c'est moins que 53 500. 53 269 est plus proche de 53 000 que de 54 000. 53 269 arrondi au millier le plus proche est 53 000.

2. En 2013, les vacances familiales ont coûté 3.809 $. En 2014, les vacances familiales ont coûté 4.699 $. Pour chaque vacances, la famille avait prévu un budget d'environ 4.000 $. En quelle année, la famille est-elle le plus près de son budget ? Arrondis au millier près. Utilise tes connaissances sur la valeur de position pour expliquer ta réponse.

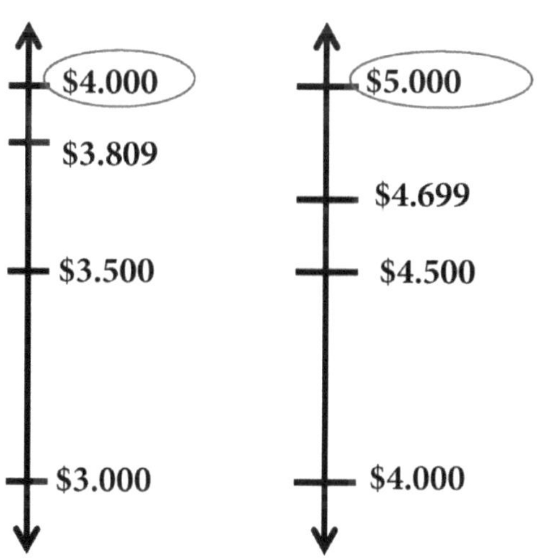

Je trace deux lignes de chiffres, une pour chaque année.

En 2013, ils sont restés plus proches de leur budget. Je le sais parce que 3 809 dollars arrondis au millier le plus proche représentent 4 000 dollars, et 4 699 dollars arrondis au millier le plus proche représentent 5 000 dollars. En 2014, la famille a dépassé son budget d'environ 1 000 dollars.

Nom ______________________________ Date ______________

1. Arrondis au millier près. Utilise la ligne numérique pour modéliser ton raisonnement.

a. 5.900 ≈ ______________

b. 4.180 ≈ ______________

c. 32.879 ≈ ______________

d. 78.600 ≈ ______________

e. 251.031 ≈ ______________

f. 699.900 ≈ ______________

2. Steven a rassemblé 981 pièces d'un puzzle. Combien de pièces a-t-il rassemblées ? Arrondis au millier près. Utilise tes connaissances sur la valeur de position pour expliquer ta réponse.

3. La famille de Louise est partie en vacances à Disney World. Leurs vacances ont coûté 5.990 $. La famille de Sophia est allée en vacances aux chutes du Niagara. Leurs vacances ont coûté 4.720 $. Les deux familles avaient prévu environ 5.000 $ pour leurs vacances. Quelle famille est restée le plus proche de son budget ? Arrondis au millier près. Utilise tes connaissances sur la valeur de position pour expliquer ta réponse.

4. Le frère de Marsha voulait de l'aide pour la première question de son devoir. La question demandait aux élèves d'arrondir 128.902 au millier près, puis d'expliquer la réponse. Le frère de Marsha pensait que la réponse était 128.000. Sa réponse était-elle correcte ? Comment le sais-tu ? Utilise des images, des chiffres ou des mots pour l'expliquer.

1. Complète chaque déclaration en arrondissant le nombre à la valeur de position donnée. Utilise la ligne numérique pour montrer ton travail.

   a. 41.899 arrondi à la dizaine de milliers près est **40.000**

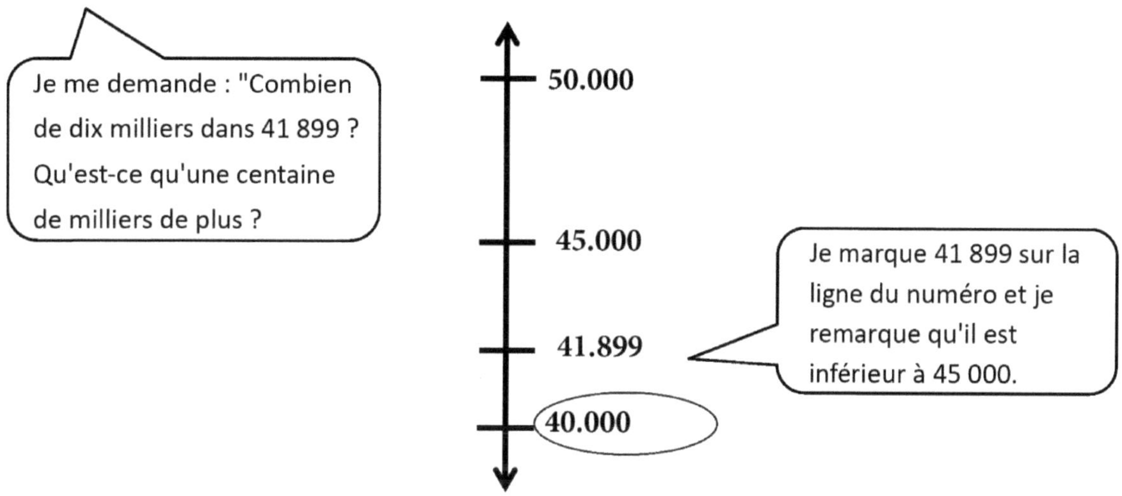

   b. 267.072 arrondi à la centaine de milliers près est **300. 000**

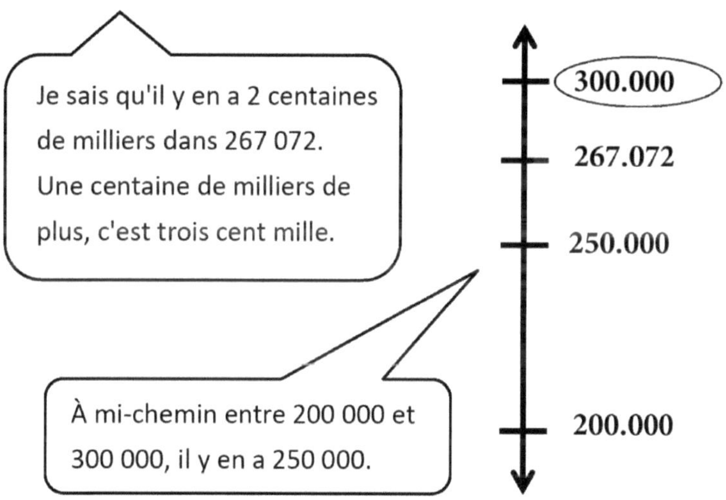

2. 982.510 livres ont été téléchargés en un an. Arrondis ce nombre à la centaine de milliers près pour estimer le nombre de livres qui ont été téléchargés en un an. Utilise une ligne numérique pour montrer ton travail.

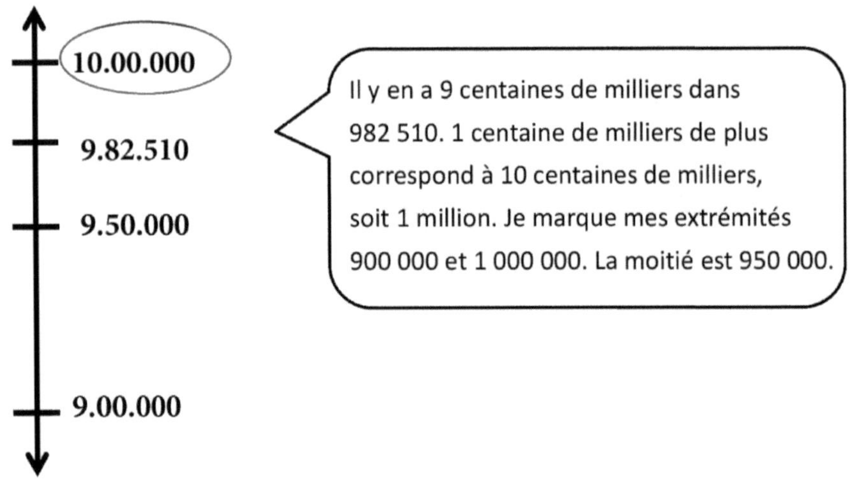

Environ* 1 *million de livres ont été téléchargés en un an.

3. Estime la différence en arrondissant chaque nombre à la valeur de position donnée.

519.240 – 339.705

a. Arrondis à la centaine de milliers près.

500.000 - 300.000 = 200.000

b. Arrondis à la dizaine de milliers près.

520.000 - 340.000 = 180.000

Penser en langage unitaire rend cette soustraction facile : 520 milliers moins 340 milliers égale 180 milliers.

Nom ____________________ Date ____________

Complète chaque déclaration en arrondissant le nombre à la valeur de position donnée. Utilise la ligne numérique pour montrer ton travail.

1. a. 67.000 arrondi à la dizaine de milliers près est ______________.

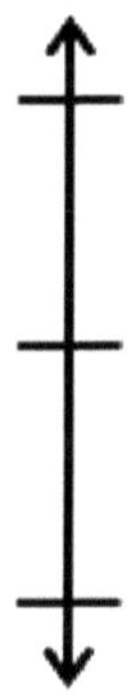

b. 51.988 arrondi à la dizaine de milliers près est ______________.

c. 105.159 arrondi à la dizaine de milliers près est ______________.

2. a. 867.000 arrondi à la centaine de milliers près est ______________.

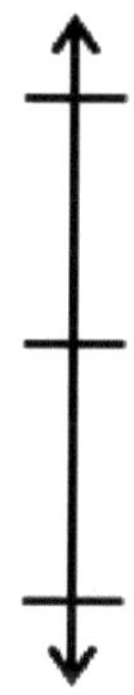

b. 767.074 arrondi à la centaine de milliers près est ______________.

c. 629.999 arrondi à la centaine de milliers près est______________.

3. 491.852 personnes se sont rendues au parc aquatique au mois de juillet. Arrondis ce nombre à la centaine de milliers près pour estimer le nombre de personnes qui se sont rendues au parc. Utilise une ligne numérique pour montrer ton travail.

4. Ce nombre a été arrondi à la centaine de milliers près. Énumère les chiffres possibles qui pourraient aller dans la colonne des dizaines de milliers pour corriger cette déclaration. Utilise une ligne numérique pour montrer ton travail.

1_9.644 ≈ 100.000

5. Estime la somme en arrondissant chaque nombre à la valeur de position donnée.

164.215 + 216.088

a. Arrondis à la dizaine de milliers près.

b. Arrondis à la centaine de milliers près.

1. Arrondis au millier près.

   a. 7.598 ≈ **8.000**

   b. 301.409 ≈ **301.000**

   Je me souviens que dans la leçon 7, j'ai appris à arrondir au millier le plus proche.

   c. Explique comment tu as trouvé ta réponse pour la partie (b).

   Il y a 301 milliers dans 301.409. Un millier de plus égale 302 milliers. À mi-chemin entre 301 milliers et 302 milliers est 301 milliers 5 centaines. 301.409 est moins que 301.500. Et donc, 301.409 arrondi au millier près est 301.000.

2. Arrondis à la dizaine de milliers près.

   a. 73.999 ≈ **70.000**

   b. 65.002 ≈ **70.000**

   Je devrai peut-être tracer une ligne de chiffres pour vérifier ma réponse.

   c. Explique pourquoi les deux problèmes ont la même réponse. Écris un autre nombre qui a la même réponse quand il est arrondi à la dizaine de milliers près.

   Tout nombre égal ou supérieur à 65.000 et inférieur à 75.000 s'arrondira à 70.000 lorsqu'il est arrondi à la dizaine de milliers près. 65.002 est supérieur à 65.000 et 73.999 est inférieur à 75.000. Un autre nombre qui s'arrondirait à 70.000 est 68.234.

Résous les problèmes suivants en utilisant des images, de chiffres ou de mots.

3. Environ 700.000 personnes forment la population d'Americatown. Si la population était arrondie à la centaine de milliers près, quelles seraient la population la plus grande et la moins grande formant Americatown ?

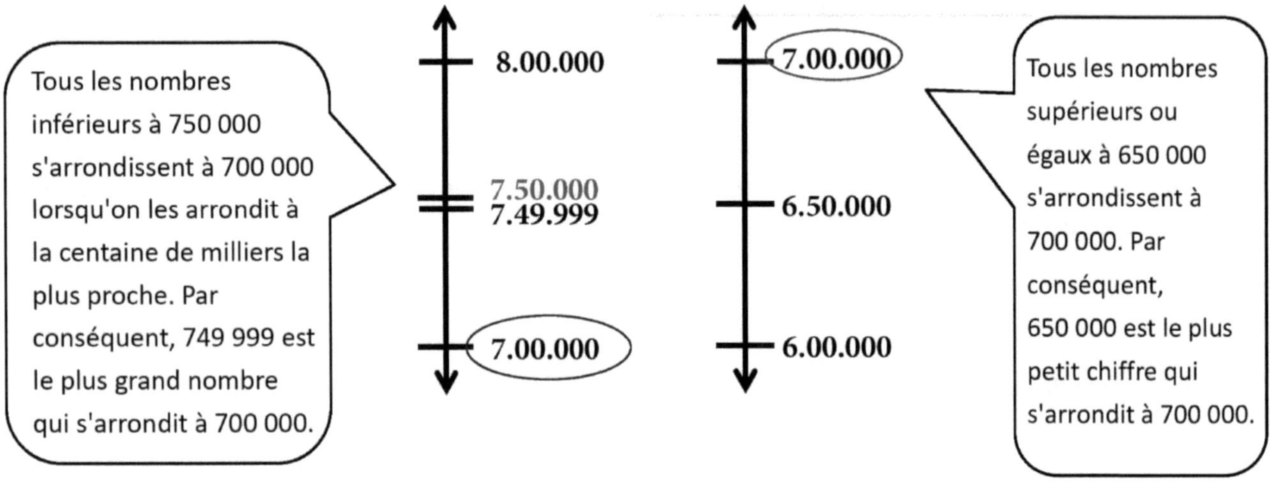

***Le plus grand nombre de personnes pouvant constituer la population est* 749.999. *Je le sais parce que c'est* 1 *en moins que* 75 0.000. *Le plus petit nombre de personnes qui pourraient constituer la population est* 65 0.000.**

Nom ______________________________ Date ________________

1. Arrondis au millier près.

   a. 6.842 ≈ ____________________ b. 2.722 ≈ ____________________

   c. 16.051 ≈ ____________________ d. 706.421 ≈ ____________________

   e. Explique comment tu as trouvé ta réponse pour la partie (b).

2. Arrondis à la dizaine de milliers près.

   a. 88.999 ≈ ____________________ b. 85.001 ≈ ____________________

   c. 789.091 ≈ ____________________ d. 905.154 ≈ ____________________

   e. Explique pourquoi deux problèmes ont la même réponse. Écris un autre nombre qui a la même réponse quand il est arrondi à la dizaine de milliers près.

3. Arrondis à la centaine de milliers près.

   a. 89.659 ≈ ____________________ b. 751.447 ≈ ____________________

   c. 617.889 ≈ ____________________ d. 817.245 ≈ ____________________

   e. Explique pourquoi deux problèmes ont la même réponse. Écris un autre nombre qui a la même réponse quand il est arrondi à la centaine de milliers près.

4. Résous les problèmes suivants en utilisant des images, de chiffres ou de mots.
   a. Lors de l'investiture du président Obama en 2013, les gros titres du journal ont déclaré qu'environ 800.000 personnes présentes. Si le journal a arrondi à la centaine de milliers près, quel est le plus grand nombre et le plus petit nombre de personnes qui auraient pu être présentes ?

   b. Lors de l'investiture du président Bush en 2005, les gros titres du journal ont déclaré qu'environ 400.000 personnes étaient présentes. Si le journal a arrondi à la dizaine de milliers près, quel est le plus grand nombre et le plus petit nombre de personnes qui auraient pu être présentes ?

   c. Lors de l'investiture du président Lincoln en 1861, les gros titres du journal déclaraient qu'environ 30.000 personnes étaient présentes. Si le journal a arrondi au millier près, quel est le plus grand nombre et le plus petit nombre de personnes qui auraient pu être présentes ?

1. Arrondis 745.001 à

   a. au millier : 745.000

   b. à la dizaine de milliers : 750. 000

   c. à la centaine de milliers : 700. 000

Je me souviens qu'à la leçon 7, je me suis demandé : "Entre quelles deux milles se trouve 745 001 ? J'essaie de me représenter la ligne de chiffres dans ma tête.

Je me souviens de la leçon 8 pour trouver combien il y a de dizaines de milliers et de centaines de milliers en 745 001. Ensuite, j'ajoute une autre unité pour trouver les extrémités.

Résous les problèmes suivants en utilisant des images, de chiffres ou de mots.

2. 37.248 personnes se sont inscrites pour se faire livrer un journal local. Pour décider du nombre de copies à imprimer, à quelle valeur de position 37.248 devrait-il est arrondi pour que chaque personne reçoive un exemplaire ? Explique.

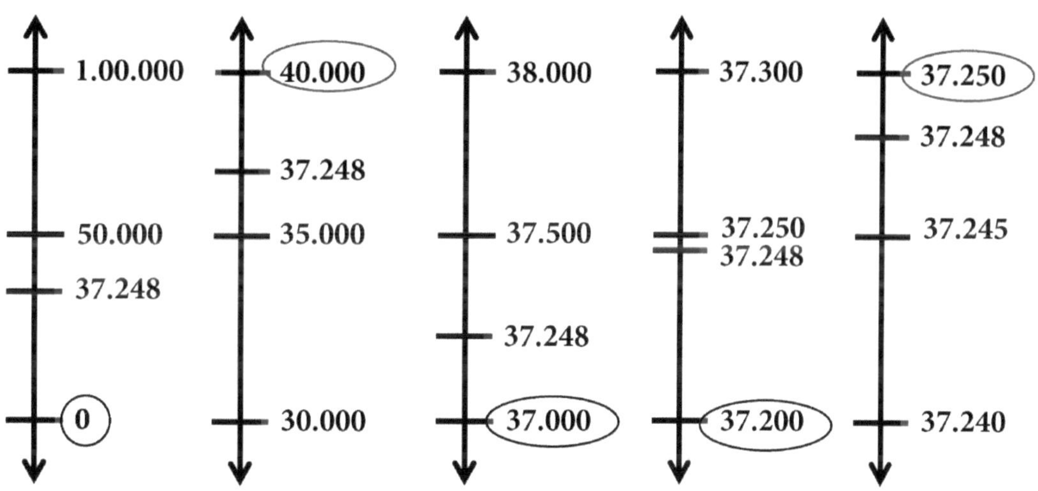

37.248 devrait être arrondi à la dizaine de milliers ou à la dizaine près. Des journaux supplémentaires seront imprimés, mais si j'arrondis à la centaine de milliers, au millier ou à la centaine près, il n'y aura pas assez de journaux imprimés.

Dessiner des lignes de chiffres m'aide à prouver ma réponse écrite.

Nom ______________________________ Date ____________________

1. Arrondis 845.001 à

   a. au millier près : ______________________________.

   b. à la dizaine de milliers près : ______________________________.

   c. à la centaine de milliers près : ______________________________.

2. Complète chaque déclaration en arrondissant le nombre à la valeur de position donnée.

   a. 783 arrondi à la centaine près est______________________________.

   b. 12.781 arrondi à la centaine près est ______________________________.

   c. 951.194 arrondi à la centaine près est ______________________________.

   d. 1.258 arrondi au millier près est ______________________________.

   e. 65.124 arrondi au millier près est ______________________________.

   f. 99.451 arrondi au millier près est ______________________________.

   g. 60.488 arrondi à la dizaine de milliers près est ______________________________.

   h. 80.801 arrondi à la dizaine de milliers près est ______________________________.

   i. 897.100 arrondi à la dizaine de milliers près est ______________________________.

   j. 880.005 arrondi à la centaine de milliers près est ______________________________.

   k. 545.999 arrondi à la centaine de milliers près est ______________________________.

   l. 689.114 arrondi à la centaine de milliers près est ______________________________.

3. Résous les problèmes suivants en utilisant des images, de chiffres ou de mots.

   a. Au Marathon de New York de 2011, 29.867 hommes ont terminé la course et 16.928 femmes ont terminé la course. Chaque personne finissant la course a reçu un t-shirt. Combien de t-shirt pour hommes ont été distribués ? Combien de t-shirts pour femmes ont été distribués ? Explique comment tu as trouvé tes réponses.

   b. Au Marathon de New York 2010, 42.429 personnes ont terminé la course et ont reçu une médaille. Avant la course, les médailles devaient être commandées. Si tu étais la personne chargée de commander les médailles et avais fait ton estimation en arrondissant, aurais-tu commandé assez de médailles ? Explique ton raisonnement.

   c. En 2010, 28.357 des personnes ayant terminé la course étaient des hommes et 14.072 étaient des femmes. Environ combien d'hommes en plus ont fini la course par rapport aux femmes ? Pour déterminer ta réponse, as-tu arrondi à la dizaine de milliers ou au millier près ? Explique.

L'utilisation d'un algorithme signifie que les étapes se répètent unité par unité. Cela peut être un moyen efficace de résoudre un problème.

1. Résoudre les problèmes d'addition en utilisant l'algorithme standard.

a.
$$\begin{array}{r} 5,\ 1\ 2\ 2 \\ +\ 2,\ 4\ 5\ 7 \\ \hline 7,\ 5\ 7\ 9 \end{array}$$

Pas de regroupements ici ! J'ajoute juste les unités semblables. 2 unités plus 7 unités font 9 unités. Je mets les 9 dans la colonne des unités comme faisant partie de la somme. Ensuite, je continue à ajouter le nombre d'unités de dizaines, de centaines et de milliers.

b.
$$\begin{array}{r} 5,\ 1\ 2\ 4 \\ +\ 2,\ 4\ 5\ 7 \\ {}^{1}\ \ \\ \hline 7,\ 5\ 8\ 1 \end{array}$$

Je dois regrouper les unités. 4 unités + 7 unités = 11 unités. 11 unités sont égales à 1 dizaine 1 unité. Je note 1 dix dans la colonne des dizaines sur la ligne. Je note 1 un dans la colonne des unités comme faisant partie de la somme.

J'ajoute des dizaines. 2 dizaines + 5 dizaines + 1 dizaine = 8 dizaines. Je note 8 dizaines dans la colonne des dizaines comme faisant partie de la somme.

c. $38{,}192 + 6{,}387 + 241{,}458$

$$\begin{array}{r} 3\ 8,\ 1\ 9\ 2 \\ 6,\ 3\ 8\ 7 \\ +\ 2\ 4\ 1,\ 4\ 5\ 8 \\ 1\ \ 1\ \ 2\ \ 1\ \ \ \\ \hline 2\ 8\ 6,\ 0\ 3\ 7 \end{array}$$

L'ordre des ajouts n'a pas d'importance tant que des unités similaires sont alignées.

2. Dessine un diagramme à bande pour représenter le problème. Utilise des nombres pour résoudre, et écris ta réponse comme une déclaration.

En juillet, le stand de crème glacée a vendu des cornets de crème glacée. 3.907 étaient à la vanille. 2.568 n'étaient pas à la vanille. Combien de cônes ont-ils vendus en juillet?

je peux dessiner un diagramme en bande. Je connais les deux parties, mais je ne connais pas le tout. Je peux nommer l'inconnue avec une variable, C.

J'écris une équation. Ensuite, je résous pour trouver le total. J'écris une phrase pour donner ma réponse.

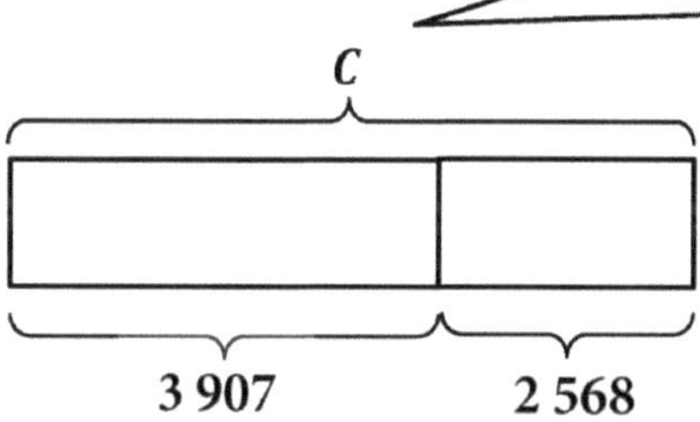

$3\,907 + 2\,568 = C$

$$\begin{array}{r} 3\ 9\ 0\ 7 \\ +\ 2\ 5\ 6\ 8 \\ 1\ \ \ \ 1\ \ \ \\ \hline 6\ 4\ 7\ 5 \end{array}$$

Le stand de glaces a vendu 6 475 cônes en juillet.

Nom ______________________________ Date ______________

1. Résous les problèmes d'addition ci-dessous en utilisant l'algorithme standard.

a.
```
    7.909
+   1.044
---------
```

b.
```
   27.909
+   9.740
---------
```

c.
```
  827.909
+  42.989
---------
```

d.
```
  289.205
+  11.845
---------
```

e.
```
  547.982
+ 114.849
---------
```

f.
```
  258.983
+ 121.897
---------
```

g.
```
   83.906
+  35.808
---------
```

h.
```
  289.999
+  91.849
---------
```

i.
```
  754.900
+ 245.100
---------
```

Dessine un diagramme en bande pour représenter chaque problème. Utilise des nombres pour résoudre, et écris ta réponse comme une déclaration.

2. Au zoo, Brooke a appris que l'un des rhinocéros pesait 4.897 livres, que l'une des girafes pesait 2.667 livres, que l'un des éléphants d'Afrique pesait 12.456 livres, et que l'un des dragons de Komodo pesait 123 livres.

   a. Quel est le poids combiné de l'éléphant d'Afrique et de la girafe du zoo ?

   b. Quel est le poids combiné de l'éléphant d'Afrique et du rhinocéros du zoo ?

   c. Quel est le poids combiné de l'éléphant d'Afrique, du rhinocéros et de la girafe du zoo ?

   d. Quel est le poids combiné du dragon de Komodo et du rhinocéros du zoo ?

Estime puis résous. Modélise le problème avec un diagramme en bande. Explique si ta réponse est raisonnable.

1. Il y avait 4.806 plus de visiteurs au zoo au mois de juillet qu'au mois de juin. Il y a eu 6.782 visiteurs en juin. Combien de visiteurs sont allés au zoo au cours des deux mois?

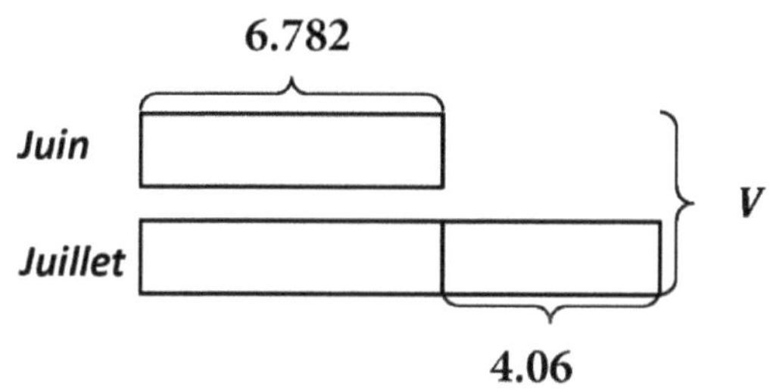

Comme le problème porte sur la relation entre juin et juillet, je peux dessiner deux bandes. Je rallonge la bande de juillet parce qu'il y a eu plus de visiteurs en juillet. Je divise la bande de juillet en deux parties : une partie pour le nombre de personnes en juin et l'autre pour 4 806 visiteurs supplémentaires.

a. Environ combien de visiteurs sont allés au zoo en juin et en juillet?

$7\,000 + 7\,000 + 5\,000 = 19\,000$

Le zoo a reçu environ 19 000 visiteurs en juin et juillet.

Pour estimer le total, j'arrondis chaque chiffre au millier le plus proche et j'additionne ces chiffres.

b. Exactement combien de visiteurs sont allés au zoo en juin et en juillet?

$$\begin{array}{r} 6,\ 7\ 8\ 2 \\ 6,\ 7\ 8\ 2 \\ +\ 4,\ 8\ 0\ 6 \\ \hline {}^{2}\ {}^{1}\ {}^{1}\ \ \\ 1\ 8,\ 3\ 7\ 0 \end{array}$$

Quand je regarde mon diagramme sur bande, je vois que je n'ai pas à résoudre le mois de juillet pour trouver le total. Cela m'économise une étape.

Le zoo a reçu exactement* 18. 370 *visiteurs en juin et en juillet.

c. Ta réponse est-elle raisonnable ? Compare ton estimation à la réponse. Écris une phrase pour expliquer ton raisonnement.

Exemple de réponse: ma réponse est raisonnable car mon estimation de* 19. 000 *ne représente qu'environ* 600 *de plus que la réponse réelle de* 18. 370*. Mon estimation est supérieure à la réponse réelle car je arrondi chaque terme au millier suivant.

2. La classe d'Emma a passé quatre mois à collecter des centimes.

   a. Au cours du 3e mois, la classe a collecté 1.211 centimes de plus que pendant le 2e mois. Trouve le nombre total de centimes collectés en quatre mois.

Mois	Centimes collectés
1	4.987
2	8.709
3	
4	8.192

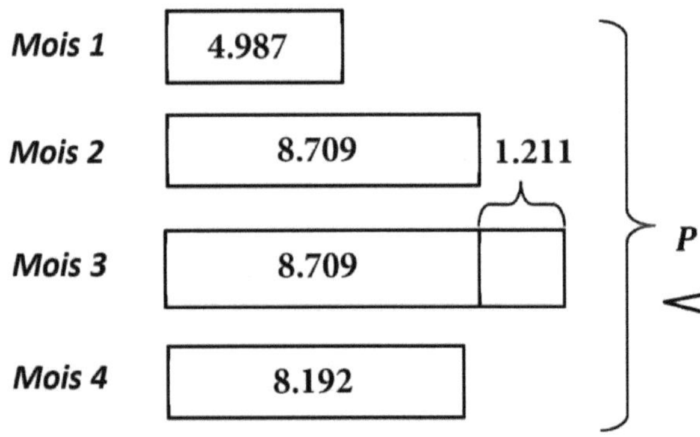

Je dessine quatre bandes pour représenter chaque mois. Maintenant, je peux voir combien de centimes ont été collectés au cours du troisième mois.

5 000 + 9 000 + 9 000 + 1 000 + 8 000 = 32 000

```
     4, 9 8 7
     8, 7 0 9
     8, 7 0 9
     1, 2 1 1
  +  8, 1 9 2
       2 2 2
  -----------
   3 1, 8 0 8
```

J'ajoute sous forme d'unité : 5 milliers + 9 milliers + 9 milliers + 1 millier + 8 milliers = 32 milliers. 32 milliers est une estimation du nombre total de centimes collectés en quatre mois.

Pour trouver le total des centimes collectés au cours des quatre mois, je pourrais résoudre pour le mois 3 et ensuite additionner tous les mois pour trouver P. À la place, j'ajoute simplement la valeur de chacune des bandes ensemble. Le diagramme en bande me montre comment résoudre ce problème en une seule étape, et non en deux.

Le nombre total de pennies collectés en quatre mois s'élève à 31 808.

   b. Ta réponse est-elle raisonnable ? Explique.

   Exemple de réponse: ma réponse est raisonnable. 31.808 est seulement environ 200 en moins que l'estimation de 32.000.

EUREKA MATH

Nom ____ Date ____________________

Estime puis résous chaque problème. Modélise le problème avec un diagramme en bande. Explique si ta réponse est raisonnable.

1. Il y a eu 3.905 visites de plus sur le site Web de l'école en janvier qu'en février. Il y a eu 9.854 visites en février. Combien y a-t-il eu de visites sur le site Web de l'école au cours des deux mois ?

   a. Environ combien de visites le site Web a-t-il eues en janvier et février ?

   b. Combien de visites exactement le site Web a-t-il eues en janvier et février ?

   c. Ta réponse est-elle raisonnable ? Compare ton estimation de (a) à ta réponse de (b). Écris une phrase pour expliquer ton raisonnement.

2. Dimanche, 77.098 fans ontassisté à un match des New York Jets g. Le même jour, 3.397 fans supplémentaires ont assisté à un match des New York Giants par rapport tau match des Jets . En gtout, combie de fans ont assisté aux matchs ?

a. Quel était le nombre réel de fans qui ont assisté aux matchs ?

b. Ta réponse est-elle raisonnable ? Arrondis chaque nombre au millier près pour trouver une estimation du nombre de fans qui ont assisté aux matchs.

3. L'an dernier à la ferme de Ted, ses quatre vaches ont produit le nombre de litres de lait suivant :

Vache	Litres de lait produits
Daisy	5.098
Betsy	
Marie	9.980
Buttercup	7.087

a. Betsy a produit 986 litres de lait de plus que Buttercup. Combien de litres de lait les 4 vaches ont-elles produits ?

b. Ta réponse est-elle raisonnable ? Explique.

Je n'ai pas assez de dizaines pour soustraire 5 dizaines de 3 dizaines. Je décompose 1 centaine en 10 dizaines.

1. Utilise l'algorithme standard pour résoudre les problèmes de soustraction suivants.

a.

```
    6, 5 6 7
  − 1, 4 5 7
  ----------
    5, 1 1 0
```

Je regarde le chiffre du haut pour voir si je peux le soustraire. J'ai assez d'unités, donc pas de besoin de faire de regroupement ! Je soustrais simplement les mêmes unités. 7 unités moins 7 unités = 0 unité. Je continue à soustraire le nombre d'unités des dizaines, des centaines et des milliers.

b.

```
       4  13
    6, 5̸  3̸  7
  − 2, 4  5  7
  ------------
    4, 0  8  0
```

Maintenant, j'ai 4 centaines. Je le montre en barrant le 5 et en écrivant un 4 à la place des centaines. 10 dizaines + 3 dizaines = 13 dizaines. Je le montre en barrant les 3 dizaines et en écrivant 13 à la place des dizaines.

c. 3.532 − 921

```
    2  15
    3̸, 5̸  3  2
  −     9  2  1
  ------------
    2,  6  1  1
```

Comme dans la leçon 11, j'écris le problème sous forme verticale, en veillant à aligner les unités.

2. Quel nombre doit être ajoouté à 23.165 pour donner la somme de 46.884?

Pour résoudre un problème de mots, j'utilise le processus Lire Dessiner Écrire (LDE) pour résoudre le problème Je lis le problème. Je fais un dessin, comme un diagramme en bande, et j'écris ma réponse sous la forme d'une équation et d'une phrase.

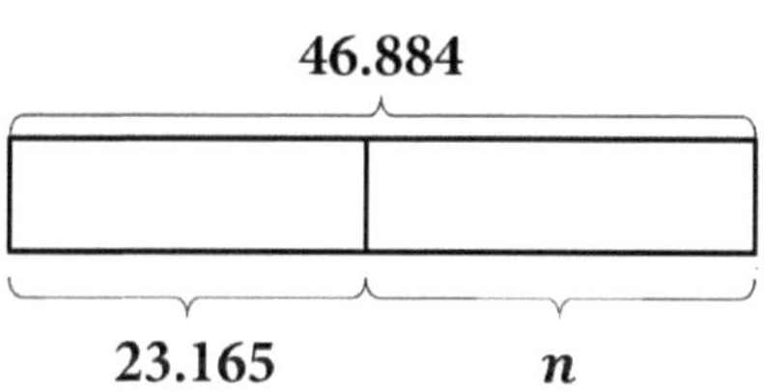

$23\ 165 + n = 46\ 884$

```
            7  14
    4  6, 8  8̸  4̸
  − 2  3, 1  6  5
  ---------------
    2  3, 7  1  9
```

23. 719 *doit être ajouté à* 23.165.

Dessine un diagramme en bande pour modéliser le problème. Utilise des nombres pour résoudre, et écris ta réponse comme une déclaration. Vérifie ta réponse.

3. M. Swanson a fait 5.654miles avec sa voiture. Mme Swanson aaussi conduit sa voiture quelquesmiles. Si, ensemble, ils ont roulé 11.965 miles, combien de milesi Mme Swanson a-t-elle fait ?

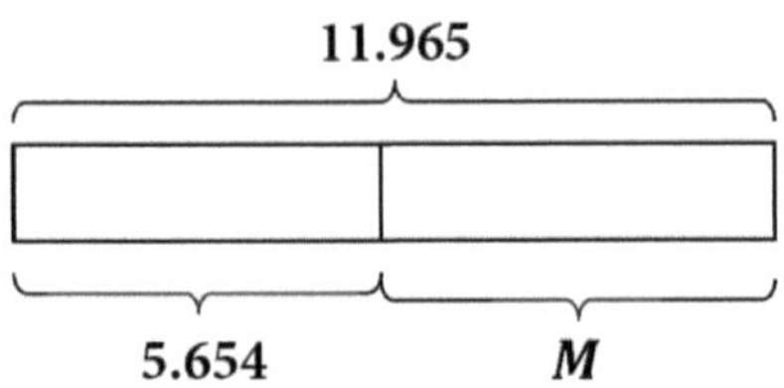

$11\,965 - 5\,654 = M$

```
  0 11
  1̸ 1̸, 9 6 5
−     5, 6 5 4
  ------------
      6, 3 1 1
```

```
      6, 3 1 1
+     5, 6 5 4
  ------------
   1 1, 9 6 5
```

Mme Swanson a parcouru* 6 311 *km.

Pour vérifier ma réponse, j'ajoute la différence à la partie connue. Elle est égale au tout, donc j'ai fait la soustraction correctement.

Nom ____________________ Date ____________

1. Utilise l'algorithme standard pour résoudre les problèmes de soustraction suivants.

a.
```
   2.431
 −   341
```

b.
```
   422.431
 −  14.321
```

c.
```
   422.431
 −  92.420
```

d.
```
   422.431
 − 392.420
```

e.
```
   982.430
 −  92.300
```

f.
```
   243.089
 − 137.079
```

g. 2.431 − 920 =

h. 892.431 − 520.800 =

2. Quel nombre faut-il ajouter à 14.056 pour obtenir une somme de 38.773 ?

Dessine un diagramme en bande pour modéliser chaque problème. Utilise des nombres pour résoudre, et écris tes réponses comme une déclaration. Vérifie tes réponses.

3. Une école primaire a collecté 1.705 bouteilles pour un programme de recyclage. Un lycée a également collecté quelques bouteilles. En tout, les deux écoles ont collecté 3.627bouteilles. Combien de bouteilles le lycée a-t-il collectées ?

4. Un magasin d'informatique a vendu des ordinateurs et des accessoires pour une valeur de 356.291$. Ils ont vendu pour 43.720$ d'accessoires. Pour combien la boutique d'informatique a-t-elle vendu en ordinateurs ?

5. La population d'une ville est de 538.381 habitants. Parmi cette population, il y a 148.170 enfants.
   a. Combien d'adultes vivent dans la ville ?

   b. 186.101 des adultes sont des hommes. Parmi les adultes, combien y a-t-il de femmes ?

1. Utilise l'algorithme standard pour résoudre les problèmes de soustraction suivants.

a.

	1	15	12	4	14	
	~~2~~	~~6~~ ~~5~~	~~2~~,	~~5~~	~~4~~	7
−		8	5,	3	6	2
	1	**7**	**7,**	**1**	**8**	**5**

Est-ce que je suis prêt à soustraire ? Non ! Je n'ai pas assez de dizaines, de milliers ou de dix milliers.

Après avoir décomposé, je suis prêt à soustraire !

b.

				9		
	5	15	6	~~10~~	10	
	~~6~~	~~5~~	~~7~~,	~~0~~	~~0~~	8
−	5	7	6,	3	4	3
		8	**0,**	**6**	**6**	**5**

Il n'y a pas assez de dizaines pour soustraire 4.

Une fois que mes valeurs sont plus grandes partout, je suis prêt à soustraire.

Dessine un diagramme en bande pour représenter le problème suivant. Utilise des nombres pour résoudre, et écris tes réponses comme une déclaration. Vérifie ta réponse.

2. Stella a eu 542.000 visites sur son site Web. Raquel a eu 231.348 visites sur son site Web. H Combien de visites Stella a-t-elle eues en plus que Raquel ?

Je dessine un diagramme en bande. Stella a reçu le plus de visites, donc son ruban est plus long.

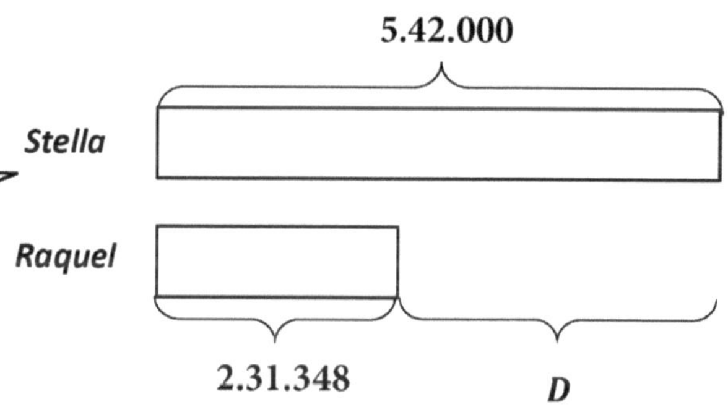

$D = 542\,000 - 231\,348$

$D = 3.10.652$

				9	9	
			1	~~10~~	~~10~~	10
	5	4	~~2~~,	~~0~~	~~0~~	~~0~~
−	2	3	1,	3	4	8
	3	1	0,	6	5	2

	3	1	0,	6	5	2
+	2	3	1,	3	4	8
			1	1	1	
	5	4	2,	0	0	0

Stella a eu* 310 652 *visites de plus que Raquel.

Je vérifie ma réponse en faisant une addition. Ma réponse est correcte !

Nom ______________________ Date ______________

1. Utilise l'algorithme standard pour résoudre les problèmes de soustraction suivants.

a. 71.989 − 21.492

b. 371.989 − 96.492

c. 371.089 − 25.192

d. 879.989 − 721.492

e. 879.009 − 788.492

f. 879.989 − 21.070

g. 879.000 − 21.989

h. 279.389 − 191.492

i. 500.989 − 242.000

Dessine un diagramme en bande pour représenter chaque problème. Utilise des nombres pour résoudre, et écris tes réponses comme une déclaration. Vérifie tes réponses.

2. Jason a commandé 239.021 livres de farine à utiliser dans ses 25 boulangeries. L'entreprise livrant la farine est arrivée avec 451.202 livres de farine. Combien de livres de farine supplémentaires ont-elles été livrées ?

3. En mai, 124.061 livres ont été sortis de la New York Public Library. Parmi ces livres, 31.117 étaient des romans d'intrigue. Combien de livres sortis n'étaient pas des romans d'intrigue ?

4. Un camion-benne de classe A peut transporter 239.000 livres de terre. Un camion-benne de classe C peut transporter 600.200 livres de terre. Combien de livres de plus un camion de classe C transporter par rapport à un camion de classe A ?

Utilise l'algorithme standard de soustraction pour résoudre les problèmes ci-dessous.

1.

	6	0	0,	4	0	0
–		7	2,	6	4	9

Je ne suis pas prêt à soustraire.
Je dois regrouper.

Exemple de réponse de l'élève A :

		9	9	13	9	
	5	~~10~~	~~10~~	~~3~~	~~10~~	10
	~~6~~	~~0~~	~~0~~,	~~4~~	~~0~~	~~0~~
–		7	2,	6	4	9
	5	**2**	**7,**	**7**	**5**	**1**

Je travaille unité par unité, en commençant par les unités. Je peux renommer 4 centaines comme 3 centaines 10 dizaines. Ensuite, je renomme 10 dizaines comme 9 dizaines 10 unités. Je continue à me décomposer jusqu'à ce que je sois prêt à soustraire.

Exemple de réponse de l'élève B :

				13		
	5	9	9	~~3~~	9	10
	~~6~~	~~0~~	~~0~~,	~~4~~	~~0~~	~~0~~
–		7	2,	6	4	9
	5	**2**	**7,**	**7**	**5**	**1**

J'ai besoin de plus d'unités Je sépare 40 dizaines en 39 dizaines 10 unités.

Il me faut plus de 3 centaines pour en soustraire 6. Je peux renommer les 600 milliers en 599 milliers 10 centaines. 10 centaines plus 3 centaines, cela fait 13 centaines.

Utilise un diagramme en bande et l'algorithme standard pour résoudre le problème ci-dessous. Vérifie ta réponse.

2. Le coût de la nouvelle maison des Johnston était de 200.000 $. Ils ont déjà payé la plupart, et maintenant ils doivent encore 33.562 $. Combien ont-ils déjà payé ?

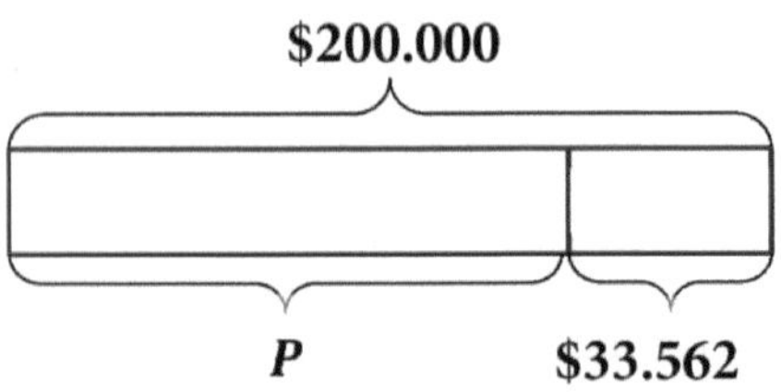

$$\$200\ 000 - \$33\ 562 = P$$

Exemple de réponse de l'élève A :

```
      9   9   9   9
   1 10  10  10  10  10
   2  0   0,  0   0   0
 −    3   3,  5   6   2
 ----------------------
   1  6   6,  4   3   8
```

Il y a beaucoup de décompositions !

Exemple de réponse de l'élève B :

```
   1  9   9   9   9  10
   2  0   0,  0   0   0
 −    3   3,  5   6   2
 ----------------------
   1  6   6,  4   3   8
```

Je renomme 20.000 dizaines en 19 999 dizaines 10 unités.

```
   1  6   6,  4   3   8
 +    3   3,  5   6   2
   1  1   1   1   1
 ----------------------
   2  0   0,  0   0   0
```

Je vérifie ma réponse en additionnant les deux parties.
La somme est égale au coût de la nouvelle maison.
Ma réponse est correcte

***Les Johnston ont déjà payé* 166.438$.**

Nom ______________________________ Date ____________________

1. Utilise l'algorithme de soustraction standard pour résoudre les problèmes ci-dessous.

a.
```
   9.656
 –   838
```

b.
```
  59.656
 – 5.880
```

c.
```
  759.656
– 579.989
```

d.
```
  294.150
– 166.370
```

e.
```
  294.150
– 239.089
```

f.
```
  294.150
–  96.400
```

g.
```
  800.500
–  79.989
```

h.
```
  800.500
–  45.500
```

i.
```
  800.500
– 276.664
```

Utilise des diagrammes en bande et l'algorithme standard pour résoudre les problèmes ci-dessous. Vérifie tes réponses.

2. Un bateau de pêche est parti en mer pendant 6 mois et a parcouru un total de 8.578 miles. Lors du premier mois, le bateau a parcouru 659 miles. Combien de miles le bateau a-t-il parcourus lors de 5 mois restants ?

3. Un monument national a reçu 160.747 visiteurs lors de la première semaine de septembre. Au total 759.656 personnes ont visité ce monument en septembre. Combien de personnes ont visité le monument en septembre après la première semaine ?

4. En 2012, Shadow Software Company a gagné 800.000 $ grâce à la vente de ses programmes. De cette somme, 125.300 $ ont été utilisés pour payer les frais de l'entreprise. Quels bénéfices l'entreprise Shadow Software Company a-t-elle réalisés en 2012 ?

5. À l'aquarium local, Bubba le phoque a mangé 25.634 grammes de poisson pendant la semaine. Si, le premier jour de la semaine, il a mangé 6.987 grammes de poisson, combien de grammes de poisson a-t-il mangé le reste de la semaine ?

1. Cet été, le stand de crème glacée local a vendu pour 94.326 $. Le premier mois, ils ont vendu pour 24.314 $, et le deuxième mois pour 30.867$.

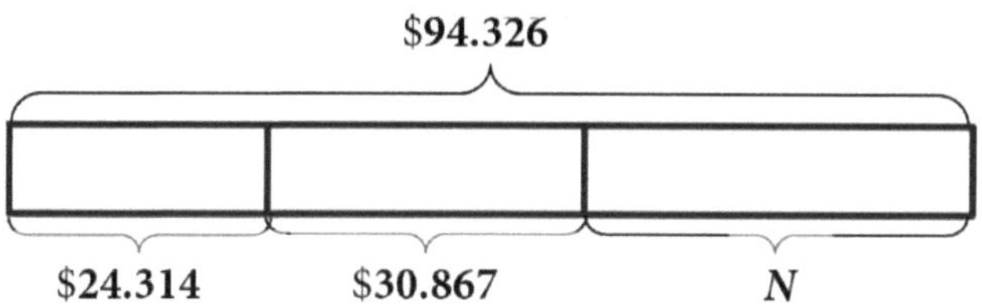

Je marque ce que je sais.

a. Arrondis chaque valeur à la dizaine de milliers près pour estimer les ventes réalisées lors du troisième mois.

$\$24\,314 \approx \$20\,000$

$\$30\,867 \approx \$30\,000$

$\$94\,326 \approx \$90\,000$

$\$20\,000 + \$30\,000 = \$50\,000$

$\$90\,000 - \$50\,000 = \$40\,000$

Les ventes du troisième mois se sont élevées à environ 40 000 dollars.

Pour estimer les ventes du troisième mois, je soustrais la somme de deux mois du montant total.

b. Trouve le montant exact des ventes du troisième mois.

```
   2 4, 3 1 4
 + 3 0, 8 6 7
     1    1
 ------------
   5 5, 1 8 1
```

```
   8 14  2 12
   9  4,  3  2  6
 - 5  5,  1  8  1
 ----------------
   3  9,  1  4  5
```

Quand j'ajoute les ventes du premier et du deuxième mois, je me regroupe sur la ligne.

***Le montant exact des ventes du troisième mois a été de* 39.145 $.**

c. Utilise ta réponse de la partie (a) pour expliquer pourquoi ta réponse de la partie (b) est raisonnable.

***Ma réponse de* 39.145 $ *est raisonnable parce qu'elle es proche de mon estimation de* 40.000 $. *La différence entre la véritable réponse et mon estimation est inférieure à* 1.000 $.**

2. Lors du premier mois après sa sortie, 55.316 exemplaires d'un best-seller ont été vendus. Lors du deuxième mois après sa sortie, 16.427 exemplaires ont été vendus en moins. Combien d'exemplaires ont été vendus au cours des deux premiers mois ? Ta réponse est-elle raisonnable ?

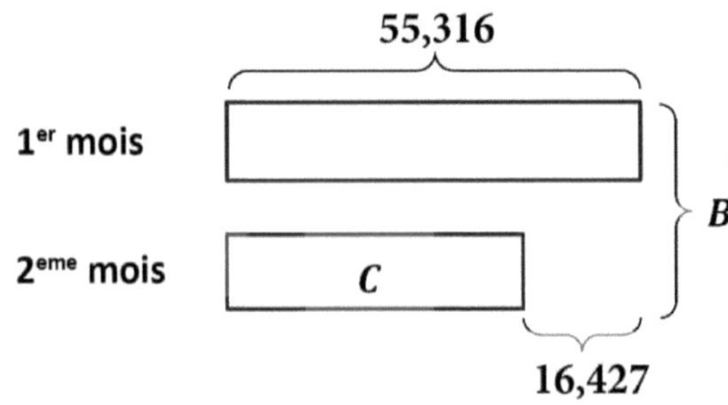

Je dessine une bande plus courte pour représenter le deuxième mois, car moins de livres ont été vendus au cours du deuxième mois.

Exemple de réponse de l'élève A :

$C = 55\,316 - 16\,427$

$C = 38\,889$

```
      4  14  12  10  16
      5   5,  3   1   6
  -   1   6,  4   2   7
  ---------------------
      3   8,  8   8   9
```

Je fais une soustraction pour trouver le nombre réel de copies vendues au cours du deuxième mois.

$B = 55\,316 + 38\,889$

$B = 94\,205$

```
      5   5,  3   1   6
  +   3   8,  8   8   9
         1   1   1   1
  ---------------------
      9   4,  2   0   5
```

Ensuite, j'additionne le nombre d'exemplaires du premier et du deuxième mois pour obtenir le total.

$55\,316 \approx 60\,000$

$16\,427 \approx 20\,000$

$60\,000 - 20\,000 = 40\,000$

$60\,000 + 40\,000 = 100\,000$

Exemple de réponse de l'élève B :

$B = 55\,316 + 55\,316 - 16\,427$

$B = 110\,632 - 16\,427$

$B = 94\,205$

```
          5   5,  3   1   6
      +   5   5,  3   1   6
          1           1
  -------------------------
      1   1   0,  6   3   2
```

```
          10
      0    0  10      2  12
      1    1   0,  6  3   2
  -        1   6,  4  2   7
  -------------------------
           9   4,  2  0   5
```

Pour trouver le nombre total de copies, je peux ajouter deux unités de 55 316 et soustraire ensuite 16 427

$110\,632 \approx 111\,000$

$16\,427 \approx 16\,000$

$110\,000 - 16\,000 = 95\,000$

94 205 *exemplaires ont été vendus au cours des deux premiers mois.*

J'arrondis à la dizaine de milliers la plus proche. Ma réponse est raisonnable. C'est environ 6 000 de moins que mon estimation. Je m'attendais à cette différence car j'ai arrondi chaque chiffre à la dizaine de milliers la plus proche.

J'arrondis au millier le plus proche. Ma réponse est très proche de mon estimation ! Lorsque j'arrondis à une unité de valeur de lieu plus petite, j'obtiens souvent une estimation plus proche de la réponse réelle.

Nom ______________________________ Date ______________

1. Le projet final de Zachary pour un cours à l'université lui a pris un semestre et comptait 95.234 mots. Zachary a écrit 35.295 mots le premier mois, et 19.240 mots le deuxième mois.

   a. Arrondis chaque valeur à la dizaine de milliers près pour estimer combien de mots Zachary a écrits pendant le reste du semestre.

   b. Trouve le nombre exact de mots écrits pendant le reste du semestre.

   c. Utilise ta réponse de la partie (a) pour expliquer pourquoi ta réponse de la partie (b) est raisonnable.

2. Pendant le premier trimestre de l'année, 351.875 personnes ont téléchargé une application pour leur smartphone. Lors du deuxième trimestre de l'année, 101.949 personnes en moins ont téléchargé l'application par rapport au premier trimestre. Combien de téléchargements ont-ils été effectués pendant les deux premiers trimestres de l'année ?

   a. Arrondis chaque nombre à la centaine de mille près pour estimer combien de téléchargements ont été effectués lors des deux premiers trimestres de l'année.

   b. Détermine exactement combien de téléchargements ont été effectués lors des deux premiers trimestres de l'année.

   c. Détermine si ta réponse est raisonnable. Explique.

3. Un magasin local organisait une promotion de deux semaines pour le retour à l'école. Ils ont commencé la promotion avec 36.390 cahiers. Au cours de la première semaine de la promotion, 7.424 cahiers ont été vendus. Au cours de la deuxième semaine de la promotion, 8.967 cahiers ont été vendus. Combien de cahiers restaient-ils à la fin des deux semaines ? Ta réponse est-elle raisonnable ?

Dessine un diagramme en bande pour représenter chaque problème. Utilise des nombres pour résoudre, et écris ta réponse comme une déclaration.

1. Saisha a 1.025 autocollants. Evan a seulement 862 autocollants. Combien d'autocollants en plus Saisha a-t-elle par rapport à Evan ?

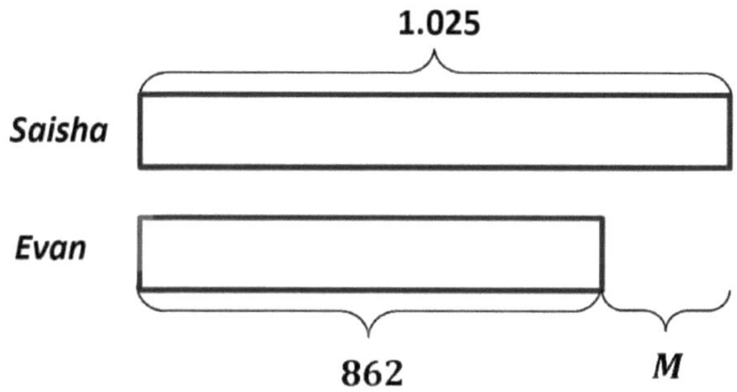

Je dessine la bande d'Evan juste un peu plus courte que celle de Saisha puisque 862 est assez proche de 1 025. J'appelle l'inconnue "M".

$M = 1{,}025 - 862$

$M = 163$

$$\begin{array}{r} 1{,}025 \\ -\ 862 \\ \hline 163 \end{array} \qquad \begin{array}{r} 163 \\ +\ 862 \\ \hline 1{,}025 \end{array}$$

Je peux vérifier ma répon se en ajoutant. La somme est 1 025. Ma réponse est correcte !

Saisha a 163 autocollants de plus

2. Le camion de lait B contient 3. 994 gallons de lait. Ensemble, le camion de lait A et le camion de lait B contiennent 8. 789 gallons de lait. Combien de gallons de lait le camion de lait A contient-il en plus que le camion de lait B ?

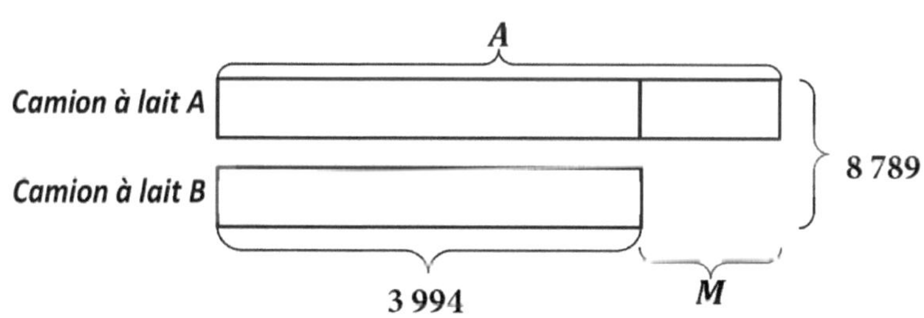

$A = 8\,789 - 3\,994$

$A = 4\,795$

$$\begin{array}{r} 8{,}789 \\ -\ 3{,}994 \\ \hline 4{,}795 \end{array}$$

$M = 4\,795 - 3\,994$

$M = 801$

$$\begin{array}{r} 4{,}795 \\ -\ 3{,}994 \\ \hline 801 \end{array}$$

Ma photo me montre que pour résoudre M, je dois d'abord résoudre A.

Le camion laitier A contient 801 gallons de lait de plus que le camion laitier B.

3. La longueur de la banderole violette mesure 180 pouces. Après l'avoir raccourcie de 40 pouces, la banderole violette était deux fois plus longue que la banderole bleue. D'abord, combien de pouces en plus avait la banderole violette par rapport à la banderole bleue ?

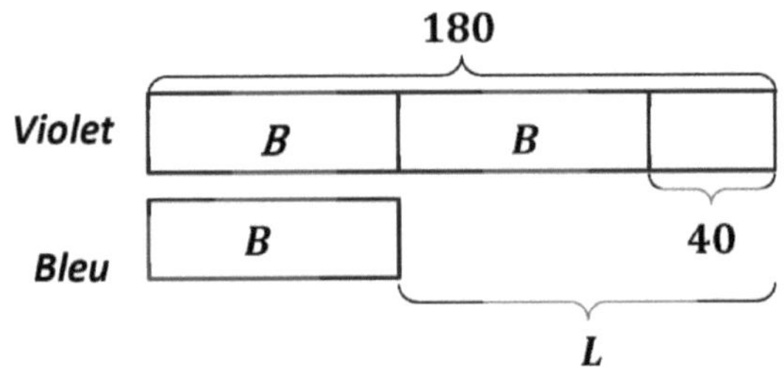

J'utilise un langage unitaire pour m'aider à résoudre le problème. La banderole violette fait maintenant 140 cm de long.

2B = 18 dizaines - 4 dizaines

2B = 14 dizaines ou 140

B = 14 *dizaines* ÷ 2

B = 7 *dizaines*

$B = 70$

Je divise pour trouver la longueur de la banderole bleue.

$L = 180 - 70$

L = 18 *dizaines* - 7 *dizaines*

L = 11 *dizaines*

$L = 110$

Au début, la banderole violette était plus longue de 110 cm que la banderole bleue.

Je soustrais la longueur de la anderole bleue de la longueur originale de la banderole violette.

Nom ____________________ Date ____________

Dessine un diagramme en bande pour représenter chaque problème. Utilise des nombres pour résoudre et écris ta réponse comme une déclaration.

1. Gavin a un jeu de construction de 1.094 pièces. Avery n'a que 816 pièces dans son jeu de construction. Combien de blocs de construction Gavin a-t-il en plus ?

2. Conteneur B contient 2.391 litres d' eau. Ensemble, le conteneur A et le conteneur B contiennent 11.875 litres d'eau. Combien de litres d'eau le conteneur A contient-il en plus que le conteneur B ?

3. Un morceau de fil jaune mesurait 230 pouces de long. Après en avoir coupé 90 pouces, le morceau de fil jaune était deux fois plus long que le morceau de fil bleu. Au départ, combien de pouces le fil jaune mesurait-il en plus que le fil bleu ?

Dessine un diagramme en bande pour représenter chaque problème. Utilise des nombres pour résoudre le problème, et écris ta réponse comme une déclaration.

1. Bridget a inscrit trois nombres. Le premier nombre était 7. 401. Le deuxième équivalait à 4. 610 en moins que le premier. Le troisième était 2. 842 plus grand que le deuxième. Quelle est la somme de ses nombres ?

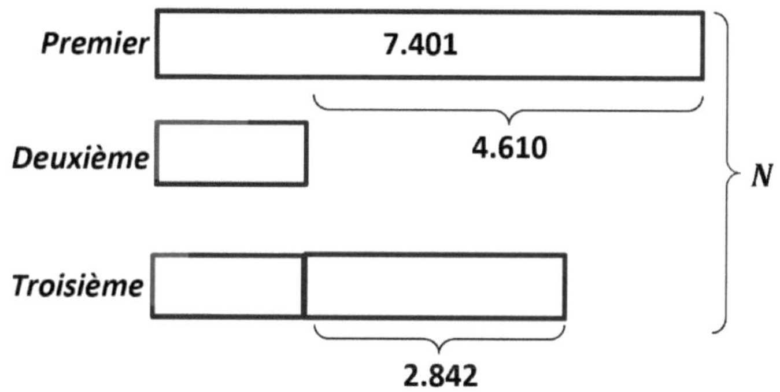

$$\begin{array}{r} 7,401 \\ -\ 4,610 \\ \hline 2,791 \end{array}$$

Pour trouver le deuxième nombre, je soustrais.

$$\begin{array}{r} 2,791 \\ +\ 2,842 \\ \hline 5,633 \end{array}$$

Pour trouver le troisième nombre, j'ajoute 2 842 à la valeur du deuxième nombre.

$$\begin{array}{r} 7,401 \\ 2,791 \\ +\ 5,633 \\ \hline 15,825 \end{array}$$

La somme des chiffres de Bridget est 15 825.

2. Mme Sample a vendu au total 43.210 livres de paillis. Elle a vendu 13. 305 livres de paillis de cerisier. Elle a vendu 4. 617 livres de plus de paillis de bouleau que de cerisier. Le reste de paillis vendu était du paillis d'érable. Combien de livres de paillis d'érable ont été vendues ?

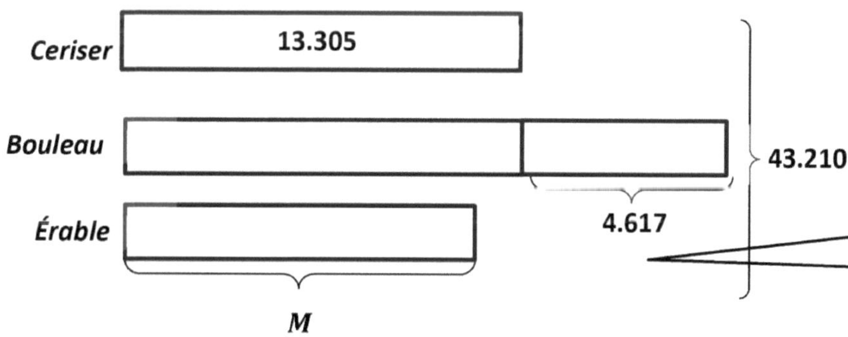

Ce problème est différent de l'autre. Ici, je connais le total, mais je ne connais pas une des parties.

Je ne sais pas quelle devrait être la longueur du ruban adhésif pour les copeaux d'érable, alors j'estime.

$$\begin{array}{r} 13,305 \\ 13,305 \\ +\ 4,617 \\ \hline 31,227 \end{array} \qquad \begin{array}{r} 43,210 \\ -\ 31,227 \\ \hline 11,983 \end{array}$$

$$M = 43,210 - 31,227$$

$$M = 11,983$$

11 983 kg de copeaux d'érable ont été vendus.

Nom ______________________________ Date ______________

Dessine un diagramme en bande pour représenter chaque problème. Utilise des nombres pour résoudre, et écris ta réponse comme une déclaration.

1. Il y avait 22.869 enfants, 49.563 hommes et 2.872 femmes de plus que hommes à la fête. Combien y avait-il de personnes à la fête ?

2. Le nombre A est 4.676. Le nombre B est 10.043 supérieur à A. Le nombre C est 2.610 inférieur à B. Quelle est la valeur totale des nombres A, B et C ?

3. Un magasin a vendu au total 21.650 balles. Il a vendu 11.795 balles de baseball. Il a vendu 4.150 balles de basket en moins que de balles de baseball. Le reste des balles vendues étaient des ballons de football. Combien de ballons de football le magasin a-t-il vendu ?

1. En utilisant le diagramme ci-dessous, crée un problème avec tes propres mots. Calcule la valeur de la variable, T.

Il y a 28 596 ***personnes qui travaillent pour la société A***. Il y a 26 325 ***personnes de plus qui travaillent pour la société B que pour la société A***. ***Combien de personnes travaillent pour les deux sociétés en tout ?***

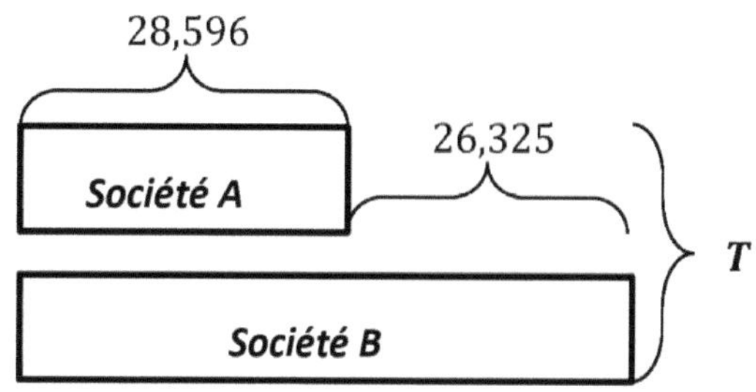

Après avoir analysé le diagramme sur bande, je crée un contexte pour un problème de mots et je remplis les blancs. J'écris "combien en tout" parce que le total, T, est inconnu.

Société B $= 28,596 + 26,325$

***T* = Société A + Société B**

$$\begin{array}{r} 28,596 \\ +\ 26,325 \\ \hline 54,921 \end{array} \qquad \begin{array}{r} 54,921 \\ +\ 28,596 \\ \hline 83,517 \end{array}$$

Au total, 83 517 personnes travaillent pour les deux sociétés.

2. Utilise le diagramme en bande suivant pour créer un énoncé de problème. Calcule la valeur de la variable, A.

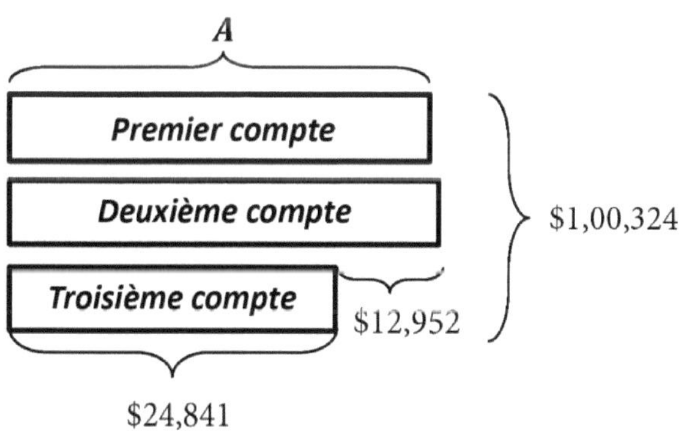

J'analyse le diagramme en bande. Je trouve un contexte, et j'écris un problème de mots basé sur ce qui est connu et ce qui est inconnu. Je donne un nom aux pièces.

M. W avait 3 comptes bancaires avec un solde total de 100 324 $. Il avait 24 841 dollars sur son troisième compte et 12 952 dollars de plus sur son deuxième compte que sur son troisième compte. Quel était le solde du premier compte de M. W ?

$$\begin{array}{r} 12,952 \\ +\ 24,841 \\ \hline 37,793 \end{array} \qquad \begin{array}{r} 37,793 \\ +\ 24,841 \\ \hline 62,634 \end{array} \qquad \begin{array}{r} 100,324 \\ -\ 62,634 \\ \hline 37,690 \end{array}$$

Le premier compte de M. W avait un solde de 37 690 dollars.

Nom ______________________________ Date ______________

En utilisant le diagramme ci-dessous, crée un problème avec tes propres mots. Calcule la valeur de la variable.

1. Au jardin botanique local, il y a ____________ séquoias et ____________ cyprès. Il y a un total de ____________ séquoias, cyprès et cornouillers.

Combien de ______________________________
____
______________________________?

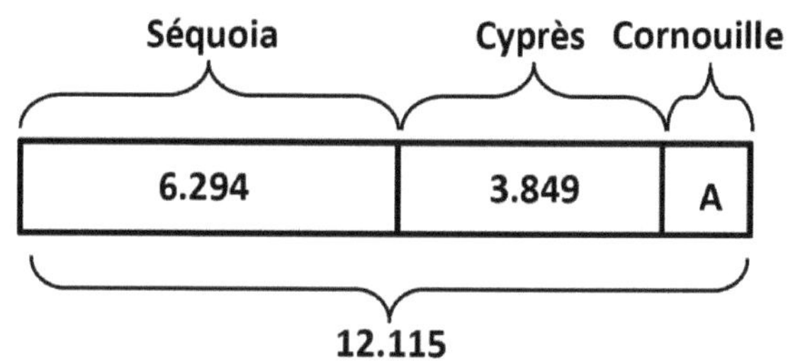

---

2. Il y a 65.302 ______________________________.

Il y a 37.436 moins de ______________________________.

Combien de ______________________________
______________________________?

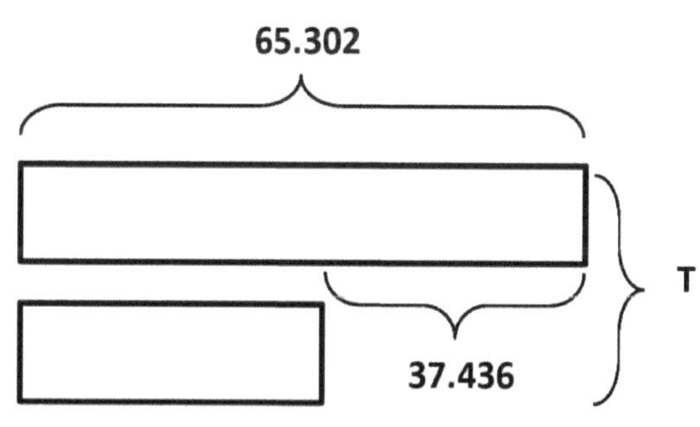

3. Utilise le diagramme en bande suivant pour créer un énoncé de problème. Calcule la valeur de la variable.

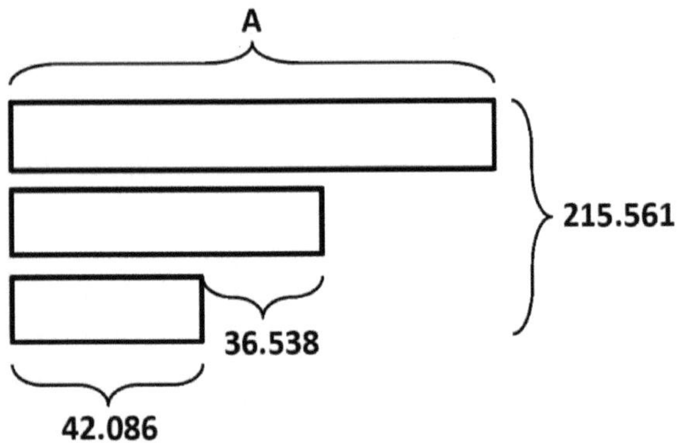

---

4. Dessine un diagramme en bande pour modéliser l'équation suivante. Crée un énoncé de problème. Calcule la valeur de la variable.

$$27.894 + A + 6.892 = 40.392$$

4e année
Module 2

1. Trouve les mesures équivalentes.

   a. 3 km = **3,000** m b. 4 m = **400** cm

   > Je sais qu'un kilomètre équivaut à 1,000 mètres.

   > Je sais qu'un mètre équivaut à 100 centimètres.

2. Trouve les mesures équivalentes.

   a. 2 km 345 m = **2,345** m b. 4 m 23 cm = **423** cm

   c. 12 km 45 m = **12,045** m d. 24 m 3 cm = **2,403** cm

   > Je sais que 12 kilomètres équivalent à 12,000 mètres, alors j'ajoute 12,000 mètres plus 45 mètres.

   > Je sais que 24 mètres équivalent à 2,400 centimètres, alors j'ajoute 2,400 mètres plus 3 centimètres.

3. Résous.

   a. 3 m – 42 cm

Exemple de réponse de l'élève A :

3 m = 300 cm

	2	9	10	
	~~3~~	~~0~~	~~0~~	cm
–		4	2	cm
	2	5	8	cm

> Avant de soustraire, je mets tout en unités égales. 3 mètres est égal à 300 centimètres.

Exemple de réponse de l'élève B :

42 cm →(+ 8 cm)→ 50 cm →(+ 50 cm)→ 1 m →(+ 2 m)→ 3 m

8 cm + 50 cm + 2 m = 2 m 58 cm

> J'utilise la méthode de la flèche pour additionner. J'additionne des centimètres et des mètres pour faire le prochain ensemble.

> J'ajoute 8 cm pour faire la dizaine suivante, soit 50 cm. J'ajoute 50 cm pour faire le mètre suivant et 1 mètre est à 2 mètres de 3 mètres.

> Je vais maintenant additionner toutes les parties encerclées pour découvrir que 2 mètres 58 centimètres est la différence de 3 mètres et 42 centimètres.

b. 32 m 14 cm – 8 m 63 cm

Exemple de réponse de l'élève A :

	2	11		0	11	
	~~3~~	~~1~~		~~1~~	~~1~~	4
	~~3~~	~~2~~	m	~~1~~	~~4~~	cm
–		8	m	6	3	cm
	2	3	m	5	1	cm

14 cm ne suffisent pas pour soustraire 63 cm, alors je renomme 1 mètre en 100 cm pour faire 114 cm.

Exemple de réponse de l'élève B :

8 m 63 cm → (+ 37 cm) → 9 m → (+ 23 m) → 32 m → (+ 14 cm) → 32 m 14 cm

37 cm + 23 m + 14 cm = 23 m 51 cm

En utilisant la méthode de la flèche, je vais additionner de 8 m 63 cm jusqu'à 32 m 14 cm. C'est presque comme une droite numérique !

c. 3 km 742 m + 9 km 473 m

Exemple de réponse de l'élève A :

		3	km	7	4	2	m
+		9	km	4	7	3	m
				1			
1	2	km	1	2	1	5	m

1 km 215 m

13 km 215 m

1,215 mètres peuvent être renommés en utilisant un lien numérique en 1 km 215 m.

Exemple de réponse de l'élève B :

742 m + 473 m

700 42 300 173

Je tire 700 m et 300 m pour faire 1 km.

700 m + 300 m = 1 km

42 m + 173 m = 215 m

J'additionne les mètres restants.

3 km + 9 km + 1 km = 13 km

13 km 215 m

Utilise un diagramme en bande pour modéliser chaque problème. Réponds au problème en utilisant une stratégie de simplification ou un algorithme et écris ta réponse sous la forme d'une phrase.

4. Pour aller de son travail au magasin, la mère de Kya a conduit 4 km 231 m. Elle a ensuite parcouru quelques kilomètres de plus entre le magasin et chez elle. Si elle a parcouru 8 km au total, quelle est la distance entre son travail et sa maison ?

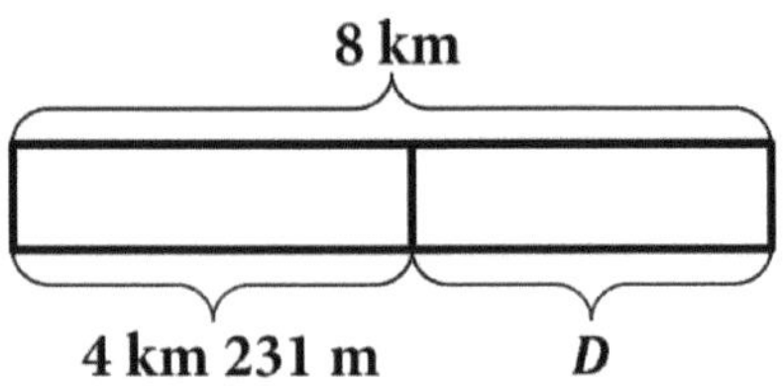

	7			9	9	10
			~~1~~	~~0~~	~~0~~	~~0~~
	~~8~~	km				m
–	4	km	2	3	1	m
	3	km	7	6	9	m

Je change 8 km en 7 km 1,000 m afin d'avoir des mètres à soustraire.

Son travail est à 3 km 769 m de sa maison.

Nom ______________________________ Date ______________

1. Trouve les mesures équivalentes.

a. 5 km = ______________ m

b. 13 km = ______________ m

c. ______________ km = 17,000 m

d. 60 km = ______________ m

e. 7 m = ______________ cm

f. 19 m = ______________ cm

g. ______________ m = 2,400 cm

h. 90 m = ______________ cm

2. Trouve les mesures équivalentes.

a. 7 km 123 m = ______________ m

b. 22 km 22 m = ______________ m

c. 875 km 4 m = ______________ m

d. 7 m 45 cm = ______________ cm

e. 67 m 7 cm = ______________ cm

f. 204 m 89 cm = ______________ cm

3. Résous.

a. 2 km 303 m – 556 m

b. 2 m – 54 cm

c. Exprime la réponse dans l'unité la plus petite :
338 km 853 m + 62 km 71 m

d. Exprime la réponse dans l'unité la plus petite :
800 m 35 cm – 154 m 49 cm

e. 701 km – 523 km 445 m

f. 231 km 811 m + 485 km 829 m

Utilise un diagramme en bande pour modéliser chaque problème. Réponds au problème en utilisant une stratégie de simplification ou un algorithme et écris ta réponse sous la forme d'une phrase.

4. Le jardin de Celia mesure 15 m 24 cm de long. Le jardin de son amie mesure 2 m 98 cm de plus que le sien. Quelle est la longueur du jardin de son amie ?

5. Sylvia a couru 3 km 290 m ce matin. Ensuite, elle a encore couru le soir. Si elle a couru un total de 10 km, quelle distance Sylvia a-t-elle parcourue le soir ?

6. Jenny a parcouru 356 mètres de moins que Tyler en sprint. Tyler a sprinté sur une distance de 1 km 3 m. Combien de mètres Jenny a-t-elle sprintés ?

7. Un électricien avait 7 m 23 cm de câble électrique. Il a utilisé 551 cm pour un projet de câblage. Combien de centimètres de câble lui reste-t-il ?

1. Remplis le tableau de conversion.

Masse	
kg	g
3	3,000
5	5,000
7	7,000

Je sais qu'un kilogramme équivaut à 1,000 grammes.

2. Convertis les mesures.

a. 4 kg 650 g = __4,650__ g

b. __51__ kg __45__ g = 51,045 g

Dans 51,945, il y en a 51 milliers 945 unités. 1 mille grammes équivaut à 1 kilogramme, donc 51 mille grammes 945 grammes équivaut à 51 kilogrammes 945 grammes.

3. Résous.

a. 7 kg – 860 g

Je mets tout en unités égales. 7 kilogrammes est égal à 7 000 grammes.

7 kg = 7,000 g

Exemple de réponse de l'élève A :

```
        9
    6  10  10
    7, 0̸  0̸  0  g
 –     8  6  0  g
 ----------------
    6, 1  4  0  g
```

Je soustrais les grammes des grammes.

Exemple de réponse de l'élève B :

(+ 40 g) (+ 100 g) (+ 6,000 g)

860 g → 900 g → 1,000 g → 7,000 g

40 g + 100 g + 6,000 g = 6,140 g

Tout comme dans la leçon 1, j'additionne en utilisant la méthode de la flèche.

b. Exprime la réponse dans l'unité la plus petite : 23 kg 625 g + 526 g.

Exemple de réponse de l'élève A :

```
    2 3 kg   6 2 5 g
 +           5 2 6 g
           1
 --------------------
    2 3 kg 1 1 5 1 g
```

J'additionne et je convertis ensuite la réponse en grammes.

23 kg = 23 000 g

23 000 + 1 151 24 151

Exemple de réponse de l'élève B :

```
    2 3, 6 2 5 g
 +       5 2 6 g
      1    1
 ---------------
    2 4, 1 5 1 g
```

Je change 23 kg 625 grammes en grammes avant de les ajouter.

c. Exprime la réponse en unités mixtes : 18 kg 604 g – 3,461 g.

3 461 g = 3 kg 461 g

				5	10		
	1	8	kg	~~6~~	~~0~~	4	g
–		3	kg	4	6	1	g
	1	5	kg	1	4	3	g

Je convertis les grammes en kilogrammes avant de les soustraire.

Utilise un diagramme en bande pour modéliser chaque problème. Réponds au problème en utilisant une stratégie de simplification ou un algorithme et écris ta réponse sous la forme d'une phrase.

4. Un cageot de pastèques pèse 18 kilogrammes 685 grammes. Un autre cageot de pastèques pèse 17 kilogrammes 435 grammes. Quel est leur poids cumulé ?

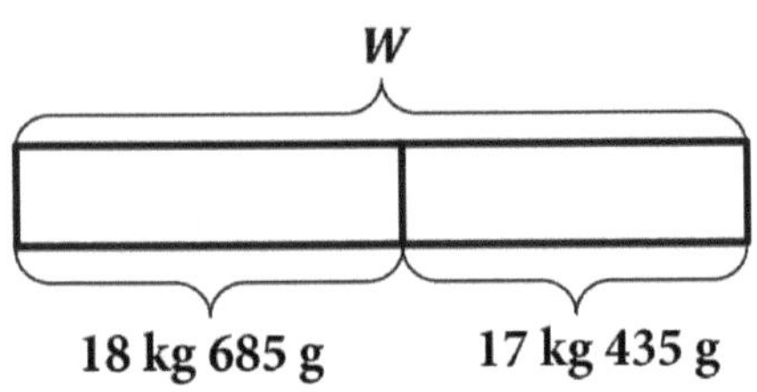

18 kg 685 g + 17 kg 435 g = *W*

	1	8	kg		6	8	5	g
+	1	7	kg		4	3	5	g
	~~1~~				~~1~~	~~1~~		
	3	5	kg	1	1	2	0	g

~~1,000 g~~ 120 g

1 kg

36 kg 120 g

Je peux laisser ma réponse comme 35 kg 1,120 g, mais je choisis de renommer dans les plus grandes unités. 1,120 g est égal à 1 kg 120 g.

***Le poids combiné des caisses de pastèques est de* 36 kg 120 g.**

EUREKA MATH

Nom ____________________ Date ____________

1. Remplis le tableau de conversion.

Masse	
kg	**g**
1	1,000
6	
	8,000
15	
	24,000
550	

2. Convertis les mesures.

a. 2 kg 700 g = ____________g

b. 5 kg 945 g = ____________g

c. 29 kg 58 g = ____________g

d. 31 kg 3 g = ____________g

e. 66,597 g = ______kg ______g

f. 270 kg 41 g = ____________g

3. Résous.

a. 370 g + 80 g

b. 5 kg – 730 g

c. Exprime la réponse dans la plus petite unité :
27 kg 547 g + 694 g

d. Exprime la réponse dans la plus petite unité :
16 kg + 2,800 g

e. Exprime la réponse dans des unités mixtes :
4 kg 229 g - 355 g

f. Exprime la réponse dans des unités mixtes :
70 kg 101 g - 17 kg 862 g

Utilise un diagramme en bande pour modéliser chaque problème. Réponds au problème en utilisant une stratégie de simplification ou un algorithme et écris ta réponse sous la forme d'une phrase.

4. Une valise pèse 23 kilogrammes 696 grammes. Une autre valise pèse 25 kilogrammes 528 grammes. Quel est le poids total des deux valises ?

5. Un sac de pommes de terre et un sac d'oignons pèsent ensemble 11 kilogrammes 15 grammes. Si le sac de pommes de terre pèse 7 kilogrammes 300 grammes, combien pèse le sac d'oignons ?

6. Le tableau à droite indique le poids de trois chiens. Quelle est la différence de poids entre le chien le plus lourd et le plus léger ?

Chien	Poids
Lassie	21 kg 249 g
Riley	23 kg 128 g
Fido	21,268 g

EUREKA MATH

1. Remplis le tableau de conversion.

Capacité en liquide	
L	**mL**
6	**6,000**
18	**18,000**
32	32,000

Il y a 1,000 millilitres dans un litre. La règle de conversion est la même que pour les leçons 1 et 2.

2. Convertis les mesures.

a. 26 L 38 mL = **26,038** mL

b. 427 009 mL = **427** L **9** mL

Je me souviens avoir fait ces conversions dans les leçons 1 et 2, juste avec des unités différentes.

3. Résous.

a. Exprime la réponse dans la plus petite unité :
32 L 420 mL + 685 mL

	3	2,	4	2	0	mL
+			6	8	5	mL
		1	1			
	3	3,	1	0	5	mL

Avant d'additionner, je renomme 32 L 420 mL en millilitres puisque la réponse doit être dans la plus petite unité.

b. Exprime la réponse en unités mixtes :
62 L 608 mL – 35 L 739 mL

					15			
	5	11		0	~~5~~	9	18	
	~~6~~	~~1~~		~~1~~	~~6~~	~~0~~	~~8~~	
	~~6~~	~~2~~	L		~~6~~	~~0~~	~~8~~	mL
–	3	5	L		7	3	9	mL
	2	6	L		8	6	9	mL

Je peux soustraire des unités mixtes comme indiqué, ou je peux renommer les unités à la plus petite unité, soustraire, puis renommer en tant qu'unités mixtes.

Nom ______________________________ Date ______________

1. Remplis le tableau de conversion.

Capacité en liquide	
L	mL
1	1,000
8	
27	
	39,000
68	
	102,000

2. Convertis les mesures.

a. 5 L 850 mL = ____________mL

b. 29 L 303 mL = ____________mL

c. 37 L 37 mL = ____________mL

d. 17 L 2 mL = ____________mL

e. 13,674 mL = _____L_______mL

f. 275,005 mL = _____L _______mL

3. Résous.

a. 545 mL + 48 mL

b. 8 L − 5,740 mL

c. Exprime la réponse dans la plus petite unité :
27 L 576 mL + 784 mL

d. Exprime la réponse dans la plus petite unité :
27 L + 3,100 mL

e. Exprime la réponse dans des unités mixtes :
9 L 213 mL − 638 mL

f. Exprime la réponse dans des unités mixtes :
41 L 724 mL − 28 L 945 mL

Utilise un diagramme en bande pour modéliser chaque problème. Réponds au problème en utilisant une stratégie de simplification ou un algorithme et écris ta réponse sous la forme d'une phrase.

4. Le seau de Sammy contient 2,530 millilitres d'eau. Le seau de Marie contient 2 litres 30 millilitres d'eau. Le seau de Katie contient 2 litres 350 millilitres d'eau. Quel est le seau qui contient le moins d'eau ?

5. Pendant l'entraînement de football, la cruche d'eau était remplie de 18 litres 530 millilitres d'eau. À la fin de l'entraînement, il restait 795 millilitres. Quelle quantité d'eau l'équipe a-t-elle bue ?

6. Le réservoir vide d'une voiture est rempli avec 27,545 millilitres d'essence. Si le réservoir a une capacité de 56 litres et 202 millilitres, quelle quantité d'essence doit encore être ajoutée pour le remplir entièrement ?

1. Remplis le tableau.

Unité la plus petite	Unité la plus grande	Combien de fois plus grand que ... ?
dizaine	centaine	100

Je me demande : "un millier est 100 fois plus grand que quelle unité ?" Je sais que mille est égale à 100 dizaines (1 × 100 dizaines). Donc, ma plus petite unité est la dizaine.

2. Remplis l'unité inconnue sous forme de mot.

125 équivaut à 1 ***centaine*** 25 unités.

Je me demande : "125 unités, c'est la même chose que 1 unité de quoi plus 25?"

125 cm, c 'est 1 ***mètre*** 25 cm.

Les unités sont des centimètres. Je peux utiliser une plus grande unité. 100 centimètres équivaut à 1 mètre. Ainsi, 1 mètre 25 cm équivaut à 125 cm.

3. Écris le nombre inconnu.

142,728 égale 142 milliers 728 unités.

Je peux décomposer 142 milliers 728 en unités plus petites. 142 milliers, c'est la même chose que 142,000 unités. Donc, 142 milliers 728, c'est 142,728.

142,728 mL = 142 L 728 mL.

Je sais qu'un litre équivaut à 1,000 millilitres. Ainsi, 142 litres égalent 142,000 millilitres, et 142 litres 728 millilitres égalent 142,728 mililitres.

4. Remplis avec >, < ou =.

740,259 mL (>) 74 L 249 mL

74 L 249 mL est identique à 74,249 mL. 74 dix milliers est plus grand que 7 dix milliers.

5. Le sac à dos de Mikal pèse 4, 289 grammes. Mikal pèse 17 kilogrammes 989 grammes de plus que son sac à dos. Quel est le poids total de Mikal et de son sac à dos ?

1 kg = 1,000 g

$$\begin{array}{r} 17{,}989 \text{ g} \\ +\ 4{,}289 \text{ g} \\ \hline 22{,}278 \text{ g} \end{array}$$

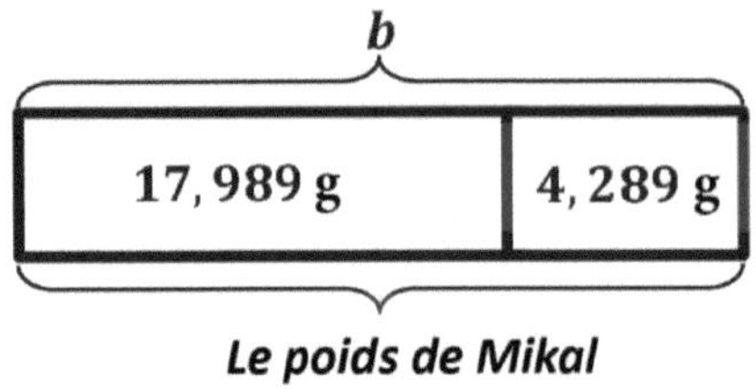

$b = 22{,}278$ g

Pour trouver le poids de Mikal, j'addiitonne. Mikal pèse 22,278 g.

$$\begin{array}{r} 22{,}278 \text{ g} \\ +\ 4{,}289 \text{ g} \\ \hline 26{,}567 \text{ g} \end{array}$$

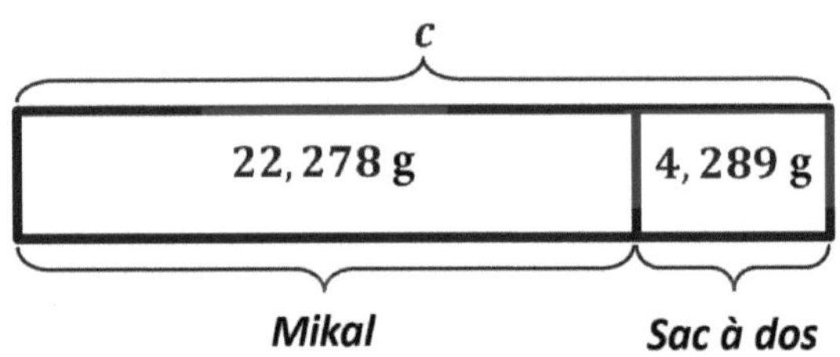

$c = 26{,}567$ g

J'additionne pour trouver le poids total.

Au total, Mikal et son sac à dos pèsent 26,567 g ou 26 kg 567 g.

6. Place les mesures suivantes sur la droite numérique :

1 kg 282 g   2,089 g   2 kg 92 g   3,219 g   100 g

Chaque unité sur la ligne des numéros équivaut à 1,000 g. J'étiquette chaque coche.

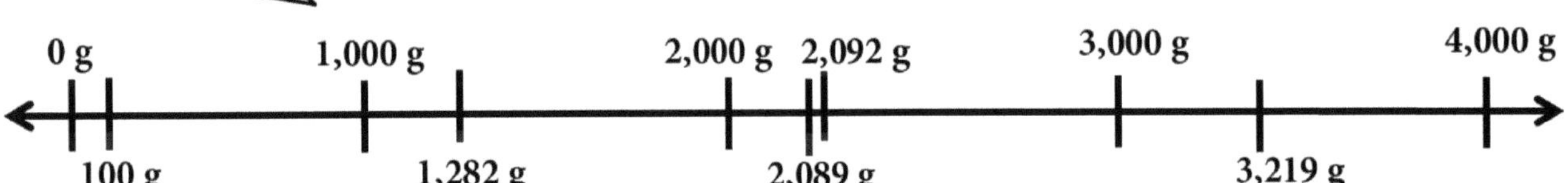

Je compare 2,092 et 2,089. 9 dizaines est plus grand que 8 dizaines. Donc, 2,092, c'est plus que 2,089.

Nom ______________________________ Date ________________

1. Remplis le tableau.

Unité la plus petite	Unité la plus grande	Combien de fois plus grand que ... ?
centimètre	mètre	100
	centaine	100
mètre	kilomètre	
gramme		1,000
unité		1,000
millilitre		1,000
unité	centaine de milliers	

2. Remplis l'unité inconnue sous forme de mot.

a. 135 égale 1 ________________35 unités.

b. 135 cm égale 1 ________________35 cm.

c. 1,215 égale 1 ________________ 215 unités.

d. 1,215 m égale 1 ________________215 m.

e. 12,350 égale 12________________350 unités.

f. 12,350 g égale 12 kg 350________________.

3. Écris le nombre inconnu.

a. ________________égale 125 milliers 312 unités.

b. ________________mL égale 125 L 312 mL.

4. Remplis avec >, < ou =.

   a. 890,353 mL ◯ 89 L 353 mL

   b. 2 km 13 m ◯ 2,103 m

5. Le sac à dos de Brandon pèse 3,140 grammes. Brandon pèse 22 kilogrammes 610 grammes de plus que son sac à dos. Si Brandon se tient sur une balance en portant son sac à dos, quel sera le poids indiqué ?

6. Place les mesures suivantes sur la droite numérique :

   3 km 275 m   3,500 m   3 km 5 m   394,000 cm

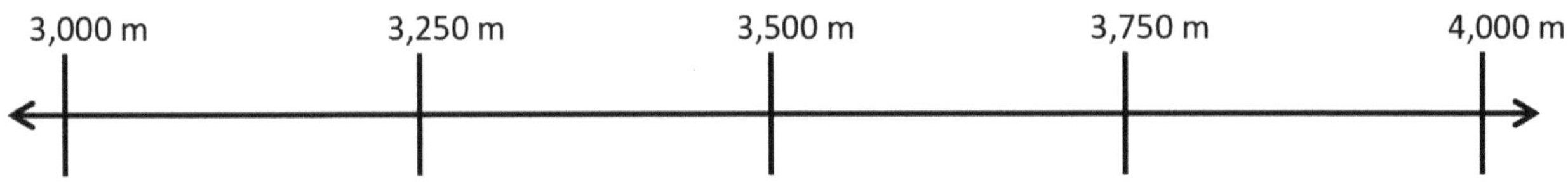

7. Place les mesures suivantes sur la droite numérique :

   1 kg 379 g   3 079 g   2 kg 79 g   3 579 g   579 g

1. David pèse 46 kilogrammes 89 grammes. Adam pèse 3,741 grammes de moins que David. Joseph pèse 2,801 grammes de moins qu'Adam. Combien pèse Joseph ?

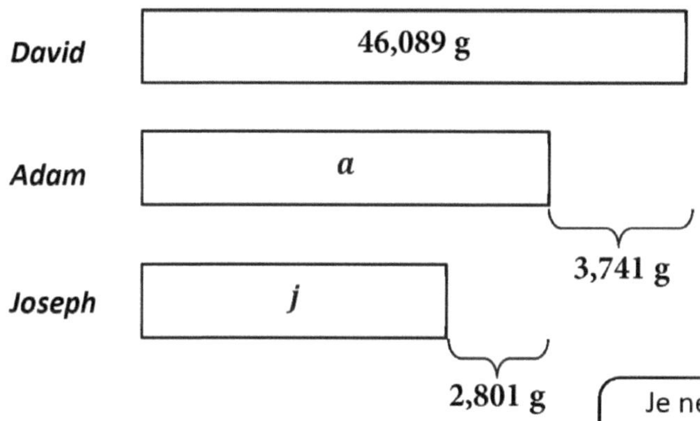

$a = 46{,}089\text{ g} - 3{,}741\text{ g}$

$a = 42{,}348\text{ g}$

$$\begin{array}{rrrrrl} & & ^{5} & ^{10} & & \\ 4 & \not{6}, & \not{0} & 8 & 9 & \text{g} \\ - & 3, & 7 & 4 & 1 & \text{g} \\ \hline 4 & 2, & 3 & 4 & 8 & \text{g} \end{array}$$

Je ne connais pas le poids d'Adam. Je donne à cette inconnue le nom A. Je soustrais pour résoudre A.

$j = 42\,348\text{ g} - 2\,801\text{ g}$

$j = 39{,}547\text{ g}$

$$\begin{array}{rrrrrl} ^{3} & ^{11}\not{1} & ^{13} & & & \\ \not{4} & \not{2}, & \not{3} & 4 & 8 & \text{g} \\ - & 2, & 8 & 0 & 1 & \text{g} \\ \hline 3 & 9, & 5 & 4 & 7 & \text{g} \end{array}$$

Maintenant que je connais le poids d'Adam, je résous J (le poids de Joseph).

Joseph pèse 39,547 grammes.

2. La boîte A pèse 30 kilogrammes 490 grammes. La boîte B pèse 6,790 grammes de moins que la boîte A. La boîte C pèse 13 kilogrammes 757 grammes de plus que la boîte B. Quelle est la différence, en grammes, entre les poids de la boîte C et de la boîte A ?

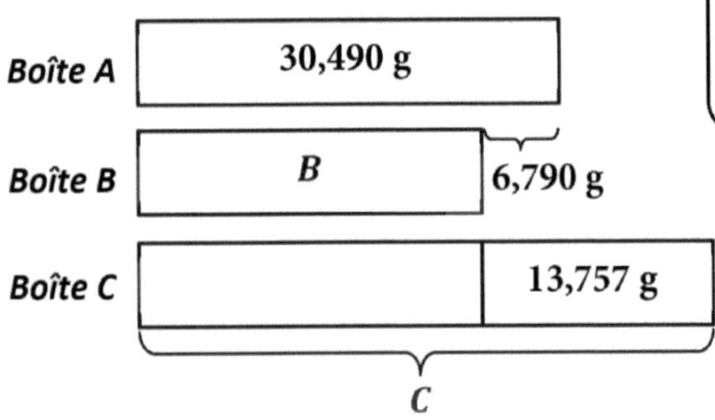

Je sais que la boîte B pèse 6,790 grammes de moins que la boîte A. Je nomme cette partie et je soustrais pour trouver "B". La boîte B pèse 23,700 g.

$B = 30{,}490\text{ g} - 6{,}790\text{ g}$

$B = 23{,}700\text{ g}$

	~~3~~ (2)	~~0~~, (9)	~~4~~ (14)	9	0	g
−		6,	7	9	0	g
	2	3,	7	0	0	g

Je sais que la boîte C pèse 13,757 grammes de plus que la boîte B. Si la boîte B pèse 23,700 grammes, je peux ajouter pour trouver "C". La boîte C pèse 37,457 g.

	2	3,	7	0	0	g
+	1	3,	7	5	7	g
		(1)				
	3	7,	4	5	7	g

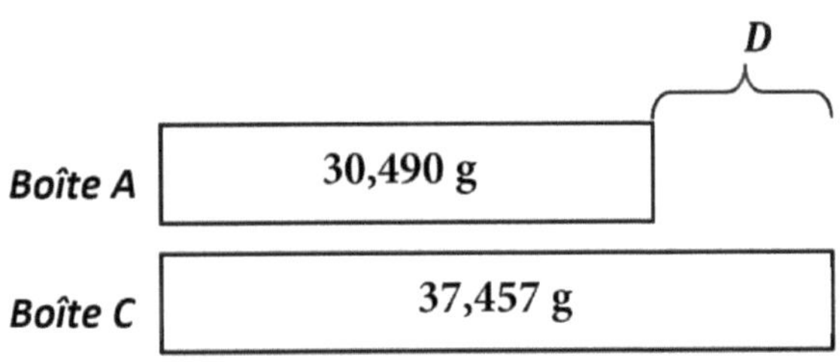

Je connais le poids des boîtes A et C. Je peux faire une soustraction pour trouver la différence, D.

$D = 37{,}457\text{ g} - 30{,}490\text{ g}$

$D = 6{,}967\text{ g}$

	3	~~7~~, (6)	~~4~~ (~~3~~ 13)	~~5~~ (15)	7	g
−	3	0,	4	9	0	g
		6,	9	6	7	g

La différence entre les poids de la boîte C et de la boîte A est 6,967 g.

EUREKA MATH

Nom ______________________________ Date ______________

Modélise chaque problème à l'aide d'un diagramme en bande. Résous la question et réponds par une déclaration.

1. José a un vase d'une capacité de 2,419 millilitres. Il verse 1 litre 299 millilitres d'eau dans le vase vide. Puis, il ajoute 398 millilitres. Quel volume d'eau peut encore être versé dans le vase ?

2. Eric a parcouru 1 kilomètre 125 mètres à vélo lundi. Mardi, il a fait 375 mètres de moins que le lundi. Quelle distance a-t-il parcourue à vélo pendant ces deux jours ?

3. Zachary pèse 37 kilogrammes 95 grammes. Gabe pèse 4,650 grammes de moins que Zachary. Harry pèse 2,905 grammes de moins que Gabe. Combien pèse Harry ?

4. Un épagneul pèse 20 kilogrammes 490 grammes. Un cocker pèse 7,590 grammes de moins qu'un épagneul. Un terre-neuve pèse 52 kilogrammes 656 grammes de plus qu'un cocker. Quelle est la différence, en grammes, entre le poids du terre-neuve et celui de l'épagneul ?

5. Marsha a trois tapis. Le premier tapis mesure 2 mètres 87 centimètres de long. Le deuxième mesure 98 centimètres de moins que le premier. Le troisième tapis est 111 centimètres plus long que le deuxième. Quelle est la différence en centimètres entre la longueur du premier tapis et celle du troisième ?

6. Un tonneau contient 60 litres et 868 millilitres de sève. Un deuxième tonneau contient 20,089 millilitres de sève de plus que le premier. Un troisième tonneau contient 40 litres de sève, soit 82 millilitres de moins que le deuxième. Si la sève des trois tonneaux était versée dans un plus grand récipient, quelle serait la quantité totale de sève ?

4e année
Module 3

1. Déterminez le périmètre et l'aire des rectangles A et B.

Pour trouver la l'aire du rectangle A, je peux sauter le comptage des unités :5, 10,15,20,25. Ou je peux multiplier. $5 \times 5 = 25$.

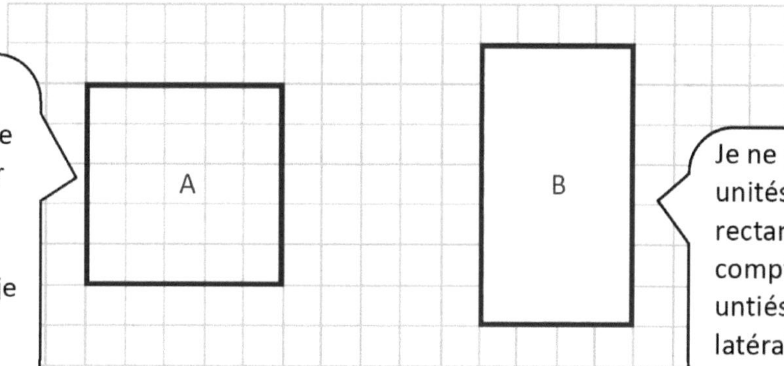

Je ne peux pas voir les unités à l'intérieur du rectangle B. Donc, je compte le nombre des untiés des longueurs latérales et utilise la formule pour l x *W*).

a. A = **25 *unités carrées*** A = **28 *unités carrées***

b. P = ***20 unités*** P = ***22 unités***

Je peux utiliser une formule pour le perimètre telle que $p = 2 \times (l + w)$, $p = l + w + l + w$, ou $P = 2l + 2w$.

2. Étant donné l'aire du rectangle, trouvez la longueur du côté inconnue.

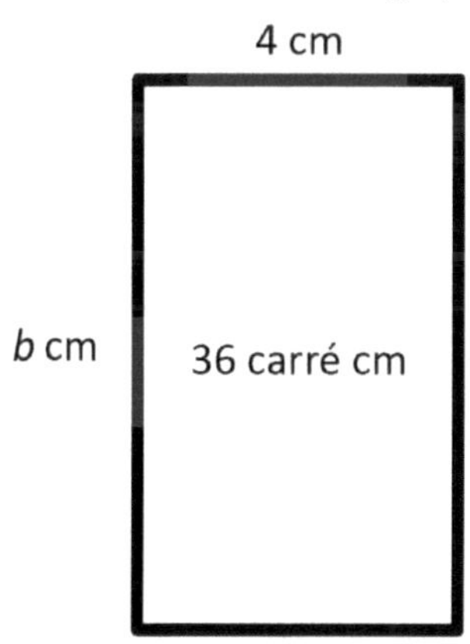

A = l x w

36 = 4 x b

b = 9

Je peux considérer " 4 fois quel nombre equivaut à 36?" Ou, je peux diviser pour trouver la longueur latérale inconnue : A ÷ l = w.

b = **9**

La longueur latérale inconnue du rectangle est de 9 centimètres.

3. Le périmètre de ce rectangle est 2 5 0 centimètres. Trouvez la longueur du côté inconnue de ce rectangle.

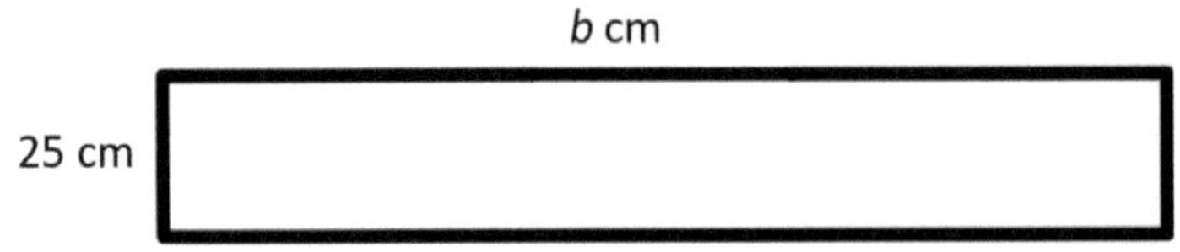

$P = w + w + l + l$

$250 = 25 + 25 + l + l$

$250 = 50 + l + l$

$250 - 50 = 200$

$200 \div 2 = b$

$100 = b$

Je soustrais pour trouver la somme des côtés inconnus. Je divise pour trouver la longueur inconnue, *b* cm.

La longueur du rectangle est de 100 cm.

4. Le rectangle suivant a des longueurs de côté de nombre entier. Compte tenu de l'aire et du périmètre, trouvez la longueur et la largeur.

A = 48 cm carré

P = 32 cm

J'énumère les paires de facteur pour 48.

$l =$ 12 cm

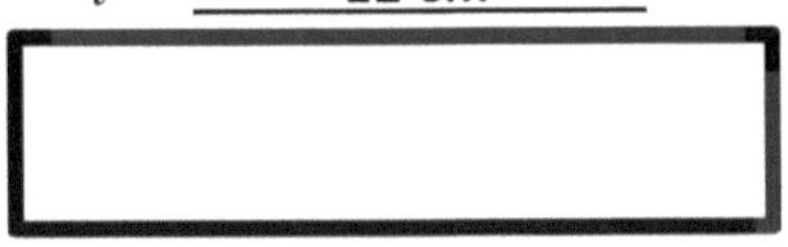

$w =$ 4 cm

Dimensions of a 48 square cm *Rectangle*

Largeur	*Longueur*
1 cm	48 cm
2 cm	24 cm
3 cm	16 cm
4 cm	12 cm
6 cm	8 cm

Je tente les différents facteurs possibles en tant que longueurs latérales au fur et à mesure que je résous le périmètre de 32 cm à l'aide de la formule *P* = 2*L* + 2*W*.

$P = (2 \times 8) + (2 \times 6)$

$P = 16 + 12$

$P = 28$

Non !

$P = (2 \times 12) + (2 \times 4)$

$P = 24 + 8$

$P = 32$

Oui! Les facteurs 4 et 12 marchent!

EUREKA MATH

Nom ______________________________ Date ______________

1. Déterminez le périmètre et l'aire des rectangles A et B.

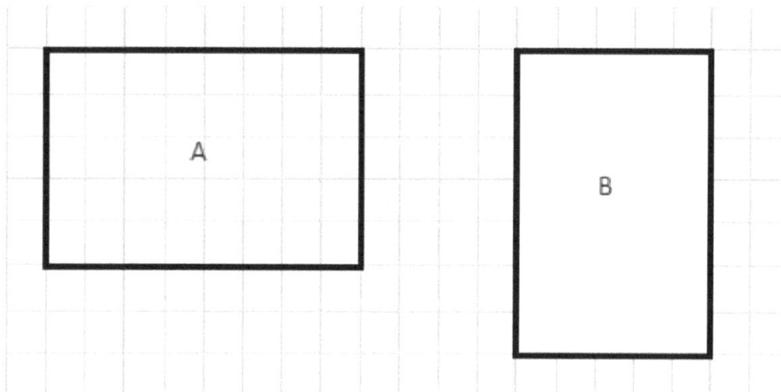

a. A = __________ A = __________

b. P = __________ P = __________

2. Déterminez le périmètre et l'aire de chaque rectangle.

a.

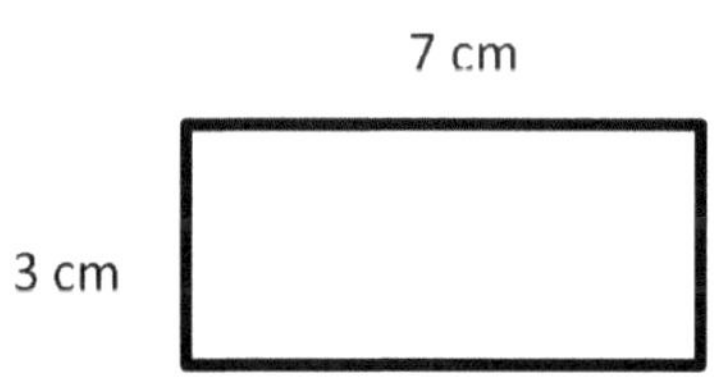

P = __________

A = __________

b.

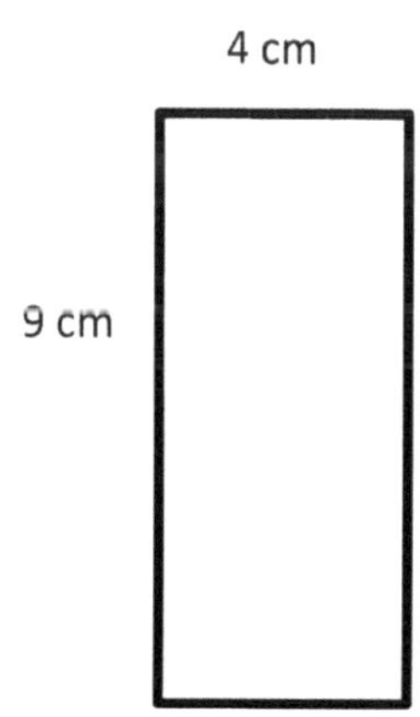

P = __________

A = __________

3. Déterminez le périmètre de chaque rectangle.

a.

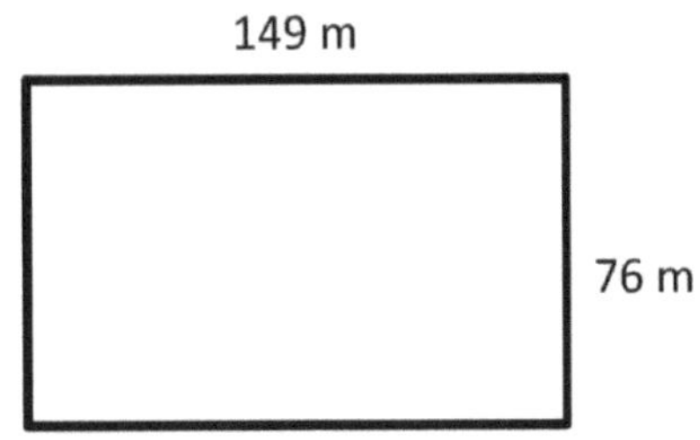

P = ___________

b.

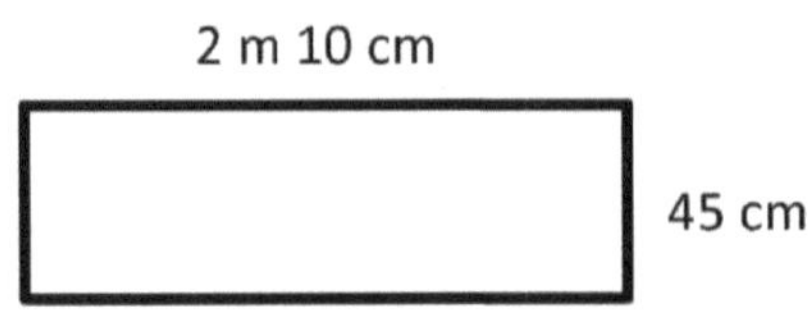

P = ___________

4. Étant donné l'aire du rectangle , trouvez la longueur du côté inconnue.

a.

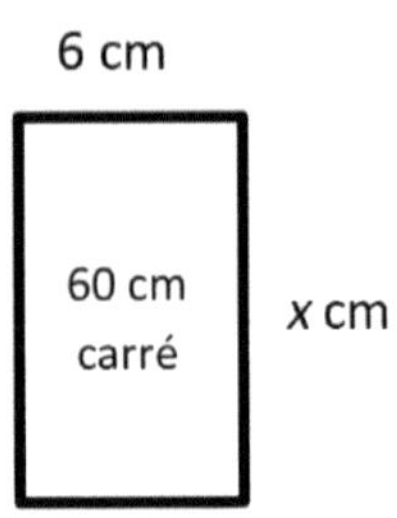

X = ___________

b.

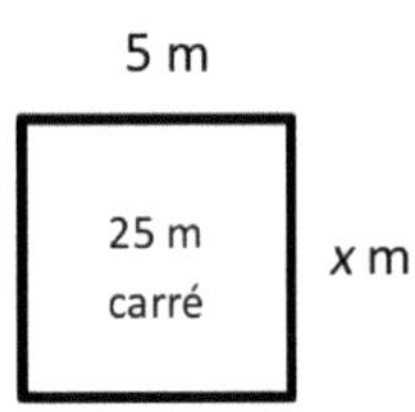

X = ___________

EUREKA MATH

5. Étant donné le périmètre du rectangle r, trouvez la longueur du côté inconnue.

a. P = 180 cm

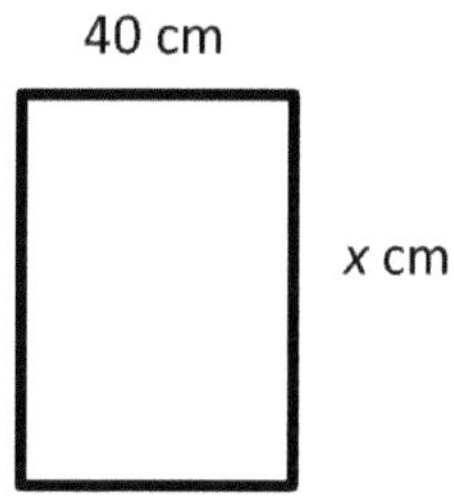

X = ___________

b. P = 1 000 m

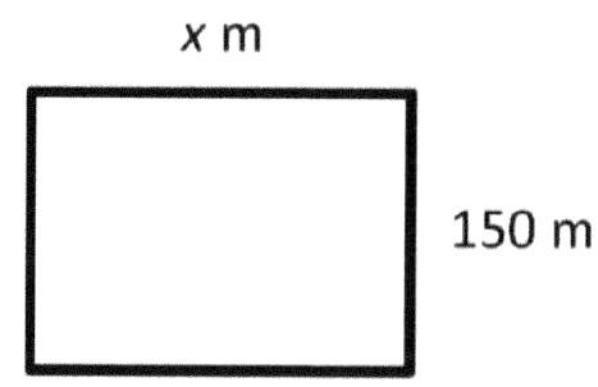

X = ___________

6. Chacun des rectangles suivants a des longueurs de côté de nombre entier. Compte tenu de l'aire et du périmètre, trouvez la longueur et la largeur.

a. UNE = 32 cm carré
P = 24 cm

l = ________

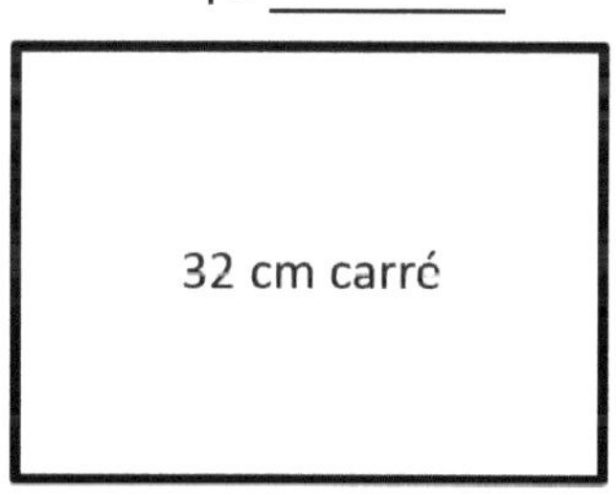

w = ________

b. UNE = 36 mètres carrés
P = 30 m

w = ________

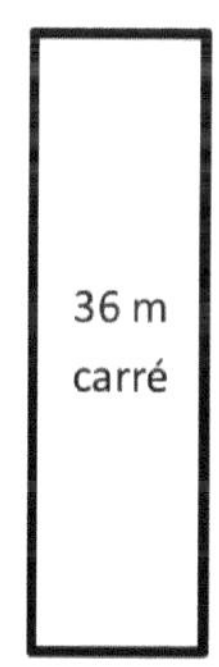

l = ________

1. Une piscine rectangulaire fait 60 centimètres de large. Elle est 4 fois plus longue que large.

   a. Marquez le diagramme avec les dimensions de la piscine.

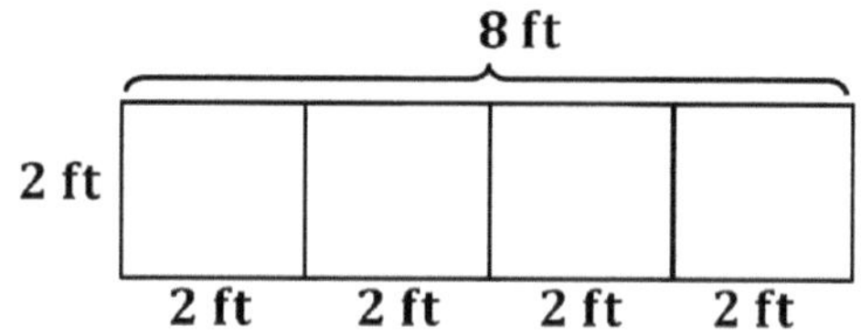

   b. Trouvez le périmètre de la piscine.

$P = 2 \times (l + w)$
$P = 2 \times (8 + 2)$
$P = 2 \times 10$
$P = 20$

Je choisis une des 3 formules que j'ai apprises en Leçon 1 pour résoudre le périmètre.

Le périmètre de la piscine est de 20 pieds.

2. L'aire du tapis de chambre de Brette's est de 2 mètres carrés. La mesure latérale la plus longue fait 1 mètre. Son tapis de salon est deux fois plus long et deux fois plus large que le tapis de chambre.

   a. Dessinez et marquez un diagramme du tapis de chambre de Brette. Quel est son périmètre ?

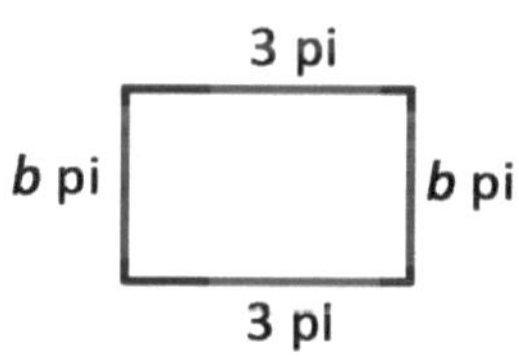

$A = l \times w$
$6 = 3 \times w$

$b = 6 \div 3$
$b = 2$

Je divise pour trouver la largeur.

$P = 2l + 2w$

$P = (2 \times 3) + (2 \times 2)$

$P = 6 + 4$

$P = 10$

Le périmètre du tapis de la chambre à coucher de Brette est de 10 pi.

b. Dessinez et marquez un diagramme du tapis de salon de Brette. Quel est son périmètre ?

Je dessine un diagramme du tapis de la chambre à coucher de Brette. En suite, je double la longueur et la largeur pour modéliser le tapis de la salle de séjour.

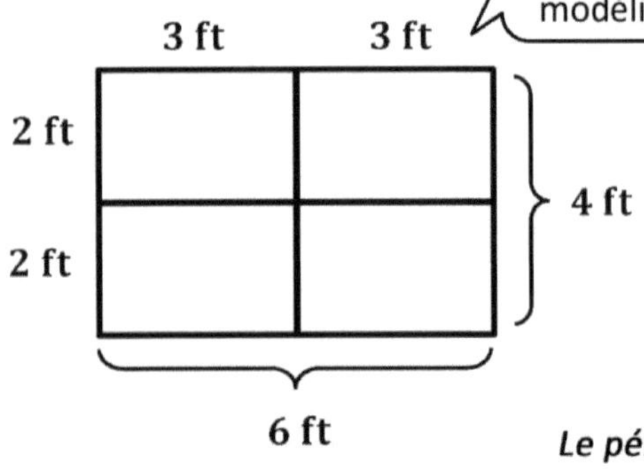

$P = 2l + 2w$

$P = (2 \times 6) + (2 \times 4)$

$P = 12 + 8$

$P = 20$

Le périmètre de la salle de séjour est de 20 pi.

c. Quelle est la relation entre les deux périmètres ?

Résponse échantillon: Le périmètre du tapis de la chambre à coucher est de 10 pi. Le périmètre de la salle de séjour est de 20 pi. Le tapis de la salle se séjour est le double du périmètre du tapis de la chambre à coucher. Je sais parce que 2 x 10 = 20.

J'explique le modèle que je remarque. Je vérifie ma réflexion avec une équation.

d. Trouver l'aire du tapis de salon en utilisant la formule $A = l \times w$.

$A = l \times w$

$A = 6 \times 4$

$A = 24$

La surface du tapis du salon est 24 pieds carrés.

e. Le tapis du salon a une aire de combien de fois celle du tapis de chambre ?

Exemple de réponse : l'aire du tapis de chambre fait 2 mètres carrés. L'aire du tapis du salon fait 7 mètres carrés. 4 fois 6 font 24. L'aire du tapis du salon fait 4 fois l'aire du tapis de la chambre.

f. Comparez la façon dont le périmètre a changé avec la façon dont l'aire a changé entre les deux tapis. Expliquez ce que vous remarquez en utilisant des mots, des images ou des chiffres.

Exemple de réponse : le périmètre du tapis du salon fait 2 fois le périmètre du tapis de la chambre. Mais, l'aire du tapis du salon fait 4 fois l'aire du tapis de la chambre! Je remarque que lorsque nous doublons chacune des longueurs latérales, le périmètre double et l'aire quadruple.

Nom ______________________________ Date ______________

1. Une piscine rectangulaire fait 2 mètres de large. Elle est 3 fois plus longue que large.

   a. Marquez le diagramme avec les dimensions de la piscine.

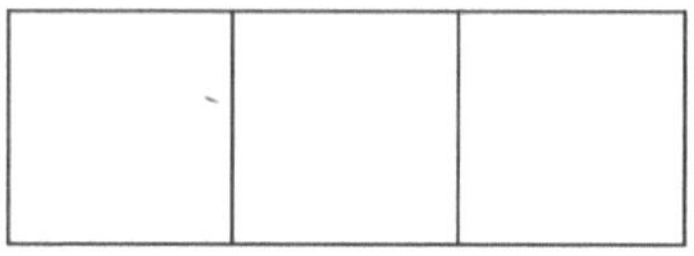

   b. Trouvez le périmètre de la piscine.

2. Une affiche fait 8 centimètres de long. Elle est 4 fois plus large que longue.

   a. Dessinez un schéma de l'affiche, et marquez ses dimensions.

   b. Trouvez le périmètre et l'aire de l'affiche.

3. L'aire d'un rectangle est de 36 centimètres carrés, et sa longueur est de 9 centimètres.

   a. Quelle est la largeur du rectangle?

   b. Elsa veut tirer une seconde r ectangle de la même longueur mais 3 fois plus large. Dessinez et marquez le deuxième rectangle d'Elsa.

   c. Quel est le périmètre le deuxième rectangle d'Elsa ?

4. La superficie du tapis de chambre de Nathan est de 15 pieds carrés. Le côté le plus long mesure 5 pieds. Son tapis de salon est deux fois plus long et deux fois plus large que le tapis de chambre.

a. Dessinez et marquez un diagramme le tapis de chambre de Nathan. Quel est son périmètre?

b. Dessinez et marquez un diagramme du tapis de salon de Nathan. Quel est son périmètre?

c. Quel est la relation entre les deux périmètres?

d. Trouvez l'aire du tapis de salon utilisant la formule $A = l \times w$.

e. Le tapis du salon a une surface qui fait combien de fois celle du tapis de la chambre?

f. Comparez la façon dont le périmètre a changé avec la façon dont l'aire a changé entre les deux tapis. Expliquez ce que vous remarquez en utilisant des mots, des images ou des chiffres.

Résolvez les problèmes suivants. Utilisez des images, des chiffres ou des mots pour montrer votre travail.

Un calendrier est 2 fois plus long et 3 fois plus large qu'une carte de visite. La carte de visite est 2 pouces de long et 1 pouces de large. Quel est le périmètre du calendrier?

1.

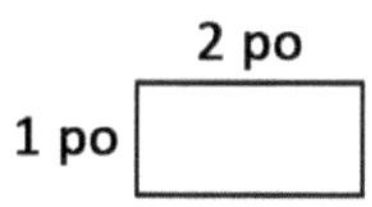

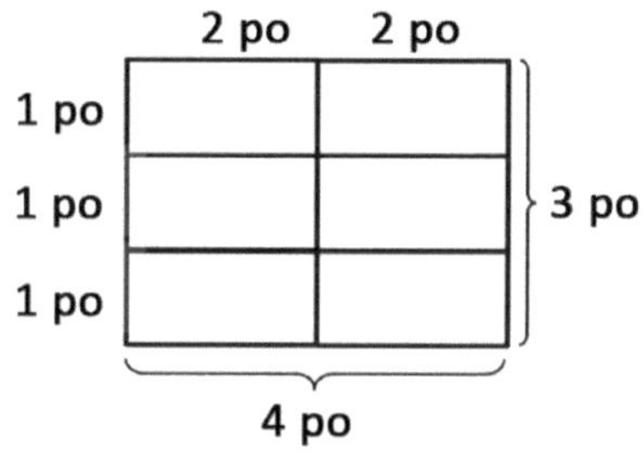

$P = 2 \times (l + w)$

$P = 2 \times (4 \text{ in} + 3 \text{ in})$

$P = 2 \times 7 \text{ in}$

$P = 14 \text{ in}$

Le périmètre du calendrier est de 14 pouces.

Je dessine un diagramme avec une largeur 3 fois celle de la carte (3 po). Je marque la longueur pour égaler deux foix la largeur de la carte (4 po).

Rectangle A a une aire de 64 cenimètres carré. Rectangle A est 8 fois autant que les centimètres carré du rectangle B. Si le rectangle B est 4 centimètres de large, quelle est la longueur du rectangle B?

Il y a plusieurs façons de résourdre!

2.

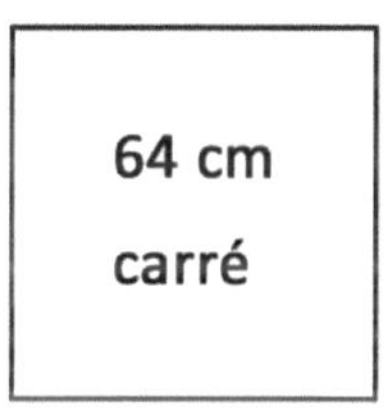

Rectangle A

1 unité= *B* cm carré

8 unités= 64 cm carré

$64 \div 8 = B$

$B = 8$

La zone du rectangle B est de 8 centimètres carré.

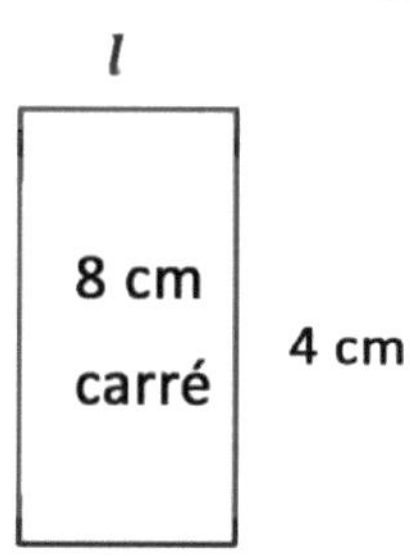

Rectangle B

$A = w \times l$
$8 = 4 \times l$

$l = 8 \div 4$
$l = 2$

La longueur du rectangle Bis est de 2 cm

Nom ____ Date ____________________

Résolvez les problèmes suivants. Utilisez des images, des chiffres ou des mots pour montrer votre travail.

1. Katie a découpé un morceau de papier d'emballage rectangulaire qui était 2 fois plus long et 3 fois plus large que la boîte qu'elle emballait. La boîte mesurait 5 pouces de long et 4 pouces de large. Quel est le périmètre du papier d'emballage que Katie a coupé?

2. Alexis a un morceau de papier rouge rectangulaire de 4 centimètres de large. Sa longueur est le double de sa largeur. Elle colle un morceau de papier bleu rectangulaire sur le dessus de la pièce rouge mesurant 3 centimètres par 7 centimètres. Combien de centimètres carrés de papier rouge seront visibles sur le dessus?

3. La cuisine rectangulaire de Brinn a une superficie de 81 pieds carrés. La cuisine est 9 fois plus de pieds carrée que le garde-manger de Brinn. Si le garde-manger rectangulaire mesure 3 pieds de large, quelle est la longueur du garde-manger?

4. La longueur de l'affiche rectangulaire de Marshall est 2 fois sa largeur. Si le périmètre est de 24 pouces, quel est l'aire de l'affiche?

1. Remplissez les blancs dans les équations suivantes.

a. **100** $\times 7 = 700$ b. $4 \times$ **1,000** $= 4{,}000$ c. **50** $= 10 \times 5$

Je me pose la question ," Combien de sept équivalent 700?"

J'utilise la forme d'unité pour résoudre. Si je nomme les unités, multiplier de grands nombres est facile! Je sais 4 ÷ 4 = 1, donc 4 milliers 4 ÷ 4 is 1 mille.

Dessinez des disques de valeur de position et des flèches pour représenter chaque produit.

2. $15 \times 100 =$ **1,500**

$1\ 5 \times 10 \times 10 =$ **1,500**

(1 Dix 5 unités) $\times 100 =$ ***1 mille 5 centaines***

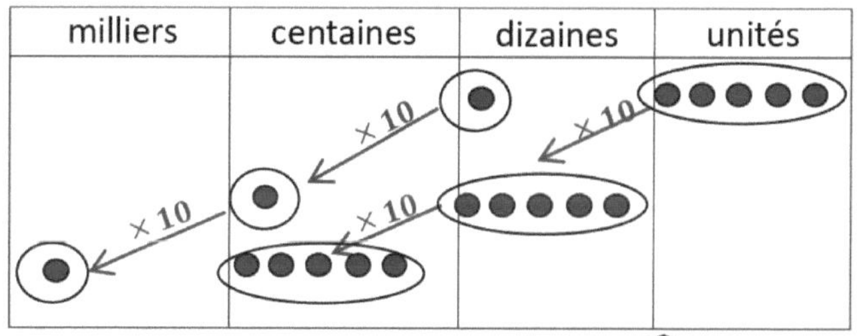

Quinze est 1 dizaine 5 unités. Je dessine une flèche pour indiquer les fois 10 pour 1 dizaine et également pour les 5 unités. Je multiplie par 10 à nouveau et j'ai 1 mille et 5 centaines.

Si je déplace un nombre d'une place vers la gauche sur le tableau, ce nombre devient 10 fois plus que sa valeur à droite.

Décomposez chaque multiple de 10, 100, ou 1,000 avant de multiplier

3. $2 \times 300 = 2 \times$ **3** $\times$ **100**

$=$ **6** $\times$ **100**

$=$ **600**

4. $6 \times 7{,}000 =$ **6** $\times$ **7** $\times$ **1,000**

$=$ **42** $\times$ **1,000**

$=$ **42,000**

Je peux décomposer 300 pour en faire un simple fait à résoudre! Je sais 2x3 centaines= 6 centaines.

Nom ______________________________ Date ______________

Exemple:

5 × 10 = 50

5 unités x 10 = 5 dizaines

milliers	centaines	dizaines	unités
		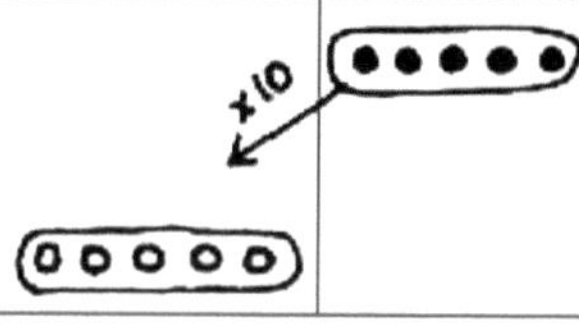	

Dessinez des disques de valeur de position et des flèches comme indiqué pour représenter chaque produit.

1. 7 × 100 = ________

   7 × 10 × 10 = ________

   7 unités × 100 = ________

milliers	centaines	dizaines	unités

2. 7 × 1 000 = ________

   7 × 10 × 10 × 10 = ________

   7 unités × 1 000 = ____

   ____

milliers	centaines	dizaines	unités

3. Remplissez les blancs dans les équations suivantes.

   a. 8 × 10 = _____ b. _____ × 8 = 800 c. 8.000 = _____ × 1 000

   d. 10 × 3 = _____ e. 3 × _____ = 3.000 f. _____ × 3 = 300

   g. 1 000 × 4 = _____ h. _____ = 10 × 4 i. 400 = _____ × 100

Dessinez des disques de valeur de position et des flèches pour représenter chaque produit.

4. 15 × 10 = ________

(1 à 10 unités) × 10 = ________

milliers	centaines	dizaines	unités

5. 17 × 100 = ________

17 × 10 × 10 = ________

(1 à 10 unités) × 100 = ________

milliers	centaines	dizaines	unités

6. 36 × 1 000 = ________

36 × 10 × 10 × 10 = ________

(3 dizaines 6 unités) × 1 000 = ________

dizaines de milliers	milliers	centaines	dizaines	unités

Décomposez chaque multiple de 10, 100 ou 1 000 avant de multiplier.

7. 2 × 80 = 2 × 8 × ______

= 16 × ______

= ________

8. 2 × 400 = 2 × ______ × ______

= ______ × ______

= ________

9. 5 × 5,000 = ______ × ______ × ________

= ______ × ________

= ________

10. 7 × 6,000 = ______ × ______ × ________

= ________ × ________

= ________

1. $2 \times 4.000 =$ **8,000**

 2 fois ***4 milliers*** est ***8 milliers*** .

Je dessine 2 groupes de 4 milliers et encercle chaque groupe. Je vois un modèle! 2 groupes de 4 unités est 8 unités.

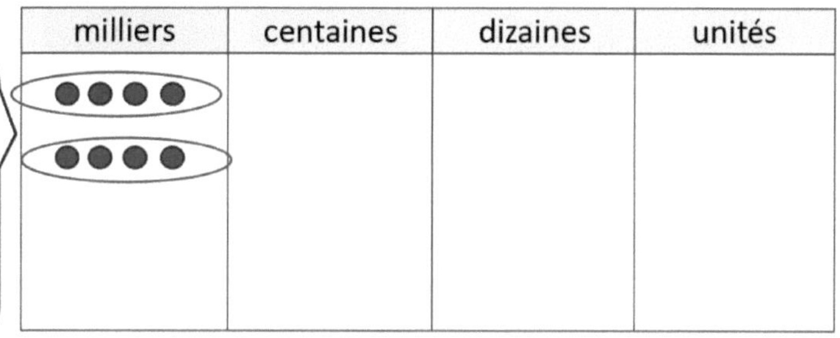

$$\begin{array}{r} 4,000 \\ \times \quad\quad 2 \\ \hline \mathbf{8,000} \end{array}$$

2x4 *milliers*= 8 *milliers*

Ecrire l'équation en forme d'unité m'aide quand l'un des facteurs est un multiple de 10.

2. Trouve le produit.

a. $4 \times 70 = \mathbf{280}$ **4 x 7 *dizaines* = 28 *dizaines***	b. $4 \times 60 = \mathbf{240}$ **4 x 6 *dizaines* = 24 *dizaines***	c. $4 \times 500 = \mathbf{2,000}$ **4 x 5 *centaines* = 20 *centaines***	d. $6{,}000 \times 5 = \mathbf{30,000}$ **6 *milliers* x 5 = 30 *milliers***

3. À la cafétéria de l'école, chaque élève qui commande le déjeuner a le droit à 7 nuggets de poulet. Le personnel de la caféteria prépare suffisamment de nourriture pour 400 enfants. Combien de nuggets de poulet prépare le personnel de la caféteria en tout ?

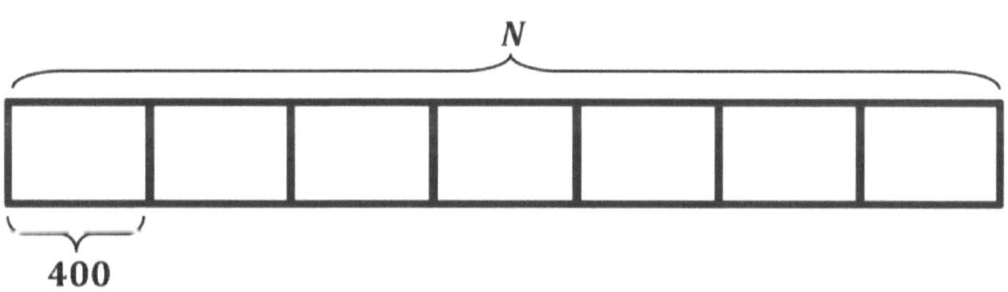

$N = 7 \times 400$

$N = 7 \times (4 \times 100)$

$N = (7 \times 4) \times 100$

$N = 28 \times 100$

$N = 2,800$

Le personnel prépare* 2.800 *nuggets de poulet.

Je peux décomposer 400 en 4x100 pour révéler un fait facile (7 x 4). Ou, je peux utiliser une forme d' unité pour resoudre. 7 fois 4 centaines est 28 centaines.

Nom ________________________________ Date ________________

Dessinez des disques de valeur de position pour représenter la valeur des expressions suivantes.

1. $5 \times 2 =$ ____

5 fois ____ unités est ____ unités.

milliers	centaines	dizaines	unités

$$\begin{array}{r} 2 \\ \times\ 5 \\ \hline \end{array}$$

2. $5 \times 20 =$ ____

5 fois ________ dizaines est ____________.

milliers	centaines	dizaines	unités

$$\begin{array}{r} 20 \\ \times\ \ 5 \\ \hline \end{array}$$

3. $5 \times 200 =$ ____

5 fois ____________ est ________________ .

milliers	centaines	dizaines	unités

$$\begin{array}{r} 200 \\ \times\ \ \ 5 \\ \hline \end{array}$$

4. $5 \times 2\,000 =$ ____

____ fois ________________ est ________________.

milliers	centaines	dizaines	unités

$$\begin{array}{r} 2000 \\ \times\ \ \ \ 5 \\ \hline \end{array}$$

5. Trouvez le produit.

a. 20 × 9	b. 6 × 70	c. 7 × 700	d. 3 × 900
e. 9 × 90	f. 40 × 7	g. 600 × 6	h. 8 × 6 000
i. 5 × 70	j. 5 × 80	k. 5 × 200	l. 6 000 × 5

6. À la caféteria de l'école, chaque élève qui commande le déjeuner a le droit à 6 nuggets de poulet. Le personnel de la caféteria prépare suffisamment de nourriture pour 300 enfants. Combien de nuggets de poulet prépare le personnel de la caféteria en tout ?

7. Jaelynn a 30 fois plus d'autocollants que son frère. Son frère a 8 autocollants. Combien d'autocollants a Jaelynn ?

8. Le fleuriste a 40 fois plus de fleurs dans un réfrigérateur que Julia dans son bouquet. Le réfrigérateur compte 120 fleurs. Combien de fleurs sont dans le bouquet de Julia ?

Représentez le problème suivant en dessinant des disques dans le tableau de valeur de position.

1. Pour résoudre 30 x 40, pensez :

   $(3 \text{ dizaines} \times 4) \times 10 =$ **1,200**

   $30 \times (4 \times 10) =$ **1,200**

   $30 \times 40 =$ **1,200**

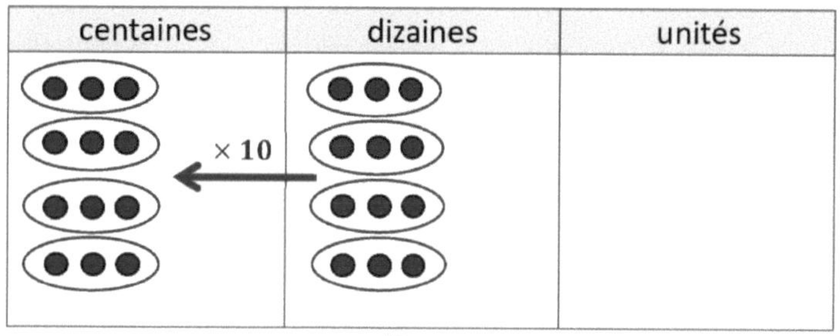

Je dessine 4 groupes de 3 dizaines mutlipliés par 10

2. Dessinez un modèle d'aire pour représenter 30 × 40.

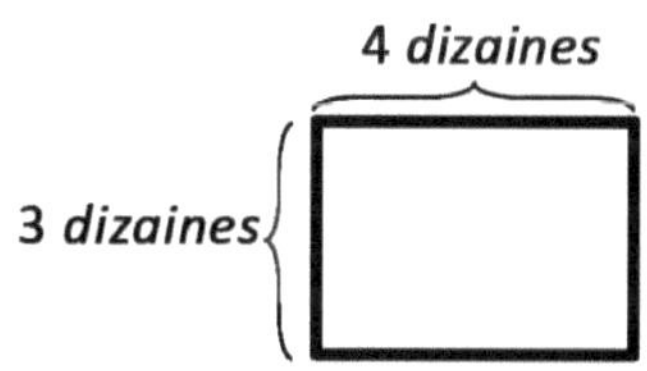

3 tens x 12 tens= ___*dizaines*___

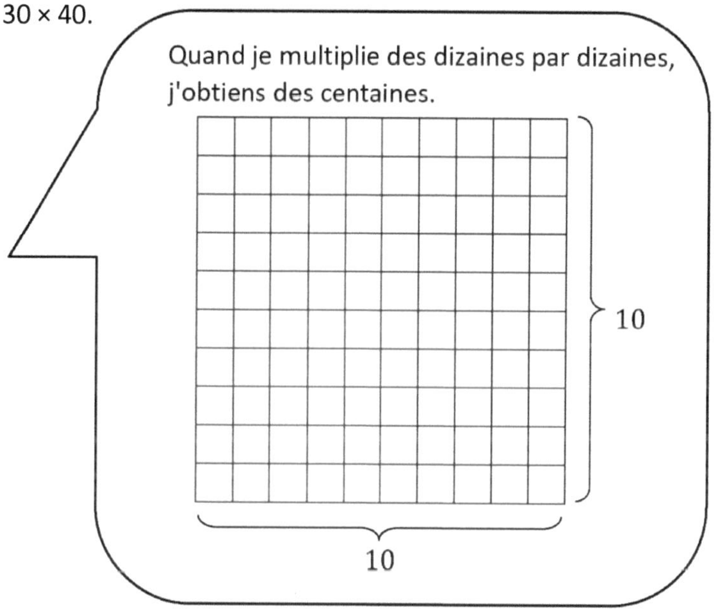

Réécrivez chaque équation sous forme d'unité et résolvez.

3. $80 \times 60 =$ **4, 800**

   8 *dizaines* × **6 *dizaines*** = **48** centaines

4. Un carton co n t ient 70 œufs. S'il y a 70 cartons dans une caisse, combien d'œufs sont dans une caisse ?

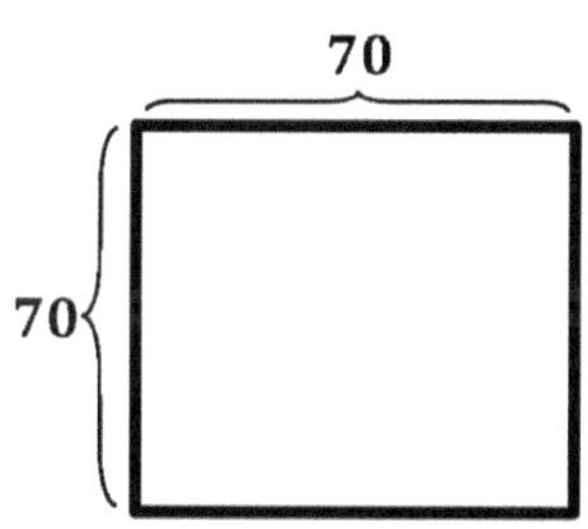

***7 dizaines* x 7 *dizaines*= 49 *centaines*.**

$\mathbf{70 \times 70 = 4,900}$

Il y a 4.900 oeufs dans une caisse.

Nom ______________________________ Date ______________

Représentez le problème suivant en dessinant des disques dans le tableau de valeur de position.

1. Pour résoudre 30 x 60, pensez

   (3 dizaines × 6) × 10 = ________

   30 × (6 × 10) = ________

   30 × 60 = ________

centaines	dizaines	unités

2. Dessinez un modèle d'aire pour représenter 30 × 60.

   3 dizaines × 6 dizaines = _____ ________

3. Dessinez un modèle d'aire pour représenter 20 × 20.

   2 dizaines × 2 t À nous = _____ ________

   20 × 20 = _____

4. Dessinez un modèle d'aire pour respresent 40 × 60.

4 dizaines × 6 dizaines = _____ _________

40 × 60 = _____

Réécrivez chaque équation sous forme d'unité et résolvez.

5. 50 × 20 = ______

5 dizaines × 2 dizaines = _____ centaines

6. 30 × 50 = ______

3 dizaines × 5 ______ = _____ centaines

7. 60 × 20 = ______

_____ dizaines × _____ dizaines = 12 ______

8. 40 × 70 = ______

_____ ______ × _____ ______ = _____ centaines

9. Il y a 60 se c ondes dans une minute et 60 minutes dans une heure . Combien de secondes y a-t-il dans une heure ?

10. P our imprimer une bande dessinée, 50 feuilles de papier sont nécessaires. Combien de feuilles de papier sont nécessaires pour imprimer 40 bandes dessinées ?

1. Représentez les expressions suivantes avec des disques, en les regroupant si nécessaire. À droite, enregistrez les produits partiels verticalement.

4×35

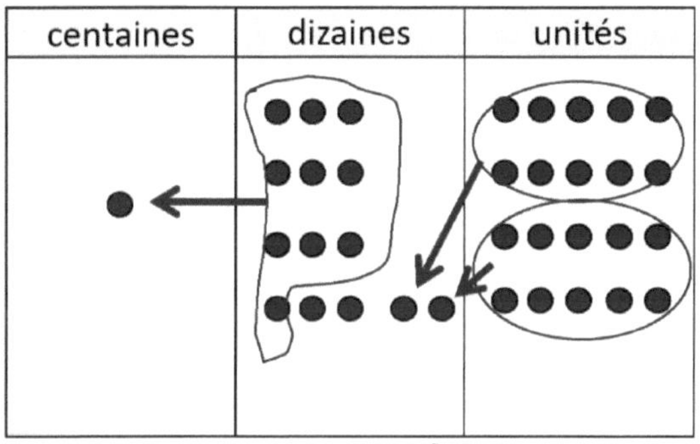


```
      3 5
  ×     4
  -------
      2 0  → 4 × 5 unités
  + 1 2 0  → 4 × 3 dizaines
  -------
    1 4 0
```

Je dessine 4 groupes de 3 dizaines 5 unités.
4 fois 5 unités équivalent à 20 unités.
Je compose 20 unités pour faire 2 dizaines.
4 fois 3 dizaines équivalent à 12 dizaines
Je compose 10 dizaines pour faire 1 centaine.

Aprés avoir multiplié les unités, j'enregistre le produit. Je multiplie les dizaines et enregistre le produit. J'ajoute ces deux résultats partiels. Mon total est le résultat de 35 x 4.

2. Jillian dit qu'elle a trouvé un raccourci pour faire des problèmes de multiplication. Quand elle multiplie 3×24, dit-elle, "3×4 fait 12 unités, ou 1 dizaine et 5 unités. Ensuite, il reste 4 dizaines dans 45, ajoutez-les et vous obtiendrez 5 dizaines et 5 unités". Pensez-vous que le raccourci de Jillian fonctionne ? Expliquez votre raisonnement avec des mots, puis justifiez votre réponse à l'aide d'un modèle ou de produits partiels.

Exemple de réponse :

Jillian a multiplié les unités. Elle a trouvé le premier produit partiel. Mais elle n'a pas multiplié les dizaines. Elle a oublié de multiplier les 4 dizaines par 3. **Donc, Jillian n'a pas obtenu le bon deuxième produit partiel.** ***Donc, son produit final n'est pas correct. Le produit de 3×45 fait 135.***

```
      4 5
  ×     3
  -------
      1 5  → 3 × 5 unités
  + 1 2 0  → 3 × 4 dizaines
  -------
    1 3 5
```

Nom ___________________________________ Date ____________________

1. Représentez les éléments suivants avec des disques, en les regroupant si nécessaire, en écrivant une expression correspondante et en enregistrant les produits partiels verticalement.

a. 3 × 24

dizaines	unités

b. 3 × 42

centaines	dizaines	unités

c. 4 × 34

centaines	dizaines	unités

2. Représentez les expressions suivantes avec des disques, en les regroupant si nécessaire. À droite, enregistrez les produits partiels verticalement.

a. 4×27

centaines	dizaines	unités

b. 5×42

centaines	dizaines	unités

3. Cindy dit qu'elle a trouvé un raccourci pour faire des problèmes de multiplication. Quand elle multiplie 3×24, dit-elle, "3×4 fait 12 unités, ou 1 dizaine et 2 unités. Ensuite, il reste 2 dizaines dans 24, ajoutez-les et vous obtiendrez 3 dizaines et 2 unités. Pensez-vous que le raccourci de Cindy fonctionne ? Expliquez votre raisonnement par des mots et justifiez votre réponse à l'aide d'un modèle ou de produits partiels.

Représentez les expressions suivantes avec des disques, en utilisant l'une des méthodes indiquées pendant la classe, en les regroupant si nécessaire. En dessous du tableau de valeur de position, enregistrez le produit partiel verticalement.

1. 5×731

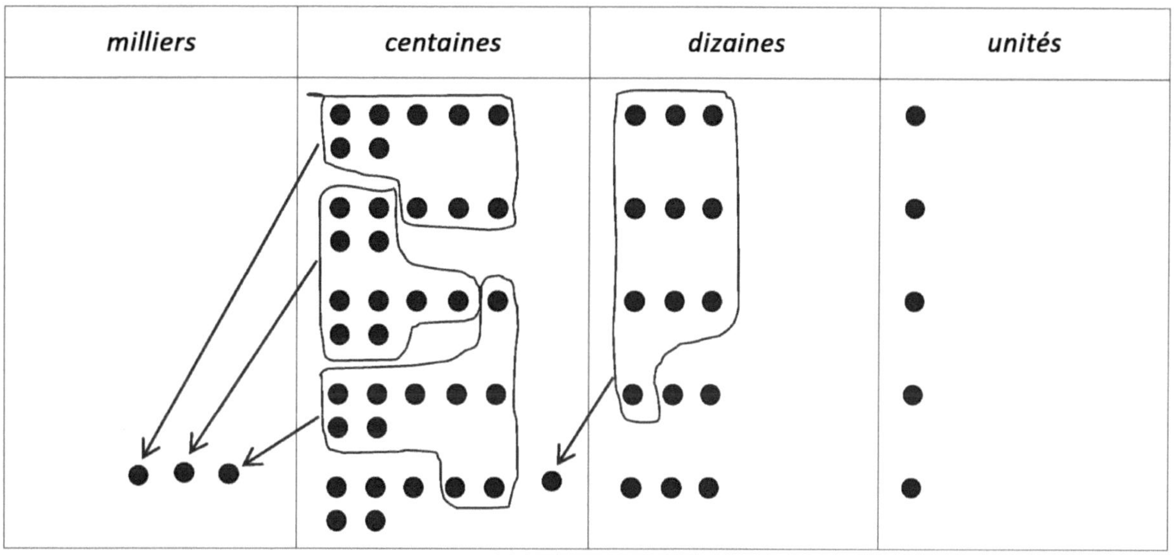

5 x 7 centaines + 5 x 3 dizaines + 5 x 1 unité

3 *milliers* + 6 *centaines* + 5 *dizaines* + 5 *unités* $= 3,655$

Quand il y a 10 unités dans n'importe quelle place, Je compose une plus grande unité.

```
        7  3  1
  ×           5
  -------------
              5   →5 x 1 unité
        1  5  0   →5 x 3 dizaines
+ 3,  5  0  0   →5 x 7 centaines
  -------------
  3,  6  5  5
```

Les produits partiels reflètent les disques sur la tableau de valeur de position. Je dessine et enregistre la valeur totale de chaque unité.

2. Janice fait du vélo dans le quartier. Le quartier est rectangulaire avec une largeur de 172 m et une longueur de 230 m.

   a. Déterminez combien de mètres Janice parcourt si elle fait une fois le tour du quartier.

$$\begin{array}{r} 1\ 7\ 2 \\ +\ 2\ 3\ 0 \\ \scriptstyle 1 \\ \hline 4\ 0\ 2 \end{array} \qquad \begin{array}{rl} 4\ 0\ 2 & \\ \times\ \ \ \ \ 2 & \\ \hline 4 & \rightarrow 2 \times 2 \textit{ unités} \\ 0 & \rightarrow 2 \times 0 \textit{ dizaines} \\ +\ 8\ 0\ 0 & \rightarrow 2 \times 4 \textit{ centaines} \\ \hline 8\ 0\ 4 & \end{array}$$

$P = 2 \times (l + w)$

$P = 2 \times 402$

$P = 804$

Un tour fait 804 mètres.

   b. Déterminez combien de mètres Janice parcourt si elle fait trois fois le tour du quartier.

$$\begin{array}{rl} 8\ 0\ 4 & \\ \times\ \ \ \ \ 3 & \\ \hline 1\ 2 & \rightarrow 3 \times 4 \textit{ unités} \\ 0 & \rightarrow 3 \times 0 \textit{ dizaines} \\ +\ 2,\ 4\ 0\ 0 & \rightarrow 3 \times 8 \textit{ centaines} \\ \hline 2,\ 4\ 1\ 2 & \end{array}$$

Janice fait 2 412 mètres.

EUREKA MATH

Nom ____________________ Date ____________

1. Représentez les expressions suivantes avec des disques, en les regroupant si nécessaire, en écrivant une expression correspondante et en enregistrant les produits partiels verticalement comme indiqué ci-dessous.

 a. 2 × 424

centaines	dizaines	unités
● ● ● ●	● ●	● ● ● ●

```
    4  2  4
×         2
-----------
              → 2 × ___ unités
              → 2 × ___ _____
+             → ___ × ___ ______
-----------
```

2 × __ ____ + 2 × __ ____ + 2 × __ unités

 b. 3 × 424

centaines	dizaines	unités

 c. 4 × 1,424

2. Représentez les expressions suivantes avec des disques, en utilisant l'une des méthodes indiquées pendant la classe, en les regroupant si nécessaire. À droite, enregistrez les produits partiels verticalement.

   a. 2 × 617

   b. 5 × 642

   c. 3 × 3,034

3. Chaque jour, Penelope fait trois tours du terrain de jeu en courant pour rester en forme. Le terrain de jeu est rectangulaire avec une largeur de 163 m et une longueur de 320 m.

   a. Trouvez le nombre total de mètres parcourru en un tour.

   b. Déterminez combien de mètres Penelope parcours en faisant trois tours pendant trois tours.

> Peu importe la méthode que je choisis, j'obtiens le même produit.

1. Résolvez en utilisant chaque méthode.

> J'envisage mon travail avec des disques sur le tableau de valeur de position quand j'utilise la méthode des produits partiels. J'enregistre chaque produit partiel sur une ligne séparée.

Produits partiels	Algorithme standard
$\begin{array}{r} 2\;1\;5 \\ \times\quad\;\; 4 \\ \hline \mathbf{2\;0} \\ \mathbf{4\;0} \\ +\;\mathbf{8\;0\;0} \\ \hline \mathbf{8\;6\;0} \end{array}$	$\begin{array}{r} 2\;1\;5 \\ \times\quad\;\; 4 \\ \hline \mathbf{8\;6\;0} \end{array}$ (retenue 2 barrée)

> Quand j'utilise l'algorithme standard, j'enregistre le produit en entier sur une seule ligne.

> 4 foix 5 unités équivalent à 20 unités ou 2 dizaines 0 unités. J'enregistre 2 dizaines sur la ligne dans la place des dizaines et 0 unités dans la place des unités.

2. Résoudrez en utilisant l'algorithme standard.

a.

$$\begin{array}{r} 2\;0\;5 \\ \times\quad\;\; 9 \\ \hline \mathbf{1,\;8\;4\;5} \end{array}$$

(retenue 4 barrée)

> Quand j'utilise l'algorithme standard, je multiplie les unités en premier lieu.

b.

$$\begin{array}{r} 4\;9\;1 \\ \times\quad\;\; 7 \\ \hline \mathbf{3,\;4\;3\;7} \end{array}$$

(retenue 6 barrée)

> 7 fois 4 centaines est 28 centaines. J'ajoute 6 centaines et enregistre 34 centaines. Je raie les 6 centaines après je les ajoute.

3. Un billet de compagnie aérienne coûte 222 €. Combien coûteront 4 billets ?

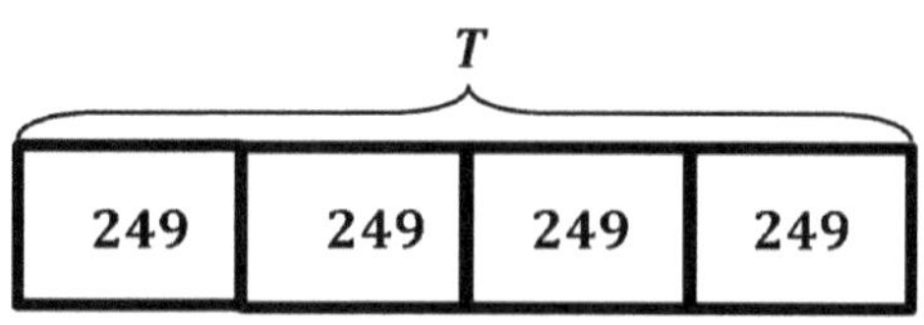

$$\begin{array}{r} 2\;4\;9 \\ \times\quad\;\; 4 \\ \hline \mathbf{9\;9\;6} \end{array}$$

(retenues 1 et 3 barrées)

> J'enregistre 36 unités en tant que 3 dizaines 6 unités. J'écris les 3 premiers et puis les 6. Il est facile de voir 36 puisque 3 est écrit sur la ligne.

$\boldsymbol{T = 4 \times 249}$

$\boldsymbol{T = 996}$

Quatre billets coûteront 996 $

Nom ______________________________ Date ________________

1. Résolvez en utilisant chaque méthode.

Produits partiels	Algorithme standard
a. 46×2	46×2

Produits partiels	Algorithme standard
b. 315×4	315×4

2. Résolvez en utilisant l'algorithme standard.

a. 232×4	b. 142×6	c. 314×7
d. 440×3	e. 507×8	f. 384×9

3. Quel est le produit de 8 et 54 ?

4. Isabel a gagné 350 points en jouant à Bla s ting R obot. La maman d'Isabel a gagné 3 fois plus de points qu'Isabel. Combien de points la maman d'Isabel a-t-elle gagnés ?

5. Pour avoir assez d'argent pour partir en excursion, chaque élève d'un club doit épargnier 47 € en vendant des tablettes de chocolat. Il y a 9 élèves dans le club. Combien d'argent le club doit-il collecter pour aller en excursion ?

6. M. Meyers veut commander 4 tablettes pour sa classe. Chaque tablette coûte 293 €. Quel sera le coût des quatre tablettes ?

7. Amaya a lu 64 pages la semaine dernière. Le frère aîné d'Amaya, Rogelio, lit deux fois plus de pages dans le même laps de temps. Leur grande sœur, Elianna, est au lycée et a lu 4 fois plus de pages que Rogelio. Combien de pages Elianna a-t-elle lues la semaine dernière ?

1. Résolvez en utilisant l'algorithme standard.

a. 2×52

$$\begin{array}{r} 5\ 2 \\ \times\ \ \ 2 \\ \hline 1\ 0\ 4 \end{array}$$

b. 7×52

$$\begin{array}{r} 5\ 2 \\ \times\ \ \ 7 \\ \hline {}_{1} \\ 3\ 6\ 4 \end{array}$$

Je raie 1 dizaine sur la ligne parce que je l'ai ajoutée aux 35 dizaines.

c. 4×163

$$\begin{array}{r} 1\ 6\ 3 \\ \times\ \ \ \ \ 4 \\ \hline {}_{2\ 1} \\ 6\ 5\ 2 \end{array}$$

Contrairement à la méthode des produits partiels, j'ajoute au fur et à mesure que je résous tout en enregistrant le produit dans une ligne unique.

d. $8 \times 4{,}861$

$$\begin{array}{r} 4,\ 8\ 6\ 1 \\ \times\ \ \ \ \ \ \ \ 8 \\ \hline {}_{6\ 4} \\ 3\ 8,\ 8\ 8\ 8 \end{array}$$

J'utilise la langue des unités pour multiplier. Huit fois 4 milliers est 32 milliers. J'ajoute 6 milliers supplémentaires pour faire 38 milliers ou 3 dizaines de milliers 8 milliers.

2. Mimi a couru 3 kilomètres. Raj a couru 3 fois plus. Il y a 3 281 pieds dans un kilomètre. Combien de pieds a couru Raj ?

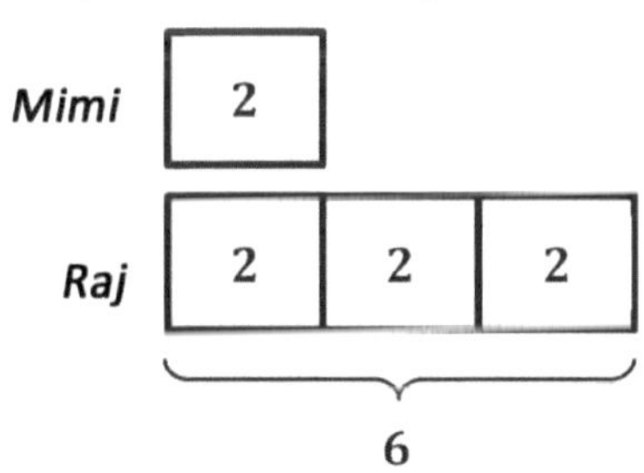

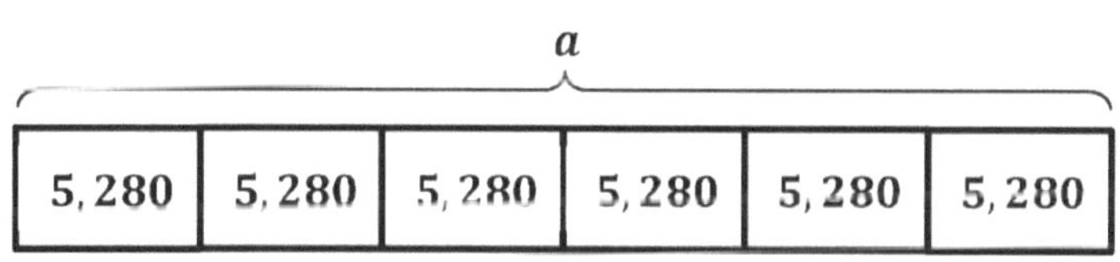

Je peux choisir de résoudre à l'aide du tableau de valeur de position ou produits partiels. Mais utiliser l'algorithme est plus efficace pour moi.

a = 5.280 x 6

a = 31.680

$$\begin{array}{r} 5,\ 2\ 8\ 0 \\ \times\ \ \ \ \ \ \ \ 6 \\ \hline {}_{1\ 4} \\ 3\ 1,\ 6\ 8\ 0 \end{array}$$

Raj a couru 31.680 pieds.

Nom ______________________________ Date ____________

1. Résolvez en utilisant l'algorithme standard.

a. 3 × 41	b. 9 × 41
c. 7 × 143	d. 7 × 286
e. 4 × 2 048	f. 4 × 4,096
g. 8 × 4,096	h. 4 × 8 192

2. La famille de Robert apporte six gallons d'eau aux joueurs de l'équipe de football. Si un gallon d'eau contient 128 onces liquides, combien d'onces liquides sont dans six gallons ?

3. La planète Mars met 687 jours terriens pour tourner autour du soleil une fois. Combien de jours terriens faut-il à Mars pour tourner autour du soleil quatre fois ?

4. Tammy achète une carte mémoire de 4 gigabytes pour son appareil photo. Dijonea achète une carte mémoire dont la capacité fait deux fois celle de la carte mémoire de Tammy. Un gigabyte fait 1 024 megabyhtes. Combien de megabytes de stockage Dijonea a-t-elle sur sa carte mémoire ?

1. Résolvez les expressions suivantes en utilisant l'algorithme standard, la méthode des produits partiels et l'aire modèle.

672×8

$$\begin{array}{r} 6\ 7\ 2 \\ \times \quad\ \ 8 \\ \hline 1\ 6 \\ 5\ 6\ 0 \\ +\ 4,\ 8\ 0\ 0 \\ \hline 5,\ 3\ 7\ 6 \end{array}$$

$$\begin{array}{r} 6\ 7\ 2 \\ \times \quad\ \ 8 \\ \hline 5,\ 3\ 7\ 6 \end{array}$$

Je constate les mêmes produits partiels dans le modèle de zone.

	600	70	2
8	4,800	560	16

$\underline{8} \times (\underline{600} + \underline{70} + \underline{2})$

$(\underline{8} \times \underline{600}) + (\underline{8} \times \underline{70}) + (\underline{8} \times \underline{2})$

Je multiplie unité par unité quand je résouds en utilisant les produits partiels, l'algorithme ou le modèle de zone. Tout le temps, j'utilisais la propriété distributive! Maintenant, je peux l'écrire comme expression à concorder.

2. Résolvez en utilisant l'algorithme standard, le modèle d'aire, la propriété distributive ou la méthode des produits partiels.

Chaque année, M. Hill donne 5 098 € à la charité, et Mme Hill donne 670 €. Après 5 ans, combien a donné le couple à la charité ?

a

5,725	752

$a = 5,725 + 752$

$a = 6,477$

J'ajoute pour trouver le total donné en charité chaque année.

	6,000	400	70	7
5	30,000	2,000	350	35

$5 \times (6,000 + 400 + 70 + 7)$

$(5 \times 6,000) + (5 \times 400) + (5 \times 70) + (5 \times 7)$

$$\begin{array}{r} 6,\ 4\ 7\ 7 \\ \times \qquad\ \ 5 \\ \hline 3\ 2,\ 3\ 8\ 5 \end{array}$$

p

6,477				

$p = 6,477 \times 5$

$p = 32,385$

Après 5 ans, M et Mme, Hill ont donné 32.385 $ à la charité.

Nom ______________________________ Date ________________

1. Résolvez les expressions suivantes en utilisant l'algorithme standard, la méthode des produits partiels et l'aire modèle.

a. 3 0 2 × 8

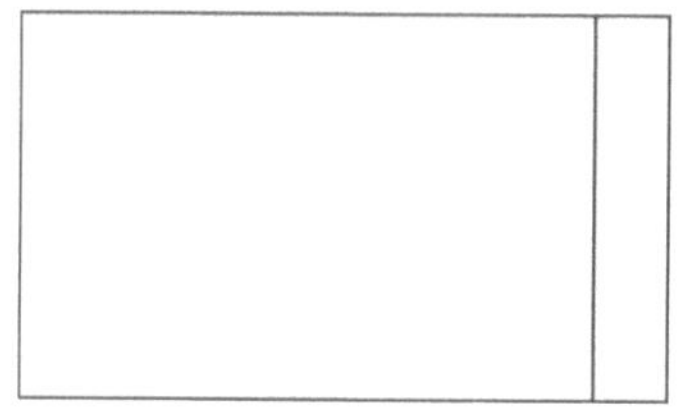

8(300 + 2)

(8 × _____) + (8 × _____)

b. 2 1 6 × 5

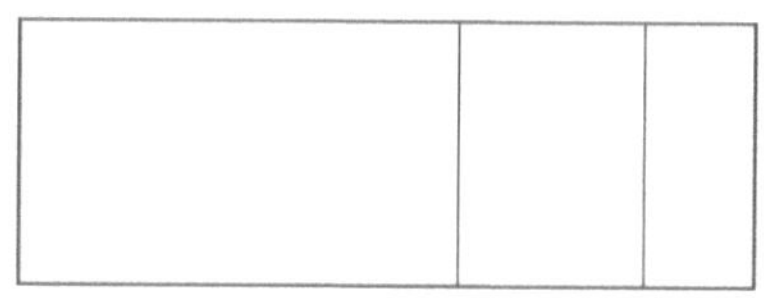

5 (____ + ____ + ____)

(__ × _____) + (__ × _____)+(__ × ____)

c. 5 9 3 × 9

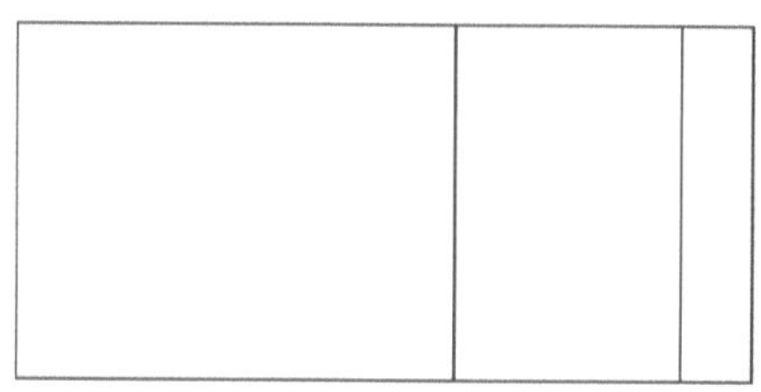

__(____ + ____ + ____)

(__ × _____) + (__ × _____) + (__ × ____)

2. Résolvez en utilisant la méthode des produits partiels.

   Lundi , 475 personnes ont visité le musée. Samedi, il y a eu 4 fois plus de visiteurs que lundi. Combien de personnes ont visité le musée samedi ?

3. Modélisez avec un diagramme à bande et résolvez.

   6 fois plus que 384

Résolvez en utilisant l'algorithme standard, le modèle d'aire, la propriété distributive ou la méthode des produits partiels.

4. 6,253 × 3

5. 7 fois plus que 3 073

6. Une cafétéria fait 1 141 kilogrammes de riz blanc et 276 kilogrammes de riz complet chaque mois. Après 6 mois, combien de kilogrammes de riz la cafétéria fait-elle ?

Utilisez le processus RDW pour résoudre le problème suivant.

1. Le tableau montre le coût des produits de vente de pâtisseries. La maman de Milan achète 1 brownie, 1 cookie et une part de gâteau pour chacun de ses 8 enfants. Combien dépense-t-elle ?

Bon au four	Coût
brownie	59 ¢
une part de gâteau	45 ¢
biscuit	27 ¢

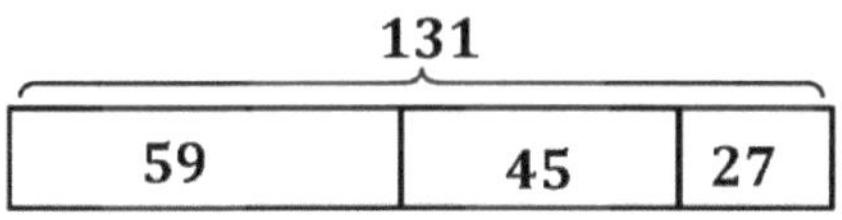

$$\begin{array}{r} 5\ 9 \\ 4\ 5 \\ +\ 2\ 7 \\ \hline 1\ 3\ 1 \end{array}$$

J'ajoute et en suite , je multiplie pour résoudre.

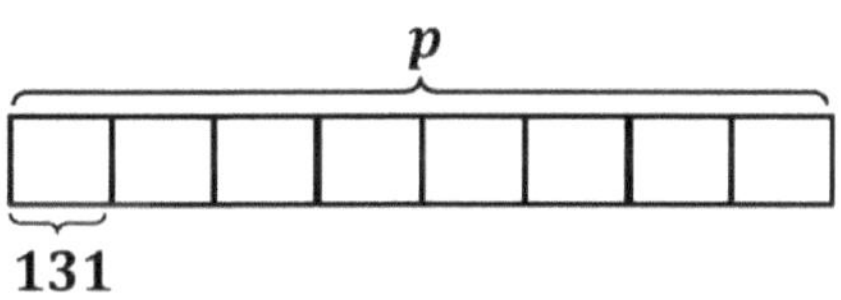

$p = 131 \times 8$

$p = 1,048$

$$\begin{array}{r} 1\ 3\ 1 \\ \times\ \ \ \ 8 \\ \hline 1,\ 0\ 4\ 8 \end{array}$$

La maman de Milan dépense 1.048 CAD

2.

a. Écrivez une équation qui pourrait être utilisée pour trouver la valeur de c dans le diagramme de bande.

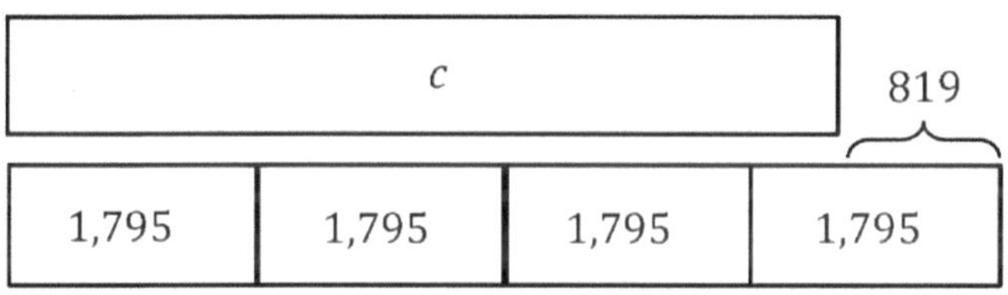

J'ai pensé aux deux autres équations.
$c + 819 = 4 \times 1{,}795$
or
$c = (3 \times 1{,}795) + (1{,}795 - 819)$.

$c = 4 \times 1,795 - 819$

b. Écrivez votre propre problème de mots qui correspond au diagramme à bandes, puis résolvez.

***Chaque mois, Katrina gagne* 1 795 $.**
Kelly gagne 4 fois plus que Katrina.
Mary gagne 819 $ de moins que Kelly.
Combien Mary gagne-t-elle chaque mois ?

M = (4 × 1,795) - 819

M = 7 180 - 819

M = 6 361

Marie gagne* 6 361 $ *chaque mois.

$$\begin{array}{r} 1,\ 7\ 9\ 5 \\ \times\ \ \ \ \ \ \ \ 4 \\ \hline 2\ 0 \\ 3\ 6\ 0 \\ 2,\ 8\ 0\ 0 \\ +\ 4,\ 0\ 0\ 0 \\ \hline 7,\ 1\ 8\ 0 \end{array}$$

$$\begin{array}{r} 7,\ 1\ 8\ 0 \\ -\ \ \ 8\ 1\ 9 \\ \hline 6,\ 3\ 6\ 1 \end{array}$$

J'utilise la méthode des produits partiels pour m'assurer que j'enregistre les produitss de chaque unité.

Nom ________________________________ Date ____________________

Utilisez le processus RDW pour résoudre les problèmes suivants.

1. Le tableau indique le nombre d'autocollants de différents types dans le nouveau livre d'autocollants de Chrissy. Les six amis de Chrissy possèdent tous le même livre d'autocollants. Combien d'autocollants Chrissy et ses six amis ont en tout ?

Type d'autocollant	**Nombre d'autocollants**
fleurs	32
visages souriants	21
cœurs	39

2. La petite photocopieuse fait 437 copies chaque jour. La grande photocopieuse fait 4 fois plus de copies chaque jour. Combien de copies fait la grande photocopieuse chaque semaine ?

3. Jared a vendu 194 tablettes de chocolat Boy Scout. Matthew en a vendu trois fois plus que Jared. Gary a vendu 297 tablettes de moins que Matthew. Combien de tablettes a vendues Gary ?

4. a Écrire une équation qui permettrait à quelqu'un de trouver la valeur de M.

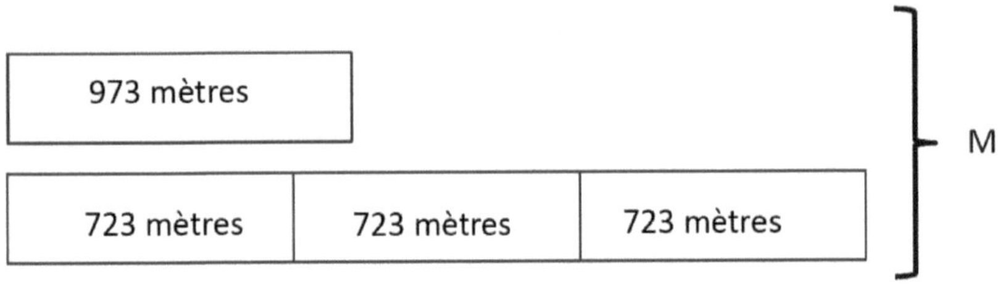

b. Écrivez votre propre problème de mot pour correspondre à la diagramme à bandes, puis résolvez.

Résolvez en utilisant le processus RDW.

1. Une banane coûte 58 ¢. Une grenade coûte 3 fois plus. Quel est le coût total d'une grenade et 5 bananes ?

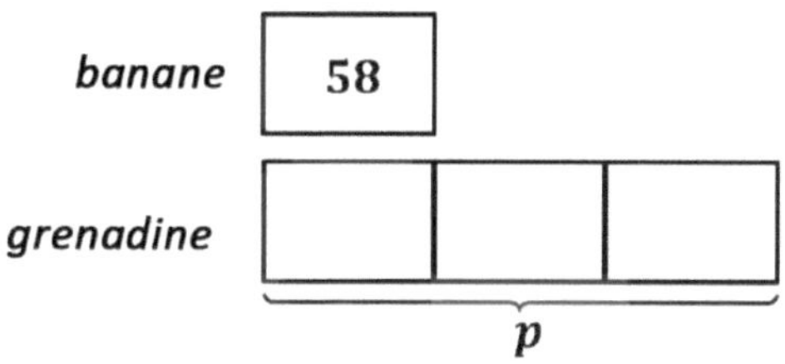

$p = 3 \times 58$

$p = 174$

$$\begin{array}{r} 58 \\ \times \quad 3 \\ \hline 174 \end{array}$$

Si une unité équivaut 58, donc trois unités équivalent 174.

Je trouve le coût d'une grenade

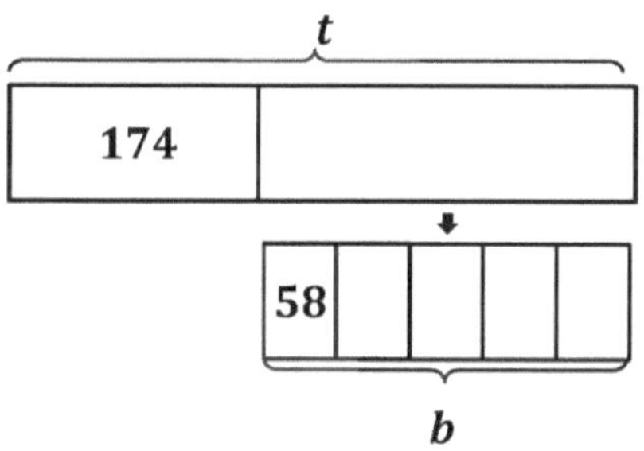

$b = 5 \times 58$

$b = 290$

$$\begin{array}{r} 58 \\ \times \quad 5 \\ \hline 290 \end{array}$$

Je trouve le coût de 5 bananes.

$t = 174 + 290$

$t = 464$

J'ajoute pour trouver le total.

Le coût total d'une grenade et 5 bananes est 464 ¢.

2. M. Turner a donné 197 $ à chacune de ses 2 filles. Il a donné 325 $ à sa mère. Il a également donné de l'argent à sa femme. Si M. Turner a donné un total de 3 000 $, combien a-t-il donné à sa femme ?

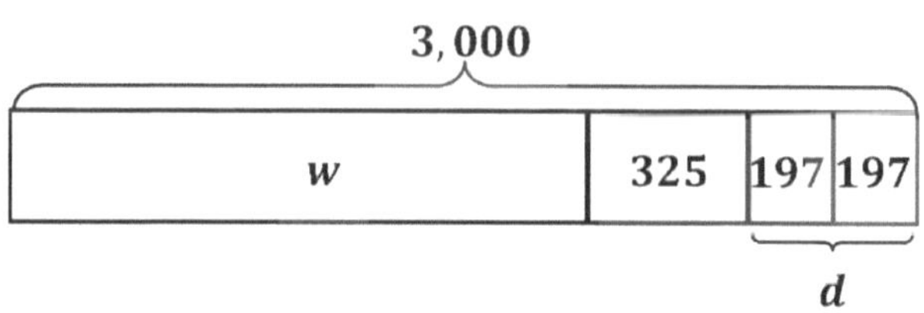

$w = 3,000 - 719$

$w - 2,281$

$$\begin{array}{r} 197 \\ \times \quad 2 \\ \hline 394 \end{array}$$

$d = 197 \times 2$

$d = 394$

Je trouve le montant que M,Turner a donné à ses 2 filles.

$$\begin{array}{r} 325 \\ + \; 394 \\ \hline 719 \end{array}$$

J'ajoute pour trouver le total donné à ses filles et mère.

$$\begin{array}{r} 3,000 \\ - \quad 719 \\ \hline 2,281 \end{array}$$

Je soustrais pour trouver le montant qu'il a donné à sa femme.

M. Turner a donné 2.281$ à sa femme

Nom ______________________________ Date ______________

Résolvez en utilisant le processus RDW.

1. Une paire de jeans coûte 89 $. Une veste en jean coûte deux fois plus cher. Quel est le coût total d'une veste en jean et 4 jeans ?

2. Sarah a acheté une chemise en solde à 35 $. Le prix d'origine de la chemise faisait 3 fois ce montant. Sarah a également acheté une paire de chaussures en solde pour 28 $. Le prix d'origine des chaussures faisait 5 fois ce montant. Au total, combien coûtaient la chemise et les chaussures avant les soldes ?

3. Les 3 000 sièges d'un théâtre sont en train d'être remplacés. Jusque là, 5 sections de 136 sièges et une sixième section contenant 348 sièges ont été remplacés. Combien de sièges doivent-ils encore remplacer ?

4. Computer Depot a vendu 762 rames de papier. Paper Palace a vendu 3 fois plus de papier que Computer Depot et 143 rames de plus que Office Supply Central. Combien de rames de papier ont été vendues en tout dans les trois magasins ?

Utilisez le processus RDW pour résoudre les problèmes suivants.

1. Marco a 19 tortillas. S'il utilise 2 tortillas pour chaque quesadilla, quel est le plus grand nombre de quesadillas qu'il peut faire ? Aura-t-il des tortillas supplémentaires ? Combien ?

$19 \div 2$

Le quotient est 9 Le reste est 1

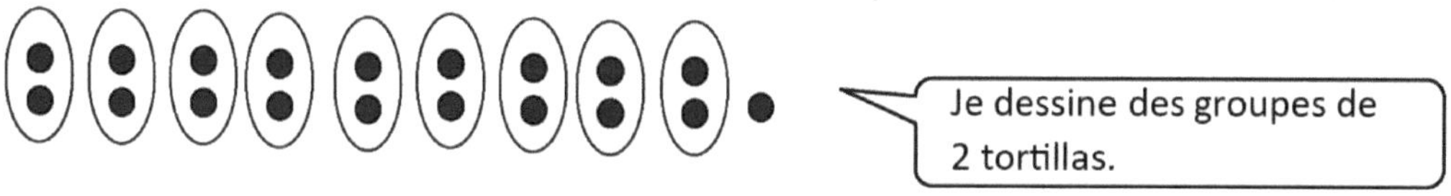

Il peut faire jusqu'à 9 quesadillas. Il aura 1 tortilla en plus.

2. L'entraîneur Adam met 31 joueurs dans des équipes de 8. Combien d'équipes fait-il ? S'il forme une équipe plus petite avec les joueurs restants, combien y a-t-il de joueurs dans cette équipe ?

$31 \div 8$

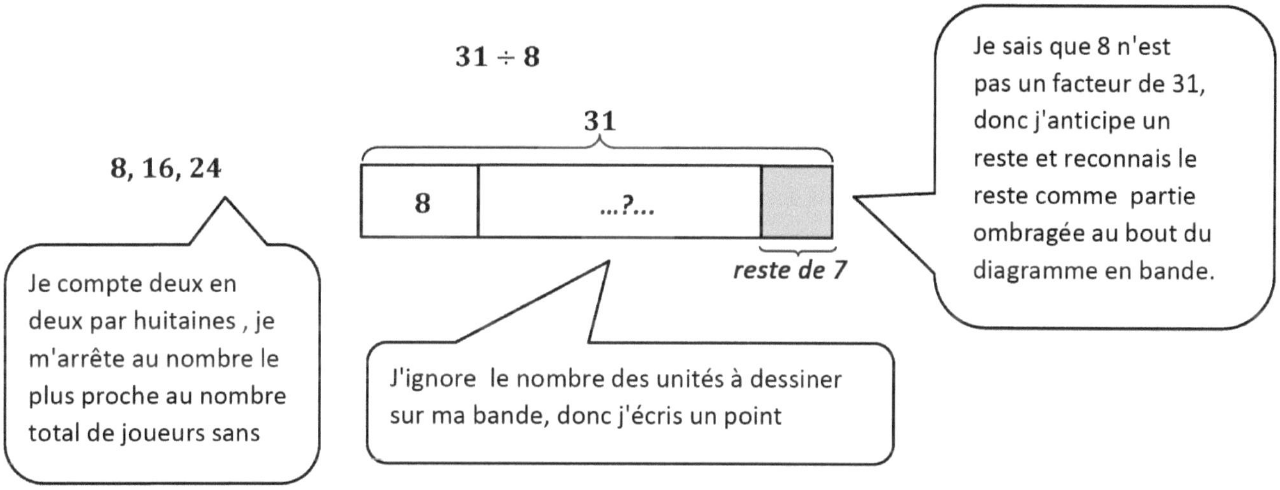

L'entraîneur Adam fait 3 équipes. La plus petite équipe a 7 joueurs.

Nom ____________________ Date ____________

Utilisez le processus RDW pour résoudre les problèmes suivants.

1. Linda fait des brochures en utilisant 2 feuilles de papier. Elle a 17 feuilles de papier. Combien de brochures peut-elle faire ? Aura-t-elle du papier supplémentaire ? Combien de feuilles ?

2. Linda utilise du fil pour coudre les brochures ensemble. Elle coupe 6 pouces de fil pour chaque brochure. Combien de brochures peut-elle coudre avec 50 pouces de fil ? Aura-t-elle un fil non utilisé après avoir cousu les brochures ? Si oui, combien ?

3. Mme Rochelle souhaite regrouper ses 29 élèves en groupes de 6. Combien de groupes de 6 peut-elle faire ? Si elle place les élèves restants dans un groupe plus petit, combien d'élèves seront dans ce groupe ?

4. Un entraîneur donne à son cheval, Caballo, 7 gallons d'eau chaque jour à partir d'un récipient de 57 gallons. Combien de jours Caballo recevra-t-il sa pleine portion d'eau du récipient ? Quel jour le formateur devra-t-il remplir le réservoir d'eau ?

5. Meliza a 43 petits soldats. Elle les aligne en rangées de 5 pour combattre des zombies imaginaires. Combien de ces rangées peuvent-elles faire? Après avoir fait autant de rangées de 5 qu'elle le peut, elle place les soldats restants dans la dernière rangée. Combien de soldats sont dans cette rangée ?

6. Soixante-dix-huit élèves sont séparés en groupes de 8 pour une excursion. Combien de groupes y a-t-il ? Les élèves restants forment un petit groupe de combien d'élèves ?

EUREKA MATH

Afficher la division à l'aide d'un tableau.	Affiche la division à l'aide d'un modèle de zone.
1. $21 \div 4$	

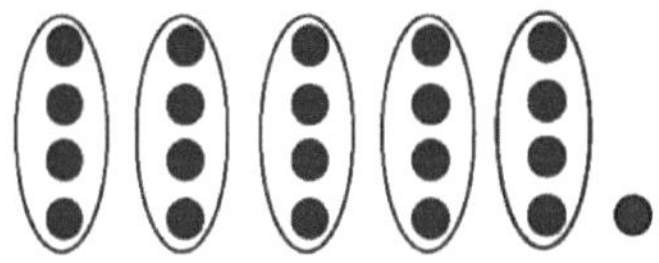

Quotient = 5

Il y a 5 groupes de quatre.

Reste = 1

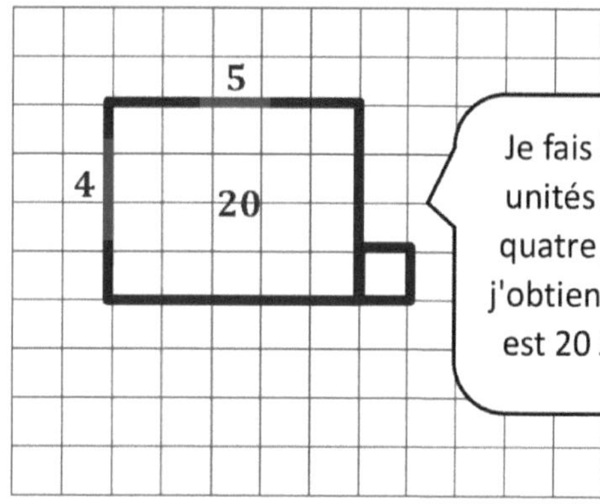

Je fais la largeur de 4 unités Je compte par quatre jusqu'à ce que j'obtienne 20. 5 quatre est 20 Je présente 21

Peux-tu montrer $21 \div 4$ avec un rectangle? non

Explique comment t'as montré le reste.

J'ai présenté une unité carré de plus.

Résolvez à l'aide d'un modèle et d'une aire.

Je peux rapidement dessiner sans papier quarillé.

2. $53 \div 7$

a. Gamme

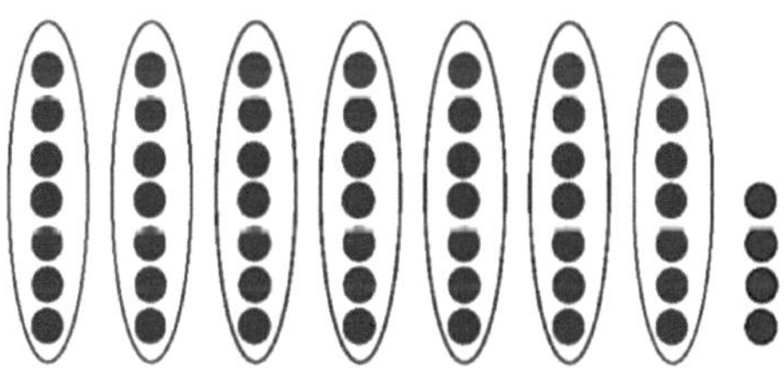

Quotien= 7 ***Reste= 4***

Le modèle de zone peut être plus rapide à dessiner mais peu importe quel modèle j'utilise, j'obtiens la même résponse!

b. Modèle de Zone.

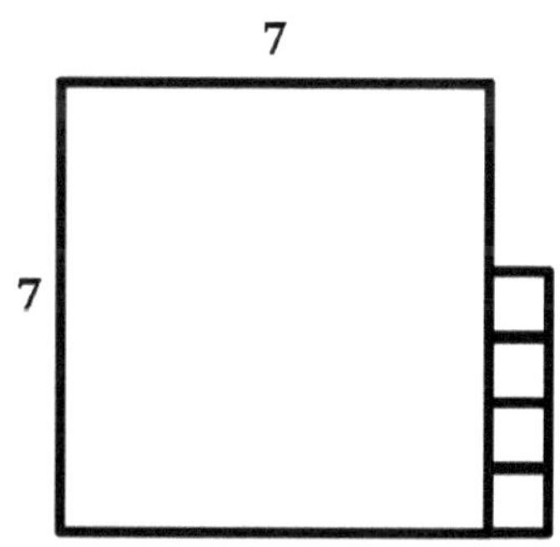

Je représente le reste avec 4 unités carré de plus.

Nom ____________________ Date ____________

Afficher la division à l'aide d'un tableau.	Afficher la division à l'aide d'un modèle d'aire.
1. 24 ÷ 4 Quotient = ______ Reste = ______	Pouvez-vous montrer 24 ÷ 4 avec un rectangle ? ____
2. 25 ÷ 4 Quotient = ______ Reste = ______	Pouvez-vous montrer 25 ÷ 4 avec un rectangle ? ____ Expliquez comment vous avez montré le reste:

Résolvez à l'aide d'un modèle de matrice et d'aire. Le premier a été fait pour toi.

Exemple : 25 ÷ 3

a.

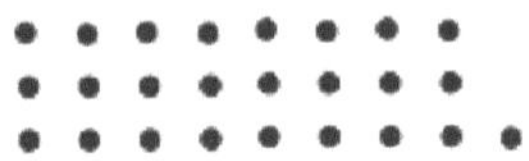

Quotient = 8 Reste = 1

b.

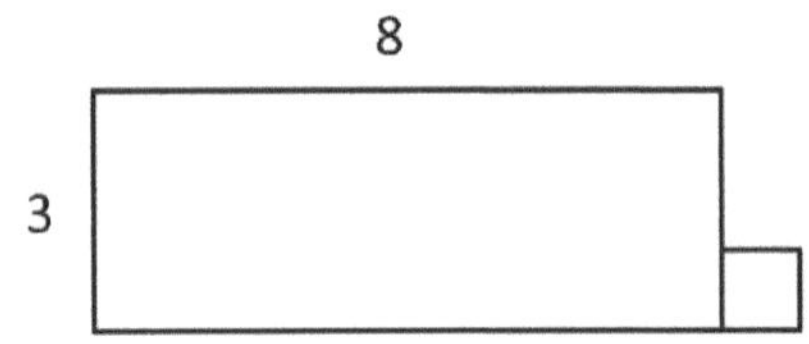

3. 44 ÷ 7

a.

b.

4. 34 ÷ 6

a.

b.

5. 37 ÷ 6

a.

b.

6. 46 ÷ 8

a.

b.

Affichez la division à l'aide de disques. Reliez votre travail sur le graphique de la valeur de position à une longue division. Vérifiez votre quotient et le reste en utilisant la multiplication et l'addition.

1. $9 \div 2$

Pour modéliser, le diviseur resprésente le nombre de groupes égaux. Le quotient représnete la taille des groupes.

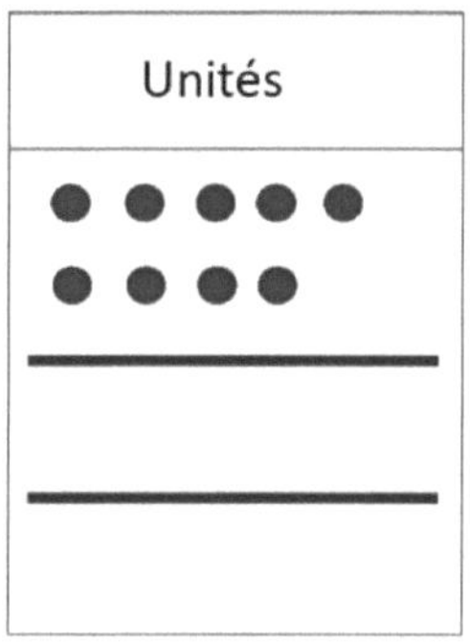

Je représente 9 unités, l'ensemble, à l'aide des disques de valeur de position.

Je fais de l'espace sur le tableau pour distribuer les disques en 2 groupes équitables.

9 unités uniformément distribués en 2 groupes équitables est 4 unités dans chaque groupe. Je les raie au fur et à mesure que je distribue.

1 un reste parce que il ne peut pas être uniformément distribué en 2. Je l'encercle pour le montrer en reste.

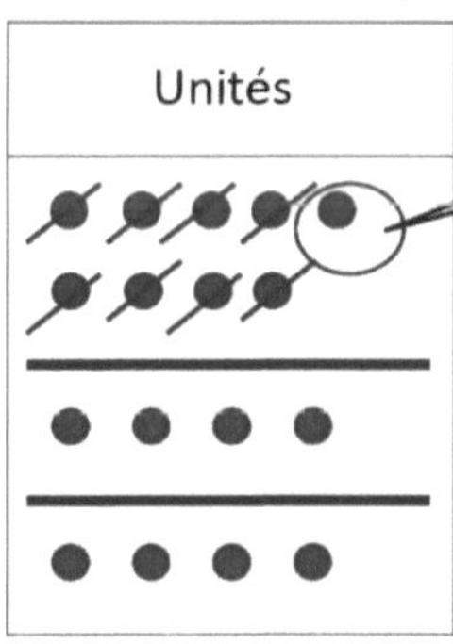

4 unités

Ceci est la quotient.

$$\begin{array}{r|l} & 4 \; R1 \\ \hline 2 & 9 \\ & \underline{8} \\ & 1 \end{array}$$

quotient = 4

reste = 1

Vérifie ton travail.

$$\begin{array}{r} 4 \\ \times\ 2 \\ \hline 8 \end{array} \qquad \begin{array}{r} 8 \\ +\ 1 \\ \hline 9 \end{array}$$

Je vérifie ma division en multipliant le quotient fois le diviseur. J'ajoute le reste La somme est l'ensemble

2. $87 \div 4$

Je représente l'ensemble comme 8 dizaines et 7 unités Je partage le tableau en 4 groupes égaux ci-dessous.

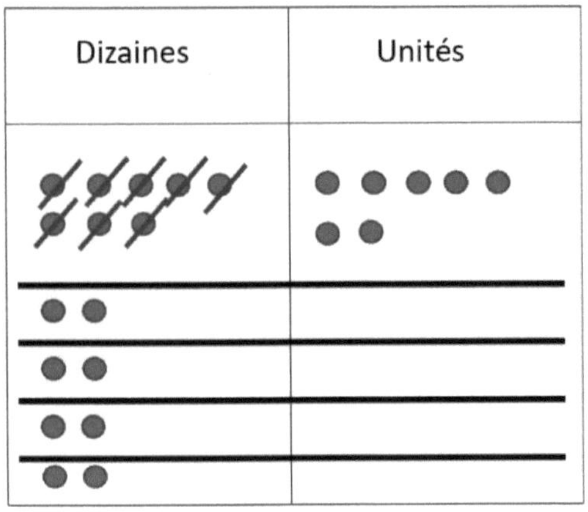

$8 \div 4 = 2$
8 dizaines uniformément distribuées parmi 4 groupes est 2 dizaines.

$2 \times 4 = 8$
2 dizaines dans chaque des 4 groupes est 8 dizaines.

$8 - 8 = 0$
Nous avons commencé avec 8 dizaines et uniformément distribué 8 dizaines. Zéro dizaines et 7 unités restent dans l'ensemble.

$$
\begin{array}{r|ll}
 & \mathbf{2} & \\
\hline
4 & 8 & 7 \\
- & \mathbf{8} & \\
\hline
 & \mathbf{0} & \mathbf{7}
\end{array}
$$

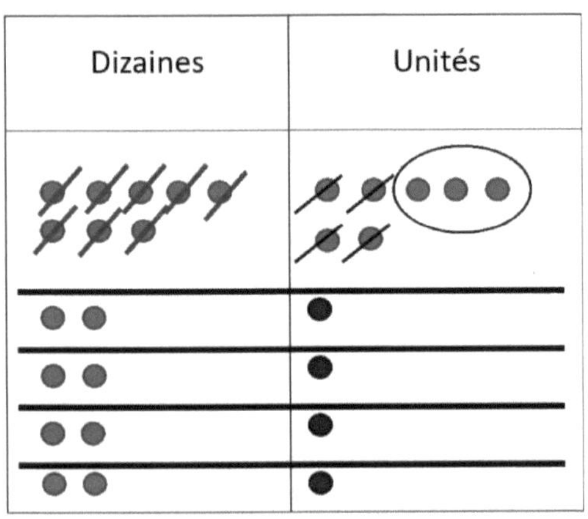

} 2 dizaines 1 unité

$7 \div 4 = 1$
7 unités uniformément distribués parmi 4 groupes est 1 unité.

$$
\begin{array}{r|lll}
 & \mathbf{2} & \mathbf{1} & \boldsymbol{R3} \\
\hline
4 & 8 & 7 & \\
- & \mathbf{8} & & \\
\hline
 & \mathbf{0} & \mathbf{7} & \\
- & & \mathbf{4} & \\
\hline
 & & \mathbf{3} &
\end{array}
$$

$4 \times 1 = 4$
1 unité dans chaque des 4 groupes est 4 unités. Seulement 4 des 7 unités étaient uniformément distribuées.

$7 - 4 = 3$
Nous avons commencé par 7 unités et uniformément distribué 4 unités. 3 unités restent dans l'ensemble.

J'enregistre le reste proche du quotient.

quotient = **21**

reste = **3**

Vérifie ton travail

$$
\begin{array}{r} 21 \\ \times \quad 4 \\ \hline 84 \end{array}
\qquad
\begin{array}{r} 84 \\ + \quad 3 \\ \hline 87 \end{array}
$$

Nom ______________________________ Date ______________

Affichez la division à l'aide de disques. Reliez votre travail sur le graphique de la valeur de position à une longue division. Vérifiez votre quotient et le reste en utilisant la multiplication et l'addition.

1. 7 ÷ 3

Unités

$3\overline{)7}$

quotient = ________

reste = ________

Vérifie Ton Travail

$$\begin{array}{r} 2 \\ \times\ 3 \\ \hline \end{array}$$

2. 67 ÷ 3

Dizaines	Unités

$3\overline{)67}$

quotient = ________

reste = ________

Vérifie Ton Travail

3. $5 \div 2$

Unités

$2\overline{)5}$

quotient = __________

reste = __________

Vérifie Ton Travail

4. $85 \div 2$

Dizaines	Unités

$2\overline{)85}$

Vérifie Ton Travail

quotient = __________

reste = __________

5. 5 ÷ 4

Unités

$4\overline{)5}$

quotient = ________

reste = ________

Vérifie Ton Travail

6. 85 ÷ 4

Dizaines	Unités

$4\overline{)85}$

Vérifie Ton Travail

quotient = ________

reste = ________

Affichez la division à l'aide de disques. Associez votre modèle à une longue division. Vérifiez votre quotient en utilisant la multiplication et l'addition.

1. $5 \div 4$

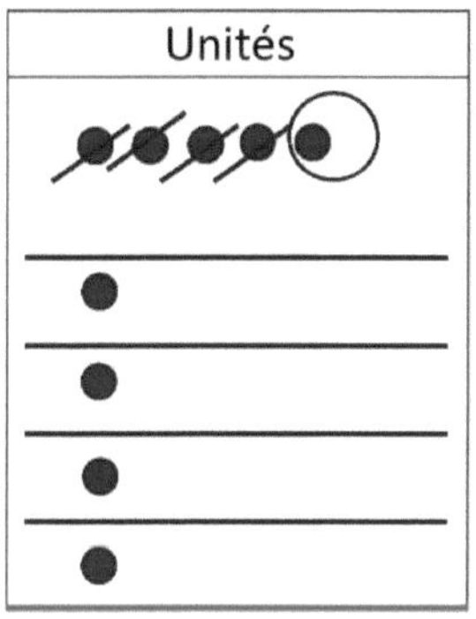

} 1 unité

```
     1  R1
4 | 5
  - 4
   ---
    1
```

quotient = 1

reste = 1

Tout comme Leçon 16,1 modélise l'ensemble et partage le tableau en 4 parties pour représenter le diviseur.

Vérifie Ton Travail

$$\begin{array}{r} 4 \\ \times\ 1 \\ \hline 4 \end{array} \qquad \begin{array}{r} 4 \\ +\ 1 \\ \hline 5 \end{array}$$

2. $53 \div 4$

Après la distribution de 4 dizaines, 1 dizaine reste. Je change 1 dizaine pour 10 unités.

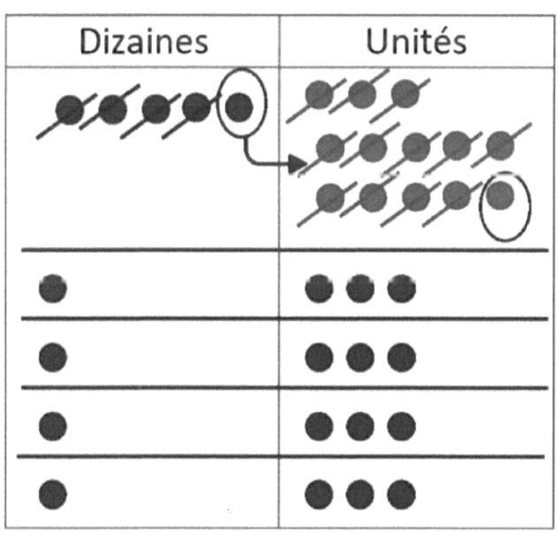

} 1 dizaines 3 unités.

```
     1 3  R1
4 | 5 3
  - 4
   ---
    1 3
  - 1 2
   ---
      1
```

Maintenant, j'ai 13 unités. Je peux uniformément distribuer 12 unités mais 1 unité reste.

quotient = 13

reste = 1

Vérifie Ton Travail

$$\begin{array}{r} 1\ 3 \\ \times\ \ \ 4 \\ \hline 5\ 2 \end{array} \qquad \begin{array}{r} 5\ 2 \\ +\ \ \ 1 \\ \hline 5\ 3 \end{array}$$

Nom ______________________________ Date ____________

Affichez la division à l'aide de disques. Associez votre modèle à une longue division. Vérifiez votre quotient et le reste en utilisant la multiplication et l'addition.

1. $7 \div 2$

Unités

$2 \overline{)\,7}$

Vérifie Ton Travail

quotient = ________

reste = ________

2. $73 \div 2$

Dizaines	Unités

$2 \overline{)\,73}$

Vérifie Ton Travail

quotient = ________

reste = ________

3. $6 \div 4$

Unités

$4\overline{)6}$

Vérifie Ton Travail

quotient = ________

reste = ________

4. $62 \div 4$

Dizaines	Unités

$4\overline{)62}$

Vérifie Ton Travail

quotient = ________

reste = ________

EUREKA MATH

5. $8 \div 3$

Unités

$3\overline{)8}$

quotient = __________

reste = __________

Vérifie Ton Travail

6. $84 \div 3$

Dizaines	Unités

$3\overline{)84}$

Vérifie Ton Travail

quotient = _______

reste = _______

Résolvez en utilisant l'algorithme standard. Vérifiez votre quotient et le reste en utilisant la multiplication et l'addition.

1. $69 \div 3$

```
    2 3
   ┌───
3  │6 9
 − 6
   ───
   0 9
 −   9
   ───
     0
```

```
   2 3
 ×   3
 ─────
   6 9
```

69 divisé par 3 est 23. Et 23 fois 3 est 69.

2. $57 \div 3$

Je constate que le diviseur est le même dans Problèmes 1 et 2 . Mais l'ensemble 69 est supérieur à l'ensemble de 57. Quand le diviseur est le même, plus grand l'ensemble est ,plus grand le quotient en-est.

```
    1 9
   ┌───
3  │5 7
 − 3
   ───
   2 7
 − 2 7
   ───
     0
```

Je distribue 3 dizaines 2 dizaines restent Après décomposition, 20 unités plus 7 unités est 27 unités.

```
   1 9
 ×   3
 ──2──
   5 7
```

3. $94 \div 5$

```
    1 8 R4
   ┌───
5  │9 4
 − 5
   ───
   4 4
 − 4 0
   ───
     4
```

```
   1 8        9 0
 ×   5     +    4
 ──4──     ──────
   9 0        9 4
```

Le quotient est 18 avec un reste de 4.

4. $97 \div 7$

Quand les ensembles sont pratiquement les mêmes , plus grand est le diviseur, plus petit en-est le quotient. C'est parce que l'ensemble est divisé en groupes équitables

```
    1 3 R6
   ┌───
7  │9 7
 − 7
   ───
   2 7
 − 2 1
   ───
     6
```

```
   1 3        9 1
 ×   7     +    6
 ──2──     ──────
   9 1        9 7
```

Je démontre que ma division est bonne en multipliant 13 par 7 et en suite en ajoutant 6 supplémentaire.

Nom ________________________________ Date ________________

Résolvez en utilisant l'algorithme standard. Vérifiez votre quotient et le reste en utilisant la multiplication et l'addition.

1. $84 \div 2$	2. $84 \div 4$
3. $48 \div 3$	4. $80 \div 5$
5. $79 \div 5$	6. $91 \div 4$

7. $91 \div 6$	8. $91 \div 7$
9. $87 \div 3$	10. $87 \div 6$
11. $94 \div 8$	12. $94 \div 6$

1. Makhai dit que $97 \div 3$ est 30 avec un reste de 7. Il pense que c'est correct parce que $(3 \times 30) + 7 = 97$. Quelle erreur Makhai a-t-il commise ? Expliquez comment il peut corriger son travail.

Makhai a arrêté la division quand il avait 7 unités mais il peut les distribuer en 3 groupes de 2. S'il le fait, il peut faire 3 groupes de 32 au lieu de 30 seulement.

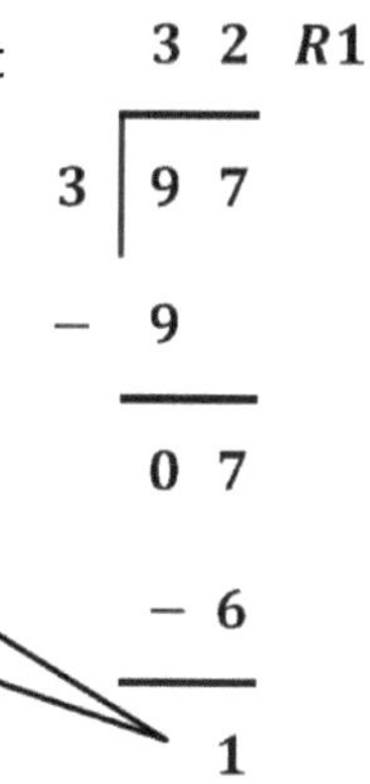

Il n'y a pas assez d'unités pour distribuer en 3 groupes. J'enregistre une unité comme reste.

2. Quatre amis partagent équitablement 52 dollars.

   a. Ils ont 5 billets de dix dollars et 2 billets d'un dollar. Dessinez une image pour montrer comment les factures seront partagé. Devront-ils faire des changements à un moment donné ?

Je dissocie une dizaine en dessinant une flèche du reste 1 dizaine à 10 unités.

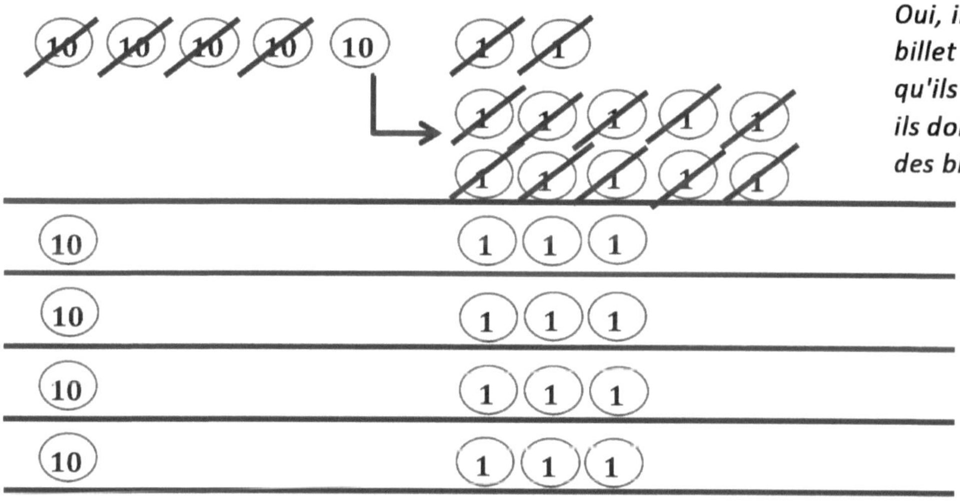

1 dizaine 3 unités = 13

Oui, ils devront échanger 1 billet de dix dollars. Avant qu'ils puissent les partager, ils doivent l'échanger pour des billets de 10 dollars.

   b. Expliquez comment ils partagent également l'argent.

Chaque ami obtient 1 billet de dix dollars et 3 billets d'un dollar.

3. Imaginez que vous écrivez un article de magazine décrivant comment résoudre le problème $43 \div 3$ aux nouveaux élèves de quatrième année. Rédigez un brouillon pour expliquer comment vous pouvez continuer à diviser après avoir obtenu un reste de 1 dix dans le premier étape.

***Exemple de réponse: voici comment vous divisez* 43 par 3. *Pensez-y comme* 4 *dizaines* 3 *unités divisée en* 3 *groupes. Tout d'abord, vous voulez distribuer les dizaines. Vous pouvez distribuer* 3 *dizaines. Chaque groupe aura* 1 *Dix. Il y aura* 1 *dix restants. C'est bon. Vous pouvez continuer à diviser. Changez juste* 1 *dix pour* dix *unités. Maintenant vous avez* 13 *unités tout à fait. Vous pouvez distribuer* 12 *uniformément.* 3 *groupes de* 4 *unités est* 12 *unités.* 1 *il en reste un. Donc, votre quotient est* $14\ R\ 1$. *Et c'est comme ça que tu divises* 43 *par* 3.**

$$
\begin{array}{r|l}
 & 1\ 4\ \ R1 \\ \hline
3 & 4\ 3 \\
- & 3 \\ \hline
 & 1\ 3 \\
- & 1\ 2 \\ \hline
 & \ \ \ 1
\end{array}
$$

Nom ______________________________ Date ________________

1. Lorsque vous divisez 86 par 4, il reste 2. Modélisez ce problème avec des disques de valeur de position. Dans le modèle de disque de valeur de position, comment pouvez-vous voir qu'il y a un reste?

2. Francine dit que 86 ÷ 4 est 20 avec un reste de 6. Elle pense que c'est correct parce que (4 × 20) + 6 = 86. Quelle erreur Francine a-t-elle commise? Expliquez comment elle peut corriger son travail.

3. Le modèle de disque de valeur de position affiche 67 ÷ 4. Complétez le modèle. Expliquez ce qui arrive au 2 dizaines qui restent dans la colonne des dizaines.

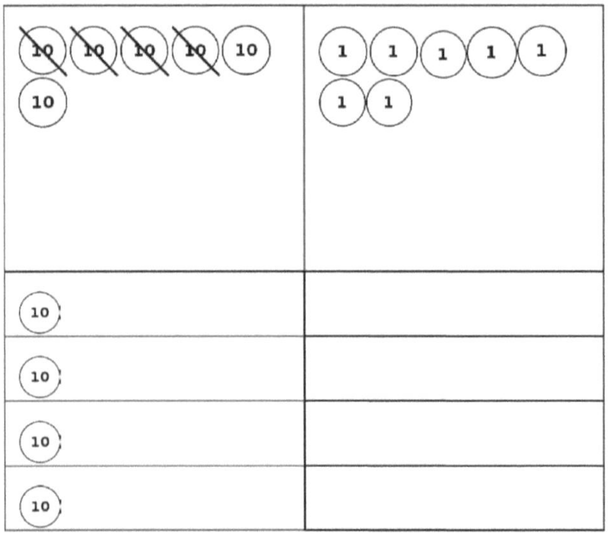

4. Deux amis partagent 76 myrtilles.

a. Pour compter les myrtilles, ils les mettent dans de petits bols de 10 myrtilles. Dessinez une image pour montrer comment les myrtilles peuvent être partagées également. Devront-ils séparer l'un des bols de 10 myrtilles lorsqu'ils les partageront?

b. Expliquez comment les amis peuvent partager équitablement les myrtilles.

5. Imaginez que vous dessinez une bande dessinée montrant comment résoudre le problème 72 ÷ 4 aux nouveaux élèves de quatrième année. Créez un script pour expliquer comment vous pouvez continuer à diviser après avoir obtenu un reste de 3 dizaines à la première étape.

1. Paco a résolu un problème de division en dessinant un modèle d'aire.

   a. Regardez le modèle d'aire. Quel problème de division Paco a-t-il résolu ?

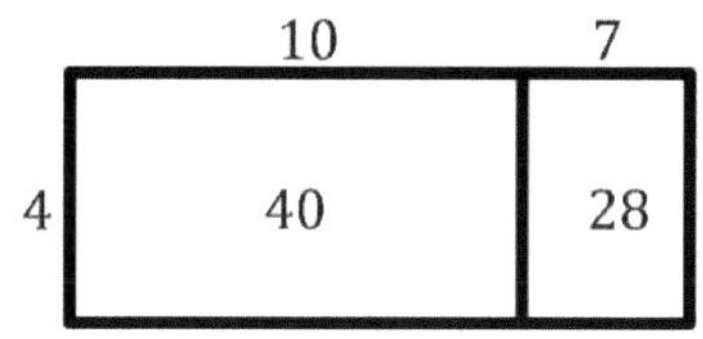

$$68 \div 4 = 17$$

J'ajoute les aires pour trouver l'ensemble. La largeur est le diviseur J'ajoute les deux longueurs pour trouver le quotient.

   b. Montrez une liaison numérique pour représenter le modèle d'aire de Paco. Commencez par le total, puis montrez comment le total est divisé en deux parties. Sous les deux parties, représentez la longueur totale à l'aide de la propriété distributive, puis résolvez.

Diviser des nombres plus petits est plus facile pour moi que résoudre $68 \div 4$. Je peux mentalement résoudre parce que ceux-ci sont de simples faits.

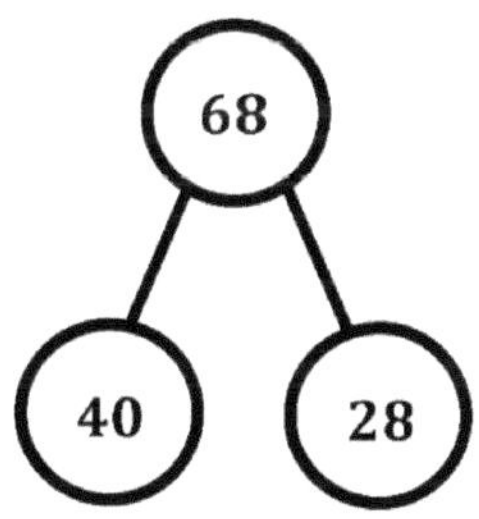

En liaison de numérique, j'enregistre l'ensemble (68) fractionné en deux parties (40 et 28).

$$(\underline{\ 40\ } \div \underline{\ 4\ }) + (\underline{\ 28\ } \div \underline{\ 4\ })$$

$$= \underline{\ 10\ } + \underline{\ 7\ }$$

$$= \underline{\ 17\ }$$

2. Résoudre $76 \div 4$ en utilisant un modèle d'aire. Expliquez la connexion de la propriété distributive au modèle d'aire à l'aide de mots, d'images ou de nombres.

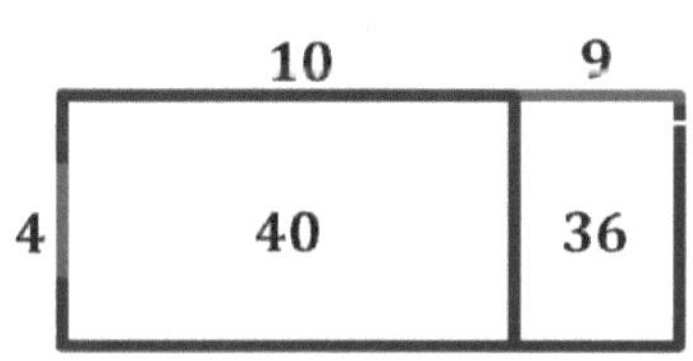

$$(40 \div 4) + (36 \div 4)$$

$$= 10 + 9$$

$$= 19$$

Le modèle de zone est identique à l'image pour le modèle distributif. Chaque réctangle représente une expression de division inférieure que nous écrivons en parenthèses. La largeur du rectangle est le diviseur de chaque phrase. Les deux longueurs sont ajoutées ensemble pour obtenir le quotient.

Je considère 4 fois combien plusieurs longueurs de dizaine me donnent approximativement 7 dizaines dans l'ensemble :1 dizaine. Ensuite, 4 fois combien plusieurs longueurs d'unités me donnent approximativement le restant de 36 unités:9 unités.

Nom ______________________________ Date ______________

1. Maria a résolu un problème de division en dessinant un modèle d'aire.

   a. Regardez le modèle d'aire. Quel problème de division Maria a-t-elle résolu?

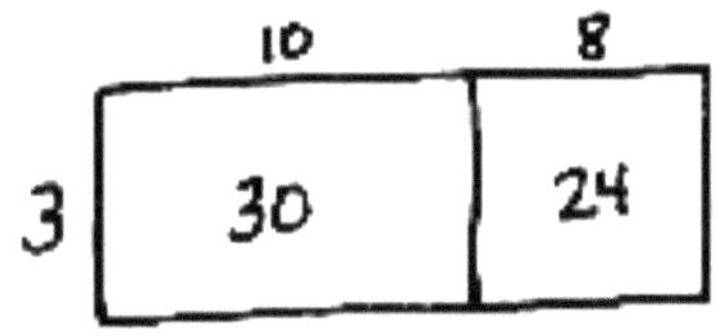

   b. Montrez une liaison numérique pour représenter le modèle d'aire de Maria. Commencez par le total, puis montrez comment le total est divisé en deux parties. Sous les deux parties, représentez la longueur totale à l'aide de la propriété distributive, puis résolvez.

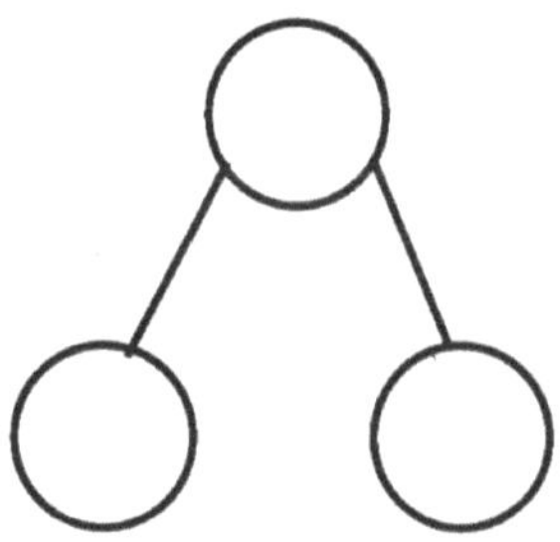

(___÷___) + (___÷___)

= ____ + ____

= _____

2. Résolvez 42 ÷ 3 à l'aide d'un modèle d'aire. Dessinez une liaison numérique et utilisez la propriété distributive pour résoudre la longueur inconnue.

3. Résolvez 60 ÷ 4 à l'aide d'un modèle d'aire. Dessinez un lien numérique pour montrer comment vous avez partitionné l'aire et représentez la division avec une méthode écrite.

4. Résolvez 72 ÷ 4 à l'aide d'un modèle d'aire. Expliquez, à l'aide de mots, d'images ou de nombres, la connexion de la propriété distributive au modèle d'aire.

5. Résolvez 96 ÷ 6 en utilisant un modèle d'aire et l'algorithme standard.

1. Yahya a résolu le problème de division suivant en dessinant un modèle d'aire.

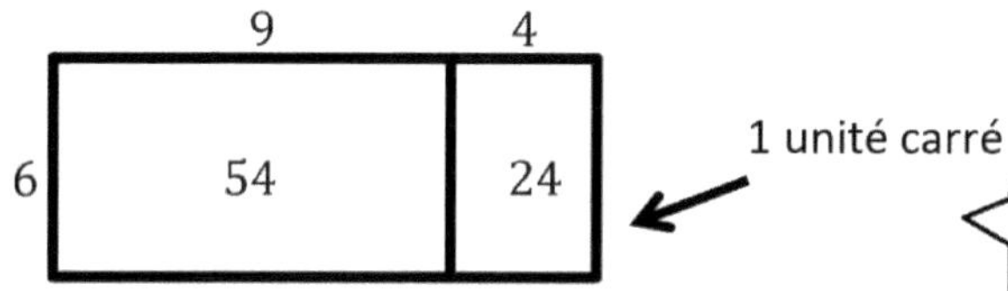

Je vois 1 unité carré. L'ensemble est la somme des zones de tous les 3 rectangles.

a. Quel problème de division a-t-il résolu? **$79 \div 6$**

b. Montrez comment le modèle de Yahya peut être représenté à l'aide de la propriété distributive.

$$(54 \div 6) + (24 \div 6)$$
$$= 9 + 4$$
$$= 13$$
$$(6 \times 13) + 1 = 79$$

Je me souviens d'ajouter un reste de 1.

Résolvez les problèmes suivants à l'aide du modèle d'aire. Soutenez le modèle d'aire avec une longue division ou la propriété distributive.

2. $71 \div 5$

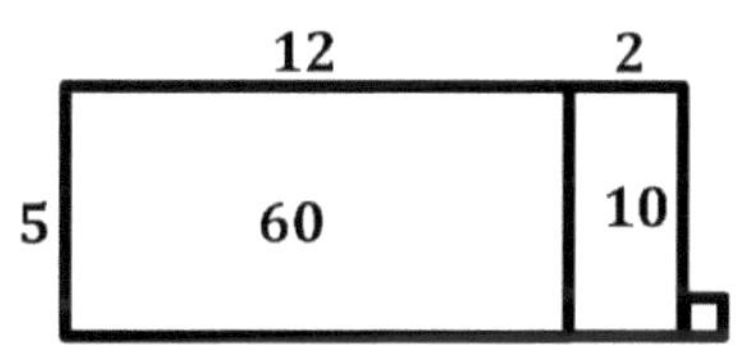

$$(60 \div 5) + (10 \div 5)$$
$$= 12 + 2$$
$$= 14$$
$$(14 \times 5) + 1 = 71$$

3. $85 \div 6$

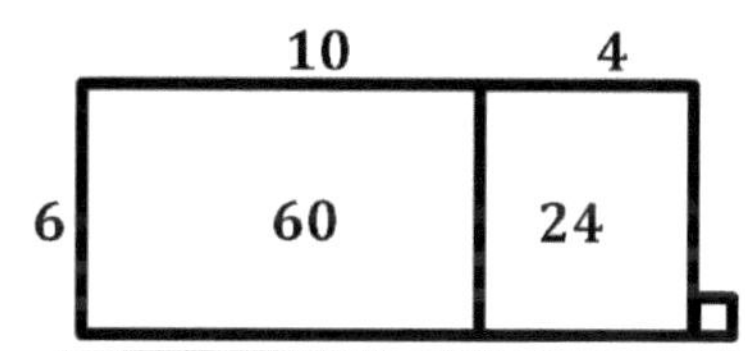

L'aire du plus petit rectangle est la même comment le nombre des unités distribuées dans l'algorithme.

$$\begin{array}{r|l} & 1\ 4\ R1 \\ 6 & 8\ 5 \\ - & 6 \\ \hline & 2\ 5 \\ - & 2\ 4 \\ \hline & 1 \end{array}$$

4. Quatre-vingt-neuf billes ont été placées dans 4 sacs. Combien de billes étaient dans chaque sac? Combien de billes reste-t-il?

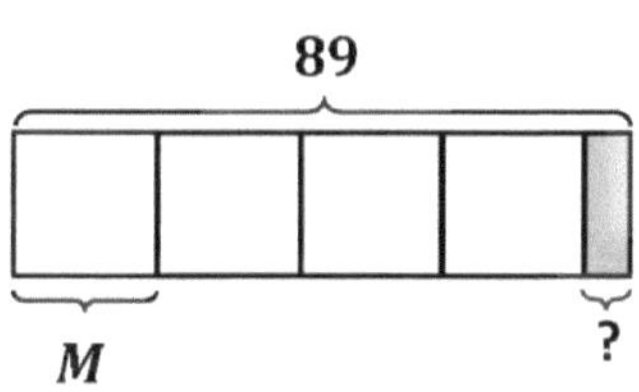

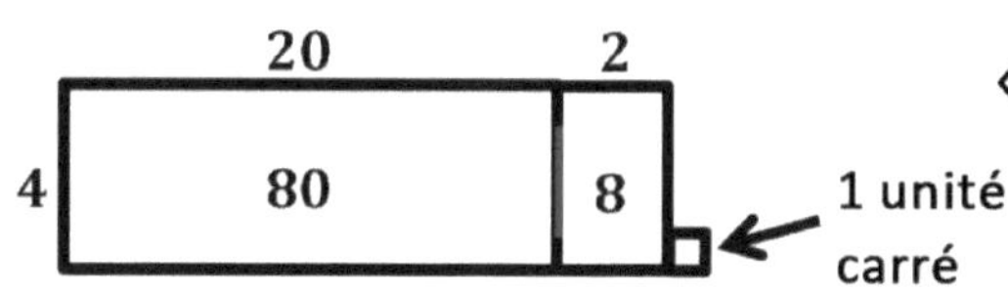

Peu importe si j'utilise une longue division, la propriété distributive ou le modèle de zone à résoudre, j'obtiendrai la même réponse.

Il y 22 billes dans chaque sac. 1 bille est laissée

Nom ______________________ Date ____________

1. Résolvez 35 ÷ 2 à l'aide d'un modèle d'aire. Utilisez la division longue et la propriété distributive pour enregistrer votre travail.

2. Résolvez 79 ÷ 3 à l'aide d'un modèle d'aire. Utilisez la division longue et la propriété distributive pour enregistrer votre travail.

3. Paulina a résolu le problème de division suivant en dessinant un modèle d'aire.

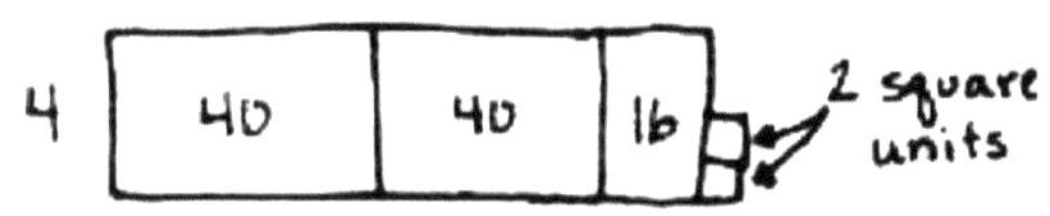

   a. Quel problème de division a-t-elle résolu?

   b. Montrez comment le modèle de Paulina peut être représenté à l'aide de la propriété distributive.

Résolvez les problèmes suivants à l'aide du modèle d'aire. Soutenez le modèle d'aire avec une longue division ou la propriété distributive.

4. $42 \div 3$	5. $43 \div 3$
6. $52 \div 4$	7. $54 \div 4$
8. $61 \div 5$	9. $73 \div 3$

10. Quatre-vingt-dix-sept plateaux-repas ont été placés également en 4 piles. Combien de plateaux-repas étaient dans chaque pile? Combien de plateaux-repas resteront-ils?

1. Enregistrez les facteurs des nombres donnés sous forme de phrases de multiplication et sous forme de liste, du moins au le plus grand. Classez chacun comme premier (P) ou composite (C).

	Multiplication Phrases	Les facteurs	P ou C
a.	5 $1 \times 5 = 5$	Les facteurs de 5 sont **1, 5**	***P***
b.	18 $1 \times 18 = 18$ $2 \times 9 = 18$ $3 \times 6 = 18$	Les facteurs de 18 sont **1, 2, 3, 6, 9, 18**	***C***

Je sais qu'un nombre est premier s'il a seulement deux facteurs.
Je sais qu'un nombre est composé s'il a plus de deux facteurs.

2. Trouvez tous les facteurs pour le nombre suivant et classifiez le nombre comme premier ou composite. Expliquez votre classification de prime ou composite.

Paires de facteurs pour 12	
1	**12**
2	**6**
3	**4**

12 est composite. Je sais que c'est composite car il a plus de deux facteurs.

Je considère les faits de multiplication qui ont un produit de 12.

3. Jenny a 25 perles à répartir également entre 4 copains. Elle pense qu'il n'y aura pas de restes. Utilisez ce que vous savez sur les paires de facteurs pour expliquer si Jenny a raison ou non.

Jenny a tort. Il y aura des restes. Je sais ça parce que si 4 est l'un des facteurs, il n' y a pas de nombre entier qui multiplie par 4 pour obtenir 25 comme produit. Il y en restera une bille.

4 x 6 = 24 et 4x7 = 28. Il n'y pas de paire de facteur pour 4 qui résulte en produit de 25

Nom ______________________________ Date ______________

1. Enregistrez les facteurs des nombres donnés sous forme de phrases de multiplication et sous forme de liste, du plus petit au plus grand. Classez chacun comme premier (P) ou composite (C). Le premier problème est fait pour vous.

	Phrases de multiplication	Les facteurs	P ou C
a.	8 1 × 8 = 8 2 × 4 = 8	Les facteurs de 8 sont: 1, 2, 4, 8	C
b.	10	Les facteurs de 10 sont:	
c.	11	Les facteurs de 11 sont:	
d.	14	Les facteurs de 14 sont:	
e.	17	Les facteurs de 17 sont:	
f.	20	Les facteurs de 20 sont:	
g.	22	Les facteurs de 22 sont:	
h.	23	Les facteurs de 23 sont:	
i.	25	Les facteurs de 25 sont:	
j.	26	Les facteurs de 26 sont:	
k.	27	Les facteurs de 27 sont:	
l.	28	Les facteurs de 28 sont:	

2. Trouvez tous les facteurs pour les nombres suivants et classifiez chaque nombre comme premier ou composite. Expliquez votre classement de chacun comme premier ou composite.

Paires de facteurs pour 19	

Paires de facteurs pour 21	

Paires de facteurs pour 24	

3. Bryan dit que seuls les nombres pairs sont composites.

a. Énumérez tous les nombres impairs inférieurs à 20 dans l'ordre numérique.

b. Utilisez votre liste pour montrer que l'affirmation de Bryan est fausse.

4. Julie a 27 raisins à répartir également entre 3 amis. Elle pense qu'il n'y aura pas de restes. Utilisez ce que vous savez sur les paires de facteurs pour expliquer si Julie a raison ou non.

1. Expliquez votre façon de penser ou utilisez la division pour répondre aux questions suivantes.

Est-ce que 2 est un facteur de 96?	Est-ce que 3 est un facteur de 96?
Oui. 96 est un nombre pair. 2 est un facteur pour chaque nombre pair.	$96 \div 3$: $3\overline{)96}$; -9 ; 06 ; -6 ; 0 ; quotient 32 ***Oui, 3 est un facteur de 96. Qaund je divise 96 par 3, ma réponse est 32.***
Est-ce que 4 est un facteur de 96?	**Est-ce que 5 est un facteur de 96?**
$96 \div 4$: $4\overline{)96}$; -8 ; 16 ; -16 ; 0 ; quotient 24 ***Oui, 4 est un facteur de 96. Quand je divise 96 par 4, ma réponse est 24.***	***Non, 5 n'est pas un facteur de 96. 96 n'as pas un 5 ou 0 dans la place des unités. Tous les nombres ayant un 5 comme facteur ont un 5 ou 0 dans la place des unités.***

J'utilise ce que je sais sur les facteurs pour résoudre. Penser que 2 est un facteur ou 5 est un facteur est facile. Les trois et quatre sont plus difficiles, donc je divise pour voir s'ils sont des facteurs. 96 est divisble par 3 et 4, donc ils sont les deux facteurs de 96.

2. Utilisez la propriété associative pour trouver plus de facteurs de 28 et 32.

a. $28 = 14 \times 2$

$= (\underline{7} \times 2) \times 2$

$= \underline{7} \times (2 \times 2)$

$= \underline{7} \times 4$

$= \underline{28}$

b. $32 = \underline{8} \times 2$

$= (\underline{2} \times 4) \times 4$

$= \underline{2} \times (4 \times 4)$

$= \underline{2} \times 16$

$= \underline{32}$

Je trouve plus de facteurs du nombre entier en fractionnant un des facteurs en plus petites portions et ensuite associer les facteurs autrement en utilisant les parenthèses.

3. En classe, nous avons utilisé la propriété associative pour montrer que lorsque 6 est un facteur, alors 2 et 3 sont des facteurs, car $6 = 2 \times 3$. Utilisez le fait que $12 = 2 \times 6$ pour montrer que 2 et 6 sont des facteurs de 36, 48, et 60.

$36 = 12 \times 3$	$48 = 12 \times 4$	$60 = 12 \times 5$
$= (\mathbf{2} \times \mathbf{6}) \times \mathbf{3}$	$= (\mathbf{2} \times \mathbf{6}) \times \mathbf{4}$	$= (\mathbf{2} \times \mathbf{6}) \times \mathbf{5}$
$= \mathbf{2} \times (\mathbf{6} \times \mathbf{3})$	$= \mathbf{2} \times (\mathbf{6} \times \mathbf{4})$	$= \mathbf{2} \times (\mathbf{6} \times \mathbf{5})$
$= \mathbf{2} \times \mathbf{18}$	$= \mathbf{2} \times \mathbf{24}$	$= \mathbf{2} \times \mathbf{30}$
$= \mathbf{36}$	$= \mathbf{48}$	$= \mathbf{60}$

Je réécris les phrases numériques en substituant 2 x 6 pour 12. Je peux déplacer les parenthèses à cause de la propriété associative et puis résourdre. ça aide à indiquer que les 2 et 6 sont des facteurs de 36,48 et 60.

4. La première affirmation est fausse. La deuxième affirmation est vraie. Expliquez pourquoi en utilisant des mots, des images ou des nombres.

Si un nombre a 2 et 8 comme facteurs, il a 16 comme facteur.
Si un nombre a 16 comme facteur, alors les deux 2 et 8 sont des facteurs.

La première affirmation est fausse. Par exemple, 8 a les deux 2 et 8 comme facteurs, mais il n'a pas 16 comme un facteur. La deuxième affirmation est vraie. Tout nombre pouvant être divisé exactement par 16 peut également être divisé par 2 et 8 à la place depuis 16 = 2 × 8. Exemple: 2 × 16 = 32

$$\mathbf{2} \times (\mathbf{2} \times \mathbf{8}) = \mathbf{32}$$

Je donne des exemples pour étayer mon explication.

Nom ______________________ date ______________

1. Expliquez votre pensée ou utilisez la division pour répondre aux questions suivantes.

a. 2 est-il un facteur de 72?	b. 2 est-il un facteur de 73?
c. 3 est-il un facteur de 72?	d. 2 est-il un facteur de 60?
e. 6 est-il un facteur de 72?	f. 4 est-il un facteur de 60?
g. 5 est-il un facteur de 72?	h. 8 est-il un facteur de 60?

2. Utilisez la propriété associative pour trouver plus de facteurs de 12 et 30.

a. 12 = 6 × 2

= (___ × 2) × 2

= ___ × (2 × 2)

= ___ × ___

= ___

b. 30 = ___ × 5

= (___ × 3) × 5

= ___ × (3 × 5)

= ___ × 15

= ___

3. En classe, nous avons utilisé la propriété associative pour montrer que lorsque 6 est un facteur, alors 2 et 3 sont des facteurs, car 6 = 2 × 3. Utilisez le fait que 10 = 5 × 2 pour montrer que 2 et 5 sont des facteurs de 70, 80 et 90.

70 = 10 × 7 80 = 10 × 8 90 = 10 × 9

4. La première affirmation est fausse. La deuxième affirmation est vraie. Expliquez pourquoi, en utilisant des mots, des images ou Nombres.

Si un nombre a 2 et 6 comme facteurs, alors il a 12 comme facteur.

Si un nombre a 12 comme facteur, alors 2 et 6 sont des facteurs.

1. Écris les multiples de 3 a partir de 36. Chronométrez-vous pendant 1 minute. Voyez combien de multiples vous pouvez écrire.

36, 39, 42, 45, 48, 51, 54, 57, 60, 63, 66, 69, 72, 75, 78, 81, 84, 87,

90, 93, 96, 99, 102, 105, 108, 111, 114

Je compte deux en deux par trois avec 36.

2. Énumérez les nombres qui ont 28 comme multiple.

1, 2, 4, 7, 14, 28

C'est tout comme trouver des paires de facteur d'un nombre. Si je dis "28" quand je compte deux en deux par un nombre, ça veut dire que 28 est le multiple de ce nombre.

3. Utilisez les mathématiques mentales, la division ou la propriété associative pour résoudre.

a. Est-ce que 15 est un mutliple de 3? _oui_ Est-ce que 3 est un facteur de 15? _oui_

3x 5 = 15, donc 3 est un facteur de 15.

b. Est-ce que 34 est un multiple de 6 ? ***non*** Est-ce que 6 est un facteur de 34 ? ***non***

Est-ce que 32 est un multiple de 8? _oui_ Est-ce que 32 est un facteur de 8? _non_

Si un nombre est le multiple d'un autre nombre, ça veut dire que, quand je compte deux en deux, je dis ce nombre.

8 est un facteur de 32 mais 32 n'est un facteur de 8.

4. Suivez les instructions ci-dessous.

1	2	3	4	5	6	7	8	9	10
11	12	13	14	15	16	17	18	19	20
21	22	23	24	25	26	27	28	29	30
31	32	33	34	35	36	37	38	39	40
41	42	43	44	45	46	47	48	49	50
51	52	53	54	55	56	57	58	59	60
61	62	63	64	65	66	67	68	69	70
71	72	73	74	75	76	77	78	79	80
81	82	83	84	85	86	87	88	89	90
91	92	93	94	95	96	97	98	99	100

a. Encerclez les multiples de dix. Lorsqu'un nombre est un multiple de dix, que remarquez-vous sur le nombre à la place des unités ?

Lorsqu'un nombre est un multiple de dix, le nombre à la place des unités est toujours un zéro.

b. Tracez un carré autour des multiples de 4. Lorsqu'un nombre est un multiple de 4, quels sont les nombres possibles dans le chiffre unité ?

Lorsqu'un nombre est un multiple de 4, le nombre possible dans le chiffre unité est 2, 4, 6, 8, ou 0.

c. Mettez un triangle sur les multiples de 3. Choisissez-en un. Que remarquez-vous sur la somme des chiffres? Choisissez-en un autre. Que remarquez-vous sur la somme des chiffres ?

15 → La somme des chiffres est 6.

75 → La somme des chiffres est 12.

> si j'examine plus de multiples de 3,1 je constate que la somme de leurs chiffres est 3,6,9,12,15 ou 18. Chacun des ces nombres est un multiple de 3.

Nom ______________________________ Date ______________

1. Pour chacun des éléments suivants, chronométrez-vous pendant 1 minute. Voyez combien de multiples vous pouvez écrire.

   a. Écrivez les multiples de 5 à partir de 75.

   b. Écrivez les multiples de 4 à partir de 40.

   c. Écrivez les multiples de 6 à partir de 24.

2. Énumérez les nombres qui ont 30 comme multiple.

3. Utilisez les mathématiques mentales, la division ou la propriété associative pour résoudre. (Utilisez du papier brouillon si vous le souhaitez.)

   a. 12 est-il un multiple de 3? ______ 3 est-il un facteur de 12? _______

   b. 48 est-il un multiple de 8? ______ 48 est-il un facteur de 8? _______

   c. 56 est-il un multiple de 6? ______ 6 est-il un facteur de 56? _______

4. Un nombre premier peut-il être un multiple d'un autre nombre que lui-même? Explique pourquoi ou pourquoi pas.

5. Suivez les instructions ci-dessous.

1	2	3	4	5	6	7	8	9	10
11	12	13	14	15	16	17	18	19	20
21	22	23	24	25	26	27	28	29	30
31	32	33	34	35	36	37	38	39	40
41	42	43	44	45	46	47	48	49	50
51	52	53	54	55	56	57	58	59	60
61	62	63	64	65	66	67	68	69	70
71	72	73	74	75	76	77	78	79	80
81	82	83	84	85	86	87	88	89	90
91	92	93	94	95	96	97	98	99	100

a. Soulignez les multiples de 6. Lorsqu'un nombre est un multiple de 6, quelles sont les valeurs possibles pour le chiffre un?

b. Tracez un carré autour des multiples de 4. Regardez les multiples de 4 qui ont un nombre impair à la place des dizaines. Quelles valeurs ont-ils à leur place?

c. Regardez les multiples de 4 qui ont un nombre pair à la place des dizaines. Quelles valeurs ont-ils dans ceux qui se trouvent? Pensez-vous que ce modèle se poursuivrait avec des multiples de 4 plus grands que 100?

d. Encerclez les multiples de 9. Choisissez-en un. Que remarquez-vous sur la somme des chiffres? Choisissez-en un autre. Que remarquez-vous sur la somme des chiffres?

1. Suivez les instructions

   Ombrez le nombre 1.

   a. Entourez le premier numéro non marqué.

   b. Barrez tous les multiples de ce nombre sauf celui que vous avez encerclé. S'il est déjà barré, sautez-le.

   c. Répétez les étapes (a) et (b) jusqu'à ce que chaque nombre soit entouré ou barré.

   d. Ombrez chaque chiffre barré.

1	2	3	~~4~~	5	~~6~~	7	~~8~~	9	~~10~~
11	~~12~~	13	~~14~~	15	~~16~~	17	~~18~~	19	~~20~~
21	~~22~~	23	~~24~~	25	~~26~~	27	~~28~~	29	~~30~~
31	~~32~~	33	~~34~~	35	~~36~~	37	~~38~~	39	~~40~~
41	~~42~~	43	~~44~~	45	~~46~~	47	~~48~~	49	~~50~~
51	~~52~~	53	~~54~~	55	~~56~~	57	~~58~~	59	~~60~~
61	~~62~~	63	~~64~~	65	~~66~~	67	~~68~~	69	~~70~~
71	~~72~~	73	~~74~~	75	~~76~~	77	~~78~~	79	~~80~~
81	~~82~~	83	~~84~~	85	~~86~~	87	~~88~~	89	~~90~~
91	~~92~~	93	~~94~~	95	~~96~~	97	~~98~~	99	~~100~~

Je raie chaque multiple de 2 sauf pour le nombre 2.

1	(2)	(3)	~~4~~	5	~~6~~	7	~~8~~	~~9~~	~~10~~
11	~~12~~	13	~~14~~	~~15~~	~~16~~	17	~~18~~	19	~~20~~
~~21~~	~~22~~	23	~~24~~	25	~~26~~	~~27~~	~~28~~	29	~~30~~
31	~~32~~	~~33~~	~~34~~	35	~~36~~	37	~~38~~	~~39~~	~~40~~
41	~~42~~	43	~~44~~	~~45~~	~~46~~	47	~~48~~	49	~~50~~
~~51~~	~~52~~	53	~~54~~	55	~~56~~	~~57~~	~~58~~	59	~~60~~
61	~~62~~	~~63~~	~~64~~	65	~~66~~	67	~~68~~	~~69~~	~~70~~
71	~~72~~	73	~~74~~	~~75~~	~~76~~	77	~~78~~	79	~~80~~
~~81~~	~~82~~	83	~~84~~	85	~~86~~	~~87~~	~~88~~	89	~~90~~
91	~~92~~	~~93~~	~~94~~	95	~~96~~	97	~~98~~	~~99~~	~~100~~

J'encercle 3 parce qu'il est le nombre prochain qu'il n'est encerclé ou rayé. Je raie chaque multiple de 3 sauf pour le nombre 3 . Je compte deux en deux par trois pour trouver les multiples.

EUREKA MATH

Je poursuis le processus, d'abord pour les multiples de 5 et ensuite pour les multiples de 7.

1	2	3	~~4~~	5	~~6~~	7	~~8~~	~~9~~	~~10~~
11	~~12~~	13	~~14~~	~~15~~	~~16~~	17	~~18~~	19	~~20~~
~~21~~	~~22~~	23	~~24~~	~~25~~	~~26~~	~~27~~	~~28~~	29	~~30~~
31	~~32~~	~~33~~	~~34~~	~~35~~	~~36~~	37	~~38~~	~~39~~	~~40~~
41	~~42~~	43	~~44~~	~~45~~	~~46~~	47	~~48~~	~~49~~	~~50~~
~~51~~	~~52~~	53	~~54~~	~~55~~	~~56~~	~~57~~	~~58~~	59	~~60~~
61	~~62~~	~~63~~	~~64~~	~~65~~	~~66~~	67	~~68~~	~~69~~	~~70~~
71	~~72~~	73	~~74~~	~~75~~	~~76~~	~~77~~	~~78~~	79	~~80~~
~~81~~	~~82~~	83	~~84~~	~~85~~	~~86~~	~~87~~	~~88~~	89	~~90~~
~~91~~	~~92~~	~~93~~	~~94~~	~~95~~	~~96~~	97	~~98~~	~~99~~	~~100~~

J'encercle 11 parce que 11 est le prochain nombre qu'il n'est pas encerclé ou rayé. Je constate que chaque mutliple de 11 est déjà rayé.

Je ne dois pas rayer les multiples de 13 car ils sont déjà rayés.

Je me rends compte que quand j'encercle tout autre nombre qui n'est pas déjà rayé, leur multiples ont déjà été rayés.

J'ombre chaque nombre rayé

Je vois que ce processus m'aide à trouver les nombres de 1 à 100 qui sont premiers et les nombres de 1 à 100 qui sont composés.

Nom ____________________ Date ____________

1. Un élève a utilisé le tamis d'Ératosthène pour trouver tous les nombres premiers inférieurs à 100. Créez un ensemble d'instructions étape par étape pour montrer comment il a été réalisé. Utilisez la banque de mots pour guider votre réflexion lorsque vous écrivez les instructions. Certains mots peuvent être utilisés une seule fois, plusieurs fois ou pas du tout.

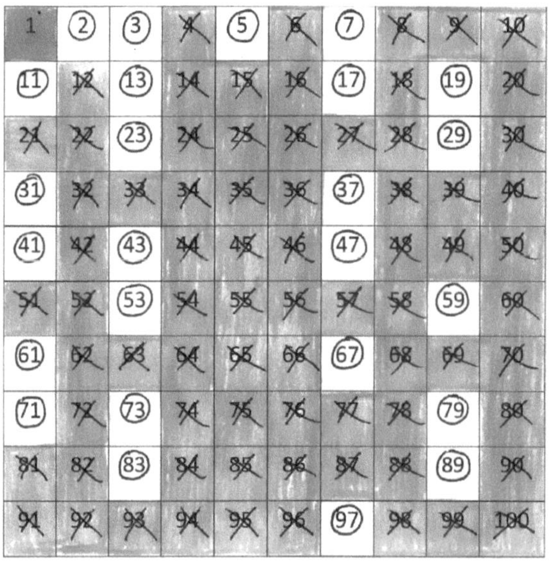

Banque de mots

composite	barrer
nombre	ombre
cercle	X
plusieurs	premier

Instructions pour terminer le tamis de l'activité Ératosthène:

2. Qu'est-ce que tous les nombres barrés ont en commun?

3. Qu'est-ce que tous les nombres encerclés ont en commun?

4. Il y a un chiffre qui n'est ni barré ni encerclé. Pourquoi est-il traité différemment?

1. Dessinez des disques de valeur de position pour représenter les problèmes suivants. Réécrivez chacun sous forme d’unité et résolvez.

a. $80 \div 4 = \underline{20}$

8 dizaines ÷ 4 = <u>2 dizaines</u>

2 dizaines est la même que 20.1

Je distribue 8 dizaines en 4 groupes. y a 2 dizaiens dans chaque groupe.

b. $800 \div 4 = \underline{\mathbf{200}}$

8 centaines ÷ 4 = ***2 centaines***

Je considère 800 en forme d'unité comme 8 centaines.

8 centaines équitablement divisées en 4 groupes est 2 centaines.

c. $150 \div 3 = \underline{\mathbf{50}}$

15 dizaines ÷ 3 = ***5 dizaines***

Je considère 150 comme 1 centaine 5 dizaines mais ça ne m'aide pas à diviser car je ne peux pas partager le disque de centaines en 3 groupes égaux. Pour m'aider à diviser, je considère 150 comme 15 dizaines.

d. $1\,500 \div 3 = \underline{\mathbf{500}}$

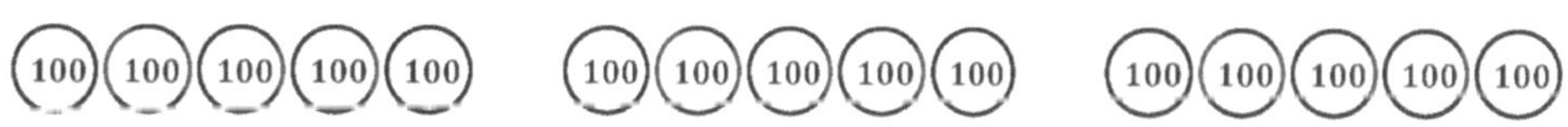

15 centaines ÷ 3 = ***5 centaines***

C'est tout comme le dernier problème sauf que l'unité est des centaines au lieu des dizaines.

2. Résoudre pour le quotient. Réécrivez chacun sous forme d'unité.

a. $900 \div 3 = \mathbf{300}$ **9 *centaines* ÷ 3** **= 3 *centaines.***	b. $140 \div 2 = \mathbf{70}$ **14 *dizaines* ÷ 2** **= 7 *dizaines.***	c. $1{,}500 \div 5 = \mathbf{300}$ **15 *centaines* ÷ 5** **= 3 *centaines.***	d. $200 \div 5 = \mathbf{40}$ **20 *dizaines* ÷ 5** **= 4 *dizaines.***

Ces problèmes sont très similaires à ce que je viens de faire. La différence est que je ne dessine pas de disques. Je réecris les nombres en forme d'unité pour m'aider à résoudre.

3. Un marchand de crème glacée a vendu 2 800 $ de crème glacée en août, c'est-à-dire 4 fois plus que ce qu'il a vendu en mai. Combien de crème glacée a été vendue par le marchand de crème glacée en mai ?

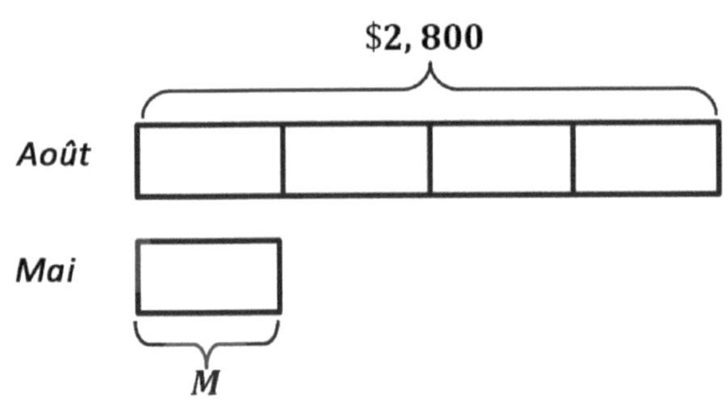

Je dessine un diagramme en bande pour indiquer les ventes de crème glacée pour le mois d'août et le mois de mai. La bande d'août est 4 fois plus longue que la bande de mai. 2.800 en forme d'unité est 28 centaines. Si 4 unités est 28 centaines,1 unité doit être 28 centaines divisé par 4. Puisque mai est égal à l'unité 1, les ventes de crème glacée pour mai était de 700$.

28 *centaines* ÷ 4 = 7 *centaines*

700 $ de crème glacée ont été vendus par le marchand de crème glacée en mai.

Nom ________________________________ Date ________________

1. Dessinez des disques de valeur de position pour représenter les problèmes suivants. Réécrivez chacun sous forme d'unité et résolvez.

   a. 6 ÷ 3 = ________

   6 unités ÷ 3 = ________ unités

   b. 60 ÷ 3 = ________

   6 dizaines ÷ 3 = __________

   c. 600 ÷ 3 = ________

   ________________________ ÷ 3 = ________________________

   d. 6 000 ÷ 3 = ________

   ________________________ ÷ 3 = ________________________

2. Dessinez des disques de valeur de position pour représenter chaque problème. Réécrivez chacun sous forme d'unité et résolvez.

   a. 12 ÷ 4 = ________

   12 unités ÷ 4 = __________ unités

   b. 120 ÷ 4 = ________

   ________________________ ÷ 4 = ________________________

   c. 1.200 ÷ 4 = ________

   ________________________ ÷ 4 = ________________________

3. Résoudre pour le quotient. Réécrivez chacun sous forme d'unité.

a. 800 ÷ 4 = 200 8 centaines ÷ 4 = 2 centaines	b. 900 ÷ 3 = ________	c. 400 ÷ 2 = ________	d. 300 ÷ 3 = ________
e. 200 ÷ 4 = ________ 20 dizaines ÷ 4 = ___ dizaines	f. 160 ÷ 2 = ________	g. 400 ÷ 5 = ________	h. 300 ÷ 5 = ________
i. 1.200 ÷ 3 = __________ 12 centaines ÷ 3 = _____ centaines	j. 1.600 ÷ 4 = ________	k. 2.400 ÷ 4 = ________	l. 3 000 ÷ 5 = ________

4. Une flotte de 5 camions de pompiers transporte au total 20 000 litres d'eau. Si chaque camion contient la même quantité d'eau, combien de litres d'eau chaque camion transporte-t-il ?

EUREKA MATH

5. Jamie a bu 4 fois plus de jus que Brodie. Jamie a bu 280 millilitres de jus. Combien de jus Brodie a-t-elle bu ?

6. Un restaurant a vendu 2 400 $ de frites en juin, soit 4 fois plus qu'en mai. Combien de dollars de frites ont été vendus au restaurant en mai ?

Diviser. Modélisez à l'aide de disques de valeur de position et enregistrez à l'aide de l'algorithme.

$426 \div 3$

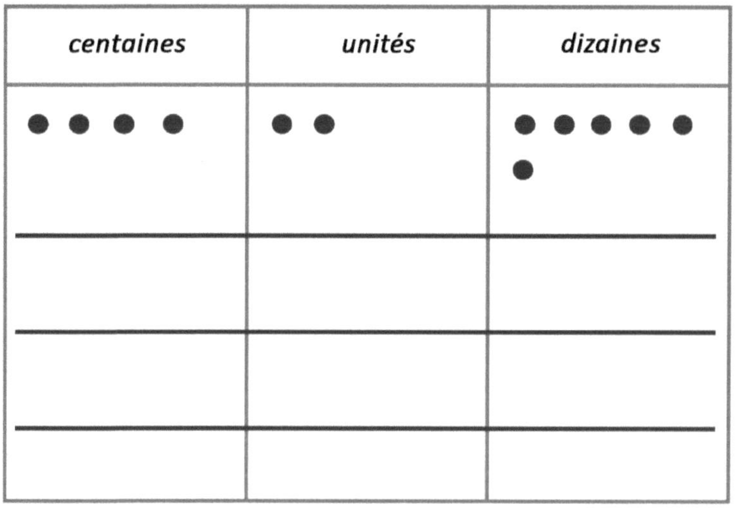

Je représente 426 comme 4 centaines 2 dizaines et 6 unités.

Je fais de l'espace sur le tableau pour distribuer les disques en 3 groupes égaux.

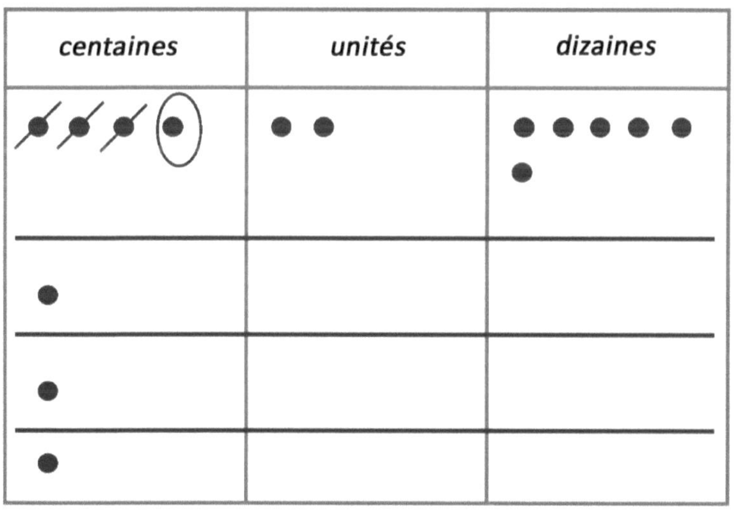

Leçon 16 me rappelle de diviser en commençant par la plus grande untié.

4 centaines divisées par 3 est 1 centaine.

$$\begin{array}{r|l} & 1 \\ 3 & 4\;2\;6 \\ - & 3 \\ \hline & 1 \end{array}$$

1 centaine dans chaque groupe fois 3 groupes est 3 centaines.

Nous avons commencé par 4 centaines et 3 centaines uniformément divisées.
1 Centaine reste que j'ai encerclée.

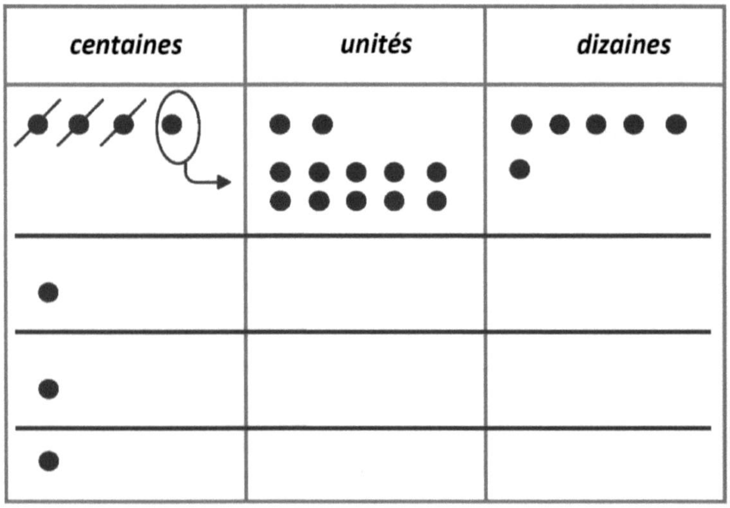


```
      1
3 | 4 2 6
  − 3
    1 2
```

Leçon 17 me rappelle que quand il y a des unités restantes qui peuvent être divisées , je les décompose comme 10 de la plus petite unité. Donc, 1 centaine est décomposée en 10 dizaines. Maintenant, il y a 12 dizaines à diviser.

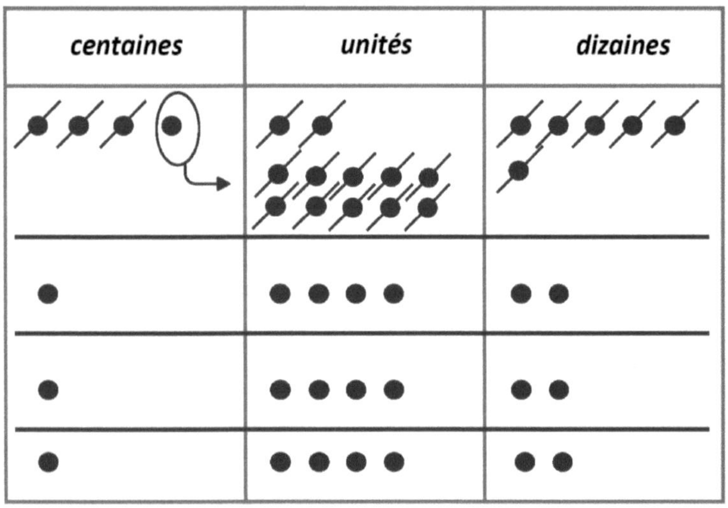

Je continue à distribuer les dizaines et les unités et j'enregistre chaque étape de l'algorithme.

```
      1 4 2
3 | 4 2 6
  − 3
    1 2
  − 1 2
      0 6
    −   6
        0
```

}1 *centaine* 4 *dizaines* 2 *unités*

La valeur dans chaque groupe équivaut au quotient.

Nom ____________________ Date ____________

1. Diviser. Utilisez des disques de valeur de position pour modéliser chaque problème.

a. 346 ÷ 2
b. 528 ÷ 2

c. 516 ÷ 3

d. 729 ÷ 3

2. Modélisez à l'aide de disques de valeur de position et enregistrez à l'aide de l'algorithme.

a. $648 \div 4$ Disques	Algorithme
b. $755 \div 5$ Disques	Algorithme
c. $964 \div 4$ Disques	Algorithme

1. Diviser. Vérifiez votre travail en multipliant. Dessinez les disques sur un graphique de valeur de position selon les besoins.

   a. 2 17 ÷ 4

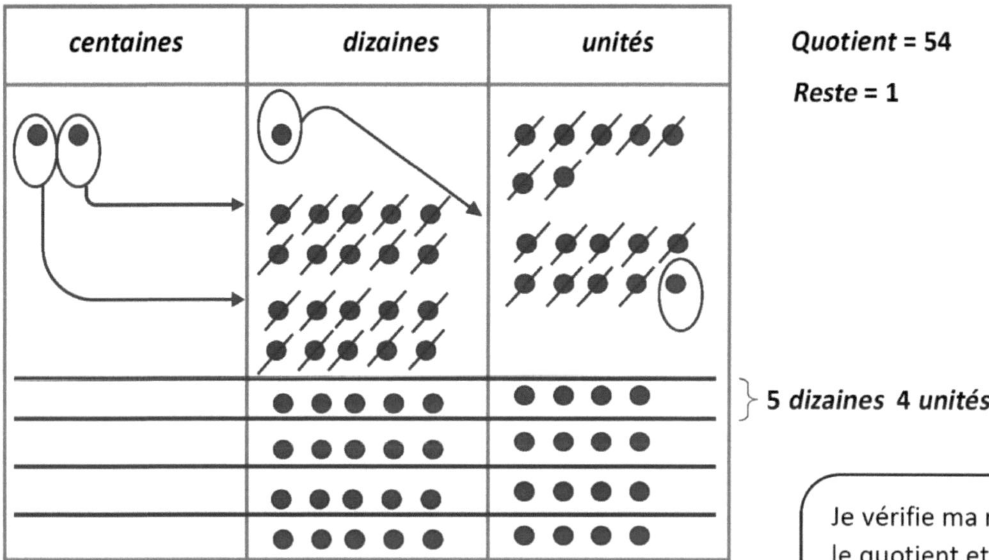

***Quotient* = 54**

***Reste* = 1**

$$\begin{array}{r} 54 \\ \times\ \ 4 \\ \hline 216 \end{array}$$

$$\begin{array}{r} 216 \\ +\ \ \ 1 \\ \hline 217 \end{array}$$

Je ne peux pas distribuer 2 centaines uniformément parmi les 4 groupes. Je décompose chaque centaine en 10 dizaines Maintenant, j'ai 21 dizaines.

Je vérifie ma réponse en multipliant le quotient et le diviseur, puis j'ajoute le reste. Ma réponse de 217 correspond à l'ensemble dans l'expression de division.

   b. 743 ÷ 3

$$\begin{array}{r} 2\ 4\ 7\ \ R2 \\ 3\,\overline{)\,7\ 4\ 3} \\ -\ 6\qquad \\ \hline 1\ 4\quad \\ -\ 1\ 2\quad \\ \hline 2\ 3 \\ -\ 2\ 1 \\ \hline 2 \end{array}$$

$$\begin{array}{r} 247 \\ \times\ \ \ 3 \\ \hline 741 \end{array} \qquad \begin{array}{r} 741 \\ +\ \ \ 2 \\ \hline 743 \end{array}$$

Je visualise chaque étape sur le table de valeur de position au fur et à mesure que j'enregistre les étapes de l'algorithme.

2. Constance a couru 620 mètres autour des 4 côtés d'un champ carré. Combien de mètres de long était de chaque côté du champ ?

```
     1 5 5
  4 |6 2 0
   - 4
     2 2
   - 2 0
       2 0
     - 2 0
         0
```

```
    1 5 5
 ×      4
   1  1
 --------
    6 2 0
```

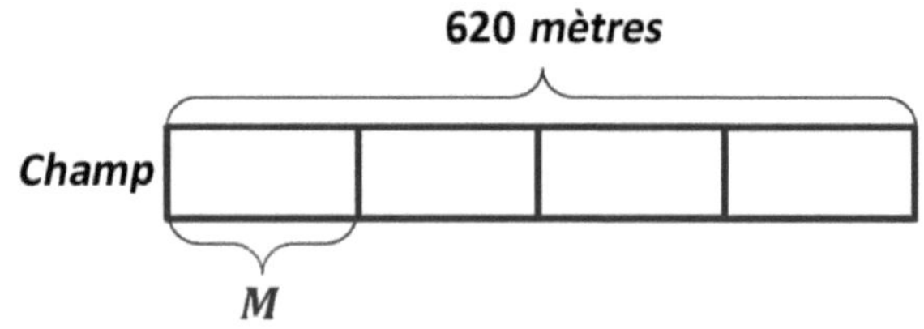

Chaque côté du champ était de 155 mètres.

EUREKA MATH

Nom ______________________________ Date ________________

1. Diviser. Vérifiez votre travail en multipliant. Dessinez les disques sur un graphique de valeur de position selon les besoins.

a. $378 \div 2$

b. $795 \div 3$

c. $512 \div 4$

d. $492 \div 4$

e. $539 \div 3$

f. $862 \div 5$

g. 498 ÷ 3

h. 783 ÷ 5

i. 621 ÷ 4

j. $531 \div 4$

2 Le chien de Selena a effectué un parcours d'obstacles d'une longueur de 932 mètres. Le cours comportait 4 parties, toutes les longueurs étaient égales. Combien de temps a duré 1 partie du cours ?

1. Divisez, puis vérifiez en utilisant la multiplication.

$3,268 \div 4$

$$\begin{array}{r} 8\;1\;7 \\ 4\,\overline{)\,3,268} \\ -\,32 \\ \hline 06 \\ -\,4 \\ \hline 28 \\ -\,28 \\ \hline 0 \end{array}$$

> Je divise tout comme j'ai appris dans Leçons 16,17,27 et 28. Le défi maintenant est que l'ensemble est plus grand, donc j'enregistre les étapes de l'algorithme à l'aide de la division et pas le tableau de valeur de position.

$$\begin{array}{r} 8\;1\;7 \\ \times\quad\;\; 4 \\ \hline 3,\;2\;6\;8 \end{array}$$

> Je vérifie la réponse en multipliant le quotient et le diviseur. Le produit est équivaut à l'ensemble.

2. Une école achète 3 boîtes de crayons. Chaque boîte a un nombre égal de crayons. Il y a 4 272 crayons en tout. Combien de crayons y a-t-il dans 2 boîtes ?

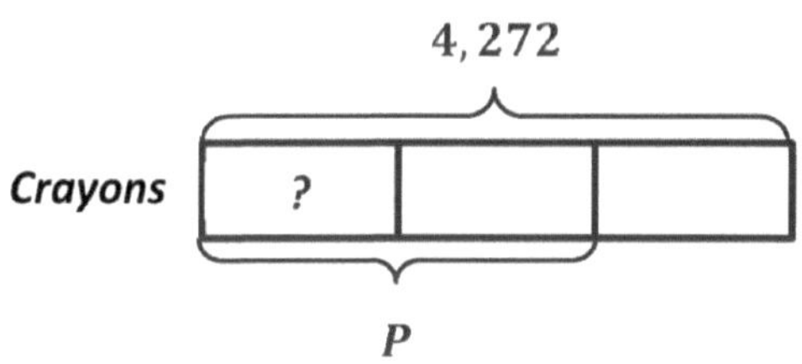

> 3 unités sont égales à 4 272 crayons. Je dois résourdre combien de crayons se trouvent dans les 2 unités.

$$\begin{array}{r} 1,\;4\;2\;4 \\ 3\,\overline{)\,4,272} \\ -\,3 \\ \hline 12 \\ -\,12 \\ \hline 07 \\ -\,6 \\ \hline 12 \\ -\,12 \\ \hline 0 \end{array}$$

$$\begin{array}{r} 1,\;4\;2\;4 \\ \times\qquad\;\; 2 \\ \hline 2,\;8\;4\;8 \end{array}$$

Il y a 2 848 crayons dans 2 boites

> Je multiplie par 2 pour déterminer combien de crayons se trouvent dans les 2 unités.

> Je trouve combien de crayons sont dans l'unité 1 en divisant 4 272 par 3. Il y a 1 424 crayons dans l'unité 1.

Nom ______________________ Date ______________

1. Divisez, puis vérifiez en utilisant la multiplication.

a. 2,464 ÷ 4
b. 1 848 ÷ 3
c. 9,426 ÷ 3

d. 6.587 ÷ 2
e. 5 445 ÷ 3
f. 5 425 ÷ 2

g. 8.467 ÷ 3

h. 8.456 ÷ 3

i. 4.937 ÷ 4

j. $6\,173 \div 5$

2. Un camion a 4 cageots de pommes. Chaque cageot a un nombre égal de pommes. Au total, le camion transporte 1 728 pommes. Combien de pommes y a-t-il dans 3 cageots ?

Diviser. Vérifiez vos solutions en multipliant.

1. $705 \div 2$

```
    3 5 2  R1
2 | 7 0 5
  - 6
    1 0
  - 1 0
      0 5
    -   4
        1
```

Je décompose 1 centaine en 10 dizaines. Il n'y a plus d'autres dizaines à distribuer. Donc, je poursuis la division et cette fois-ci en dizaines.

Une fois je divise les 10 dizaines , il ne reste plus de dizaines. Mais je dois poursuivre la division. Il y a encore 5 unités à diviser.

```
    3 5 2
×       2
---------
    7 0 4

    7 0 4
+       1
---------
    7 0 5
```

2. $6\,250 \div 5$

```
    1  2 5 0
5 | 6, 2 5 0
  - 5
    1  2
  - 1  0
       2 5
     - 2 5
         0 0
       -   0
           0
```

Cette fois quand je divise, il n'y pas d'unités à distribuer. 0 unités divisées par 5 est 0 unités. Je place un 0 dans la place des unités du quotient pour indiquer qu'il n'y as pas d'unités.

```
  1, 2 5 0
×        5
----------
  6, 2 5 0
```

3. $3{,}220 \div 4$

```
       8 0 5
4 | 3, 2 2 0
  - 3  2
       0 2
     -   0
         2 0
       - 2 0
           0
```

2 dizaines ne peuvent pas être uniformément divisées par 4, donc j'enregistre 0 dizaines dans le quotient. Mais je dois poursuivre les étapes de l'algorithme: 0 dizaines fois 4 équivalent à 0 dizaines. 2 dizaines moins 0 dizaines est 2 dizaines.

```
     8 0 5
×        4
----------
  3, 2 2 0
```

Nom ______________________ Date ______________

Diviser. Vérifiez vos solutions en multipliant.

1. $409 \div 5$

2. $503 \div 2$

3. $831 \div 4$

4. $602 \div 3$

5. 720 ÷ 3

6. 6 250 ÷ 5

7. 2.060 ÷ 5

8. 9.031 ÷ 2

9. 6,218 ÷ 4

10. 8 000 ÷ 4

Résolvez les problèmes suivants. Dessinez des diagrammes de bande pour vous aider à résoudre. Identifiez si la taille du groupe ou le nombre de groupes est inconnu.

1. 700 litres d'eau étaient partagés équitablement entre 4 aquariums. De combien de litres d'eau chaque aquarium dispose-t-il ?

700 litres

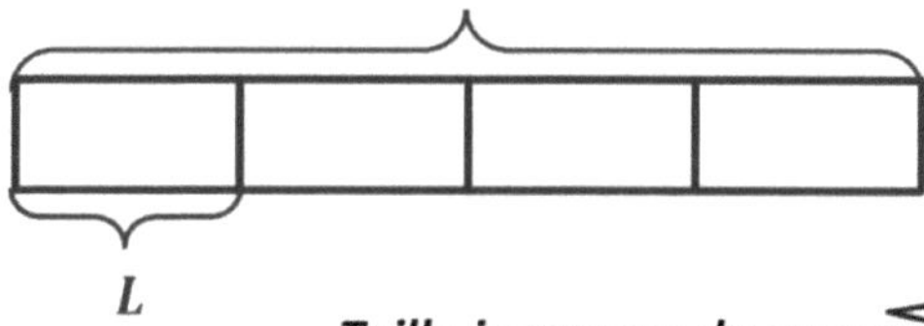

Taille inconnue du groupe.

Je dessine un diagramme en bande pour montrer 4 aquariums. Je dois trouver la valeur de chaque aquarium ou la taille du groupe.

```
     1 7 5
4 | 7 0 0
  - 4
    3 0
  - 2 8
      2 0
    - 2 0
        0
```

Je divise 700 par 4 pour trouver la valeur d'1 aquarium ou un groupe.

Chaque aquarium contient 175 litres d'eau.

2. Emma a séparé 824 beignets dans des boîtes. Chaque boîte contenait 4 beignets. Combien de boîtes de beignets Emma a-t-elle remplies ?

824

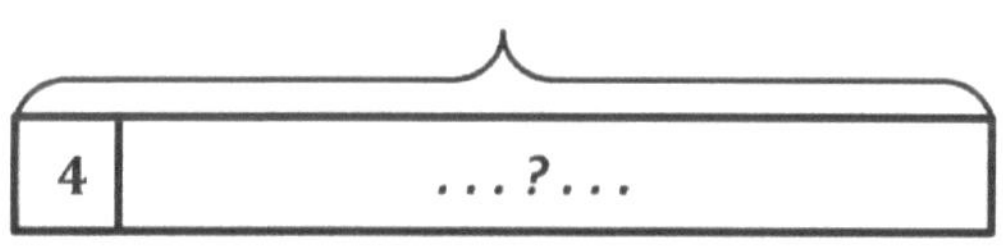

Nombre inconnu de groupes.

J'ignore le nombre de boites qui étaient remplies. Je montre un groupe de 4 . Je dessine trois points, un point d'interrogation et trois points pour indiquer les groupes de 4 se poursuivent.
The number of groups is unknown.

```
     2 0 6
4 | 8 2 4
  - 8
    0 2
    - 0
      2 4
    - 2 4
        0
```

Emma a rempli 206 boites de beignets.

Je divise 824 par 4 pour trouver le nombre de groupes.

Nom ______________________________ Date ______________

Résolvez les problèmes suivants. Dessinez des diagrammes de bande pour vous aider à résoudre. Identifiez si la taille du groupe ou le nombre de groupes est inconnu.

1. 500 millilitres de jus étaient partagés équitablement par 4 enfants. Combien de millilitres de jus chaque enfant a-t-il obtenus ?

2. Kelly a séparé 618 biscuits en sachets. Chaque sachet contenait 3 biscuits. Combien de sachets de biscuits Kelly a-t-elle faits ?

3. Jeff a parcouru la même distance chaque jour pendant 5 jours. S'il a parcouru au total 350 miles, combien de miles parcourait-il chaque jour ?

4. Un morceau de ruban de 876 pouces de long a été coupé par une machine en longues bandes de 4 pouces pour en faire des nœuds. Combien de bandes ont été coupées ?

5. Cinq martiens partagent équitablement 1 940 fruits de Groblarx. Combien de fruits de Groblarx recevront 3 des martiens ?

Résolvez les problèmes suivants. Dessinez des diagrammes de bande pour vous aider à résoudre. S'il y a un reste, ombrez une petite partie du diagramme pour représenter cette partie de l'ensemble.

1. Le clown a 1 649 ballons. Il faut 8 ballons pour faire un ballon en forme d'animal. Combien de ballons en forme d'animal le clown peut-il faire ?

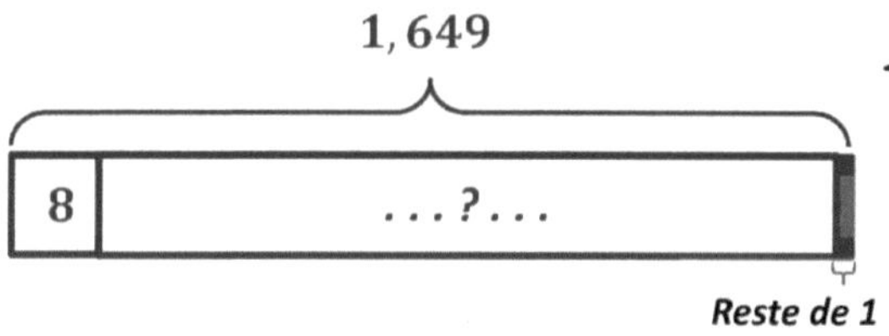

Je connais le total et que la taille des groupes est 8 ballons. Je dois déterminer le nombre de groupes. Je divise 1.649 par 8.

$$
\begin{array}{r}
206 \text{ R}1 \\
8\overline{)1,649} \\
-\ 16 \\
\hline
04 \\
-\ 0 \\
\hline
49 \\
-\ 48 \\
\hline
1
\end{array}
$$

Il en reste un ballon. C'est pas assez pour faire un autre ballon en forme d'animal. Le clown peut faire 206 ballons en forme d'animal. J'ombre une partie du diagramme en bande pour représenter le reste.

Le clown peut faire 206 ballons en forme d'animal.

2. En 7 jours, Cassidy a fait un total de 609 lancers. Si elle a fait le même nombre de lancers chaque jour, combien de lancers a-t-elle faits en une journée ?

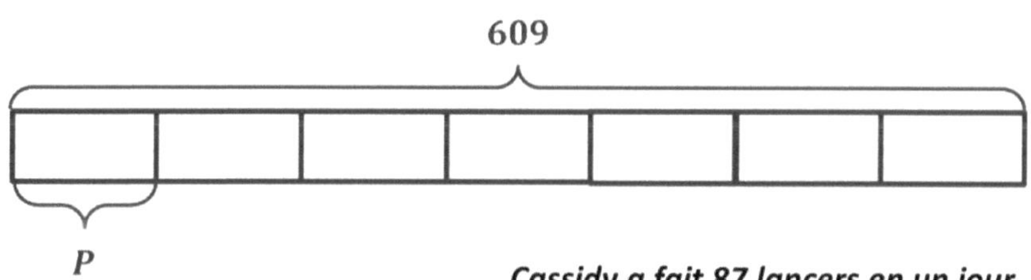

$$
\begin{array}{r}
87 \\
7\overline{)609} \\
-\ 56 \\
\hline
49 \\
-\ 49 \\
\hline
0
\end{array}
$$

Cassidy a fait 87 lancers en un jour.

Je connais le total et que le nombre de groupes est 7 jours. Je dois déterminer la taille des groupes. Je divise 609 par 7.

Nom ______________________________ Date ____________________

Résolvez les problèmes suivants. Dessinez des diagrammes de bande pour vous aider à résoudre. S'il y a un reste, ombrez une petite partie du diagramme pour représenter cette partie de l'ensemble.

1. Meneca a acheté un paquet de 435 cadeaux pour offrir aux invités lors de sa fête d'anniversaire. Elle a calculé qu'elle pouvait donner 9 cadeaux à chaque invité. Combien d'invités attend-elle ?

2. 4 000 crayons ont été donnés à une école primaire. Si 8 salles de classe ont partagé les crayons également, combien de crayons chaque classe a-t-elle reçus ?

3. 2 008 kilogrammes de pommes de terre ont été emballés dans des sacs de 8 kilogrammes chacun. Combien de sacs étaient emballés ?

4. Un boulanger a fait 7 lots de muffins. Il y avait un total de 252 muffins. S'il y avait le même nombre de muffins dans chaque lot, combien de muffins étaient dans un lot ?

5. Samantha a parcouru 3 003 mètres en 7 jours. Si elle a parcouru la même distance chaque jour, jusqu'où Samantha a-t-elle couru ? 3 jours?

1. Tyler a résolu un problème de division en dessinant ce modèle d'aire.

	300	50	9
4	1,200	200	36

Le total de la zone est 1.200 +200+ 36 = 1436 La largeur est 4. La longueur est 300 +50 + 9 = 359. $A \div w = l$.

a. Quel problème de division a-t-il résolu ?

Tyler a résolu $\mathbf{1,436 \div 4 = 359.}$

b. Affichez une liaison numérique pour représenter le modèle d'aire de Tyler et représentez la longueur totale à l'aide de la propriété distributive.

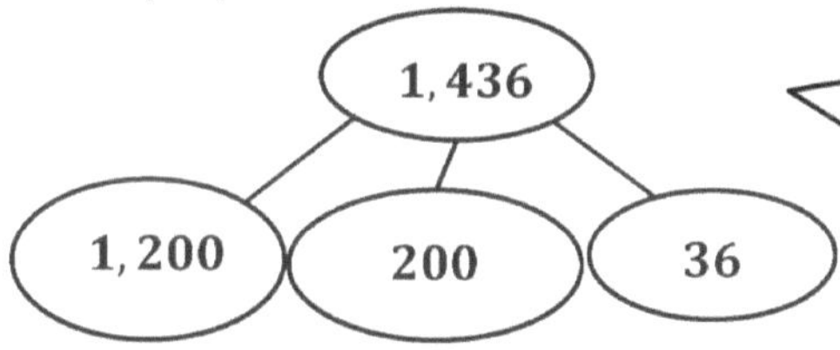

Ma liaision numérique indique le même ensemble et les parties comme modèle d'aire. Pour représenter la longueur, je divise chaque des plus petites aires par la largeur de 4.

$$(1,200 \div 4) + (200 \div 4) + (36 \div 4)$$

$$= 300 + 50 + 9$$

$$= 359$$

2.

a. Dessinez un modèle d'aire à résoudre $591 \div 3$.

Je décompose la zone de 591 en plus petites parties qui sont faciles à diviser par 3. Je commence par les centaines. Je distribue 3 centaines. La zone restante à distribuer est 291. Je distribue 27 dizaines. La zone restante à distribuer est 21 unités. Je distribue les unités. J'ai une longueur latérale de 100 + 90 + 7 = 197.

	100	90	7
3	300	270	21

$$591 \div 3 = 197$$

3 centaines, 27 dizaines et 21 unités sont toutes les multiples de 3 qui est la largeur et le diviseur.

b. Dessinez une liaison numérique pour représenter ce problème.

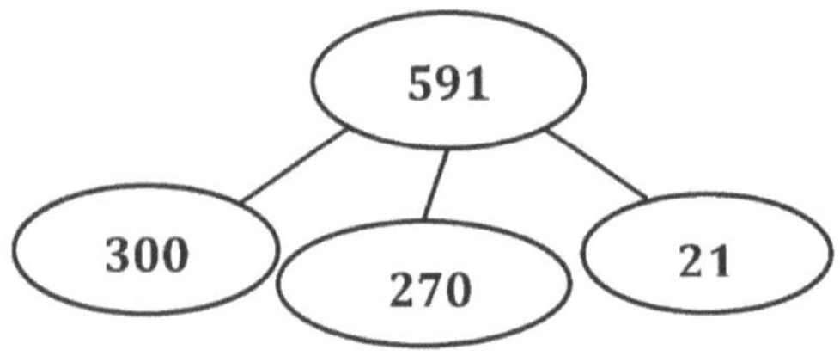

$(300 \div 3) + (270 \div 3) + (21 \div 3)$

$= 100 + 90 + 7$

$= 197$

Ma liaision numérique indique le même ensemble et les parties comme modèle de zone. Pour représenter la longueur, je divise chaque des plus petites zones par la largeur de 3. j'obtiens 100 + 90 + 7 = 197 .

c. Enregistrez votre travail en utilisant l'algorithme de division longue.

$$\begin{array}{r} 197 \\ 3\overline{)591} \\ -3 \\ \hline 29 \\ -27 \\ \hline 21 \\ -21 \\ \hline 0 \end{array}$$

Nom ______________________________ Date ______________

1. Arabelle a résolu le problème de division suivant en dessinant un modèle d'aire.

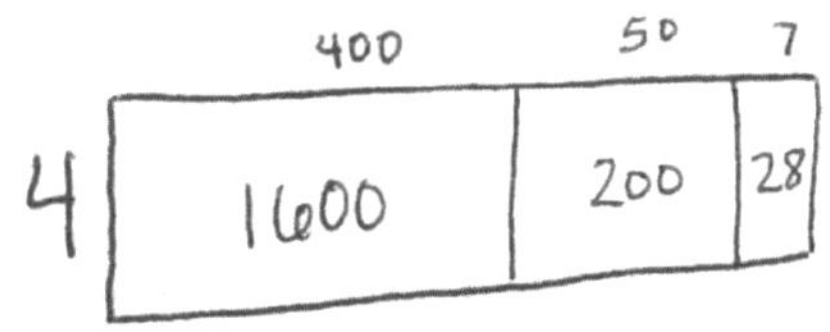

a. Quel problème de division a-t-elle résolu ?

b. Affichez une liaison numérique pour représenter le modèle d'aire d'Arabelle et représentez la longueur totale à l'aide de la propriété distributive.

2. a. Résolvez 816 ÷ 4 en utilisant le modèle d'aire. Il n'y a pas de reste dans ce problème.

b. Dessinez un lien numérique et utilisez une méthode écrite pour enregistrer votre travail à partir de la partie (a).

3. a. Tracez un modèle d'aire pour résoudre 549 ÷ 3.

b. Dessinez un lien numérique pour représenter ce problème.

c. Enregistrez votre travail en utilisant l'algorithme de division longue.

---

4. a Tracez un modèle d'aire pour résoudre 2 762 ÷ 2.

b. Dessinez un lien numérique pour représenter ce problème.

c. Enregistrez votre travail en utilisant l'algorithme de division longue.

1. Utilisez la propriété associative pour réécrire chaque expression. Résolvez à l'aide de disques, puis effectuez les phrases numériques.

Je renomme 30 comme (3x 10) et ensuite je groupe le facteur de 10 avec 27.

30×27

$= (3 \times 10) \times \underline{27}$

$= 3 \times (10 \times \mathbf{27})$

$= \mathbf{810}$

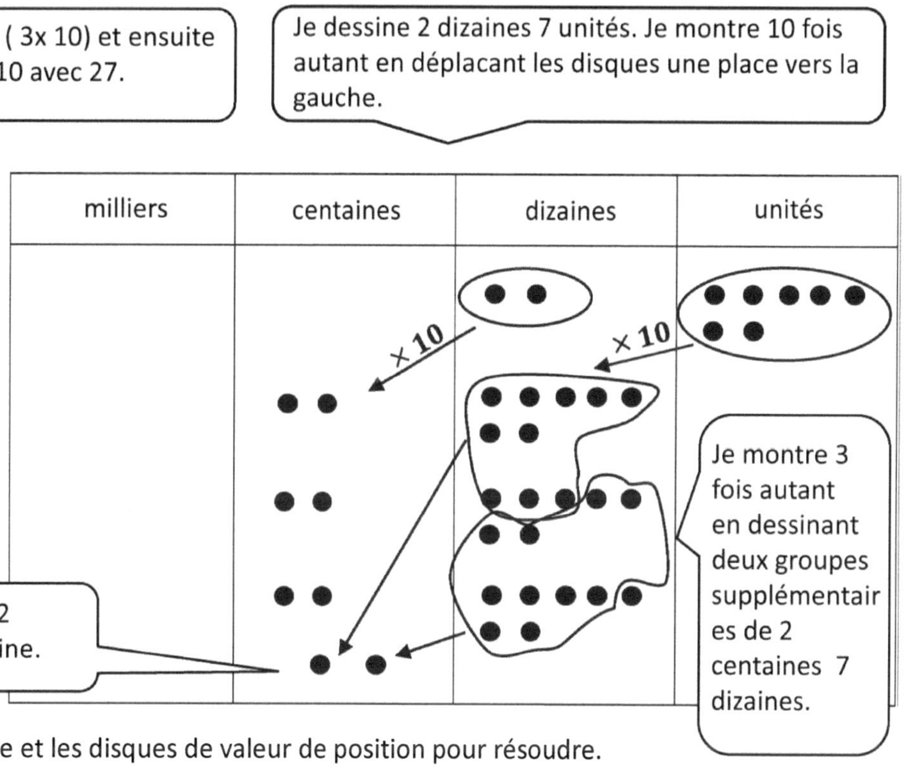

2. Utilisez la propriété associative et les disques de valeur de position pour résoudre.

20×28

$= (\mathbf{2} \times \mathbf{10}) \times \mathbf{28}$

$= \mathbf{2} \times (\mathbf{10} \times \mathbf{28})$

$= \mathbf{560}$

En décomposant 20 en 2 et 10,1 considère le produit étant deux fois autant que 28 dizaines.

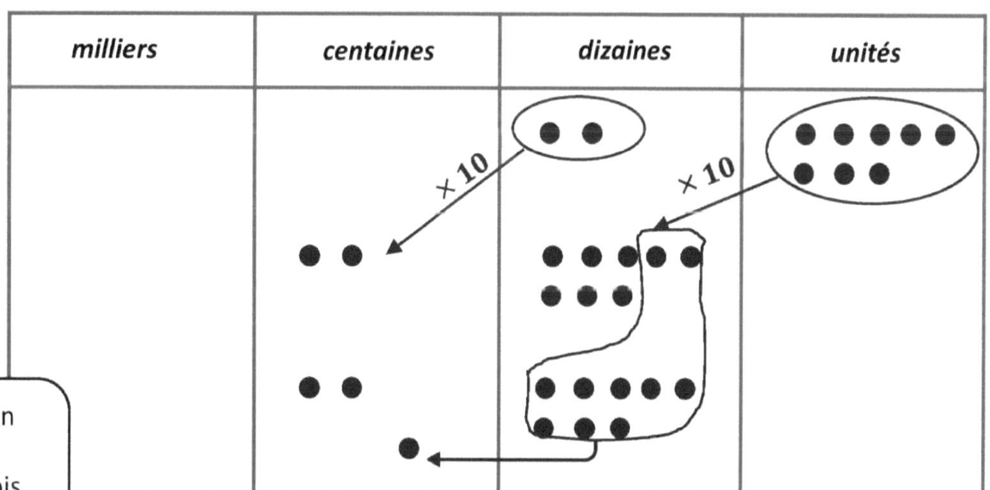

3. Utilisez la propriété associative sans disques de valeur de position à résoudre.

60×54
$= (\mathbf{6 \times 10}) \times \mathbf{54}$
$= \mathbf{6 \times (10 \times 54)}$
$= \mathbf{3,240}$

$$\begin{array}{r} 5\ 4\ 0 \\ \times \quad\ \ 6 \\ \hline {}^{1}\quad \\ 3,\ 2\ 4\ 0 \end{array}$$

Je renomme 60 en tant que 6 x 10. Dix fois autant que 54 unités est 54 dizaines. Je multiplie 6 fois 540.

4. Utilisez la propriété distributive pour résoudre les problèmes suivants. Distribuez le deuxième facteur.

40×56
$= (\mathbf{40} \times \mathbf{50}) + (\mathbf{40} \times \mathbf{6})$
$= \mathbf{2,000} + \mathbf{240}$
$= \mathbf{2,240}$

J'utilise langue de l'unité pour m'aider à résoudre mentalement. Quatre dizaines fois 5 dizaines est 20 centaines. Et 4 dizaines fois 6 unités est 24 dizaines.

Nom ______________________________ Date ________________

1. Utilisez la propriété associative pour réécrire chaque expression. Résolvez à l'aide de disques, puis complétez les phrases numériques.

a. 20 × 34

= (___ × 10)

= ___ × (10 × 34)

= _____

centaines	dizaines	unités

b. 30 × 34

= (3 × 10) × ___

= 3 × (10 × ___)

= _____

milliers	centaines	dizaines	unités

c. 30 × 42

= (3 × ___) × ___

= 3 × (10 × ___)

= _____

milliers	centaines	dizaines	unités

2. Utilisez la propriété associative et les disques de valeur de position pour résoudre.
   a. 20 × 16
   b. 40 × 32

3. Utilisez la propriété associative sans disques de valeur de position à résoudre.
   a. 30 × 21
   b. 60 × 42

4. Utilisez la propriété distributive pour résoudre le problème suivant. Distribuez le deuxième facteur.
   a. 40 × 43
   b. 70 × 23

1. Utilisez un modèle d'aire pour représenter l'expression suivante. Alors, enregistrez les produits partiels verticalement et résolvez.

40×27

J'écris 40 comme la largeur et décompose 27 comme 20 et 7 pour la longueur.

	20	7
40	40×20 4 dizaines x 2 dizaines *8 centaines* 800	40×7 4 dizaines x 7 unités *28 dizaines* 280

Je résous pour chaque des plus petites zones.

$$\begin{array}{r} 2\ 7 \\ \times\ 4\ 0 \\ \hline 2\ 8\ 0 \\ +\ 8\ 0\ 0 \\ \hline 1,\ 0\ 8\ 0 \end{array}$$

J'enregistre les produits partiels. Les produits partiels ont la même valeur que les zones des plus petits rectangles.

2. Visualisez le modèle d'aire et résolvez numériquement l'expression suivante.

30×66

$$\begin{array}{r} 6\ 6 \\ \times\ 3\ 0 \\ \hline 1\ 8\ 0 \\ +\ 1,\ 8\ 0\ 0 \\ \hline 1,\ 9\ 8\ 0 \end{array}$$

Pour résoudre, je visualise le modèle d'aire. Je vois que la largeur en tant que 30 et la longueur en tant que 60 + 6. 3 dizaines X 6 unités – 18 dizaines. 3 dizaines x 6 dizaines = 18 centaines. J'enregistre les produits partiels. Je trouve le total. 180+ 1800= 1980.

Nom ______________________________ Date ________________

Utilisez un modèle d'aire pour représenter les expressions suivantes. Ensuite, enregistrez les produits partiels et résolvez.

1. 30 × 17

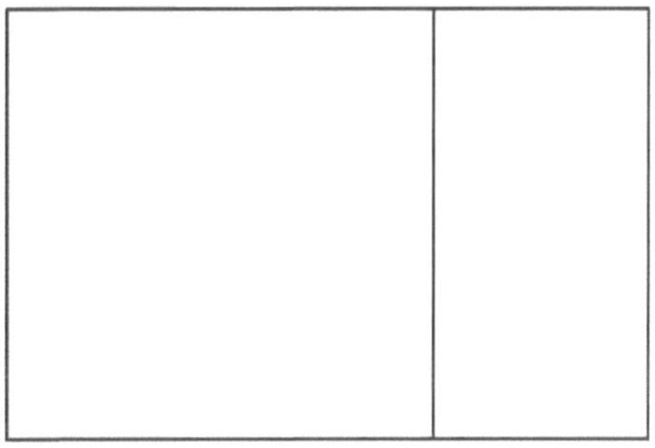

```
    1 7
  × 3 0
  _____
  _____
+ _____
```

2. 40 × 58

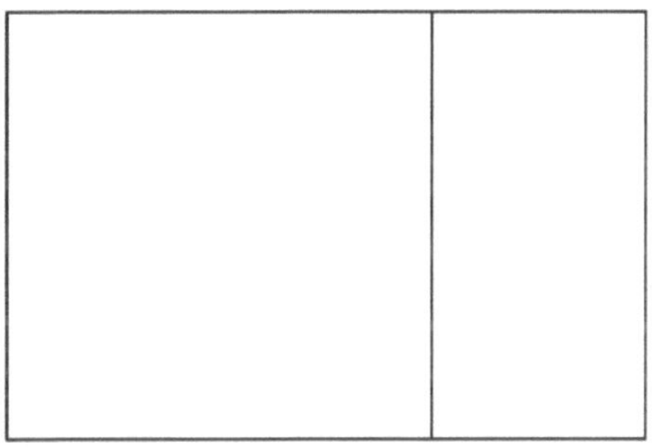

```
    5 8
  × 4 0
  _____
  _____
+ _____
```

3. 50 × 38

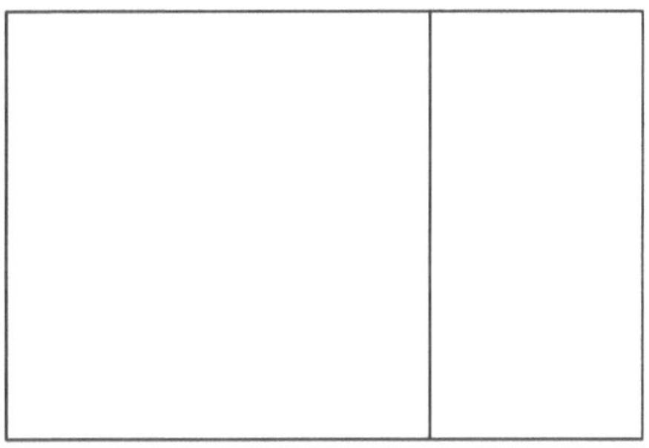

```
    3 8
  × 5 0
  _____
  _____
+ _____
```

Dessinez un modèle d'aire pour représenter les expressions suivantes. Ensuite, enregistrez les produits partiels verticalement et résolvez.

4. 60 × 19

5. 20 × 44

Visualisez le modèle d'aire et résolvez numériquement les expressions suivantes.

6. 20 × 88

7. 30 × 88

8. 70 × 47

9. 80 × 65

1.

a. Dans chacun des deux modèles illustrés ci-dessous, écrivez les expressions qui déterminent l'aire de chacun des quatre petits rectangles.

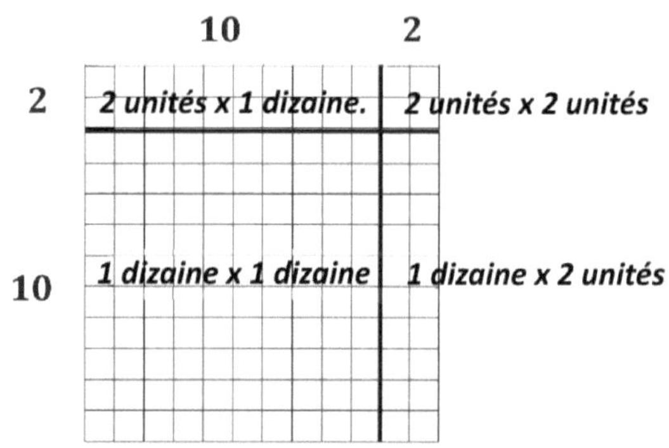

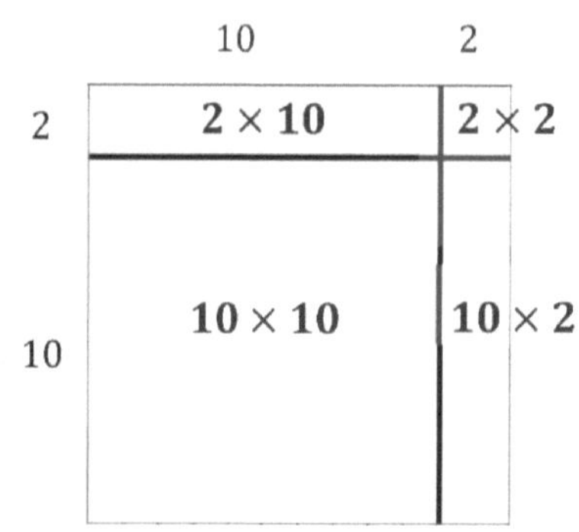

J'écris les expressions qui déterminent l'aire de chacun des plus petits rectangles. L'aire de chacun plus petit rectangle est égal à sa largeur fois sa longueur. Je peux écrire les expressions en forme d'unité ou forme standard.

b. En utilisant la propriété distributive, réécrivez l'aire du grand rectangle comme la somme des zones des quatre petits rectangles. Exprimez d'abord l'aire sous forme numérique puis lisez-la sous forme unitaire.

$12 \times 12 = (2 \times \underline{\textbf{2}}) + (2 \times \underline{\textbf{10}}) + (10 \times \underline{\textbf{2}}) + (10 \times \underline{\textbf{10}})$

J'écris les expressions des surfaces des quatre plus petits rectangles. J'utilise les modèles d'aire pour m'aider. I dis, "12 x 12 = (2 unités x 2 unités) + (2 unités x 1 dizaine) + (1 dizaine x 2 unités) + (1 dizaine x 1 dizaine)."

2. Utilisez un modèle d'aire pour représenter l'expression suivante. Enregistrez les produits partiels verticalement et résolvez.

15×33

	30	3
5	**5 unités x 3 dizaines**	**5 unités × 3 *unités***
10	**1 dizaine x 3 dizaines**	**1 dizaine x 3 unités**

$$\begin{array}{r} 3\ 3 \\ \times\ 1\ 5 \\ \hline 1\ 5 \\ 1\ 5\ 0 \\ 3\ 0 \\ +\ 3\ 0\ 0 \\ \hline 4\ 9\ 5 \end{array}$$

J'écris les expressions qui représentent les aires des quatre plus petits rectangles. J'enregistre chaque produit partiel verticalement. Pour trouver la somme des aires des quatre plus petits rectangles.

3. Visualisez le modèle d'aire et résolvez le suivant numériquement en utilisant quatre produits partiels. (Vous pouvez esquisser un modèle d'aire si cela vous aide.)

$$\begin{array}{r} 3\ 7 \\ \times\ 1\ 3 \\ \hline 2\ 1 \\ 9\ 0 \\ 7\ 0 \\ +\ 3\ 0\ 0 \\ \hline 4\ 8\ 1 \end{array}$$

	30	7
3	**3 unités x 3 dizaines.**	**3 unités x 7 unités**
10	**1 dizaine x 3 dizaines**	**1 dizaine x 7 unités**

Pour résoudre, je visualise le modèle d'aire. J'enregistre les produits partiels. Je trouve le total.

EUREKA MATH

Nom ______________________________ Date ____________________

1. a. Dans chacun des deux modèles illustrés ci-dessous, écrivez les expressions qui déterminent l'aire de chacun des quatre petits rectangles.

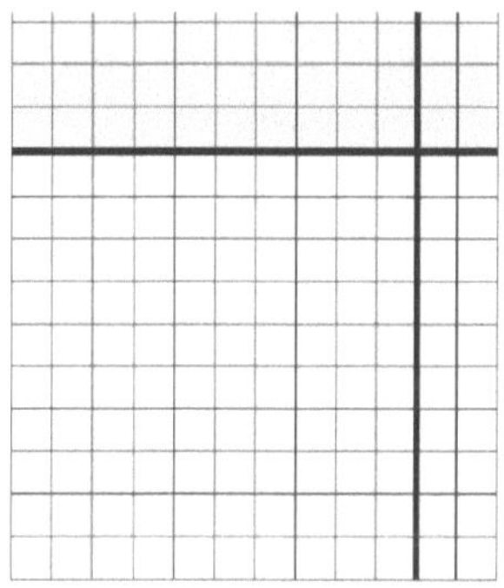

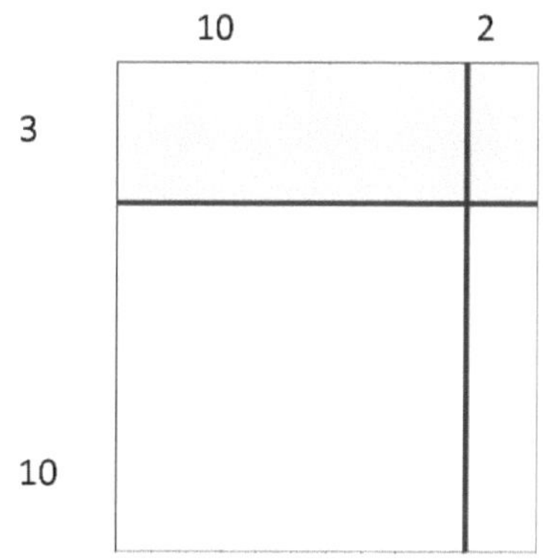

b. En utilisant le distributif , réécrivez l'aire du grand rectangle comme la somme des zones des quatre plus petits rectangles. Exprimez d'abord sous forme de nombre, puis lisez sous forme d'unité.

13 × 12 = (3 × ___) + (3 × ___) + (10 × ___) + (10 × ___)

Utilisez un modèle d'aire pour représenter l'expression suivante. Enregistrez les produits partiels et résolvez.

2. 17 × 34

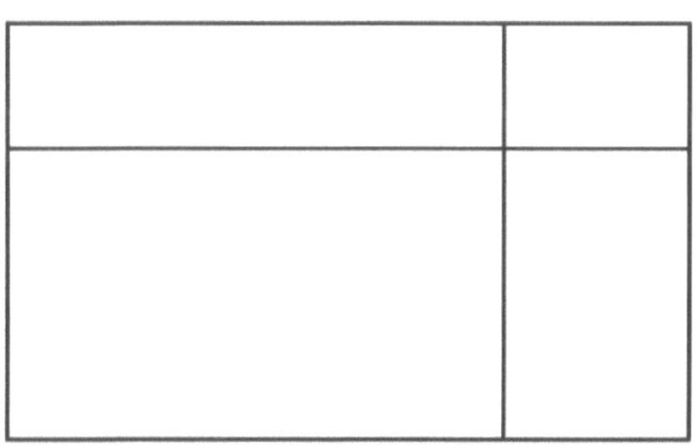

```
    3 4
  × 1 7
  -----
  _____
  _____
+ _____
  =====
```

Dessinez un modèle d'aire pour représenter les expressions suivantes. Enregistrez les produits partiels verticalement et résolvez.

3. 45×18

4. 45×19

Visualisez le modèle d'aire et résolvez ce qui suit numériquement en utilisant quatre produits partiels. (Vous pouvez esquisser un modèle d'aire si cela vous aide..)

5. 12×47

6. 23×93

7. 23×11

8. 23×22

1. Résolvez 37×54 en utilisant 4 produits partiels et 2 produits partiels. N'oubliez pas de penser en termes d'unités lorsque vous résolvez. Écrivez une expression pour trouver l'aire de chaque petit rectangle dans le modèle d'aire. Faites correspondre chaque produit partiel à son aire sur les modèles.

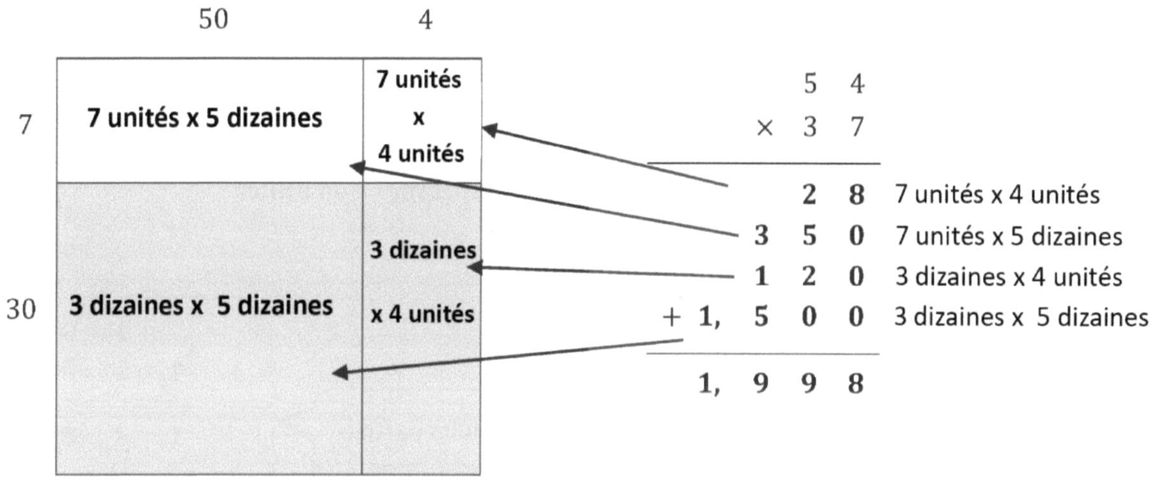

Je résous à l'aide des 4 produits partiels. C'est tout comme j'ai fait dans Leçon 36.

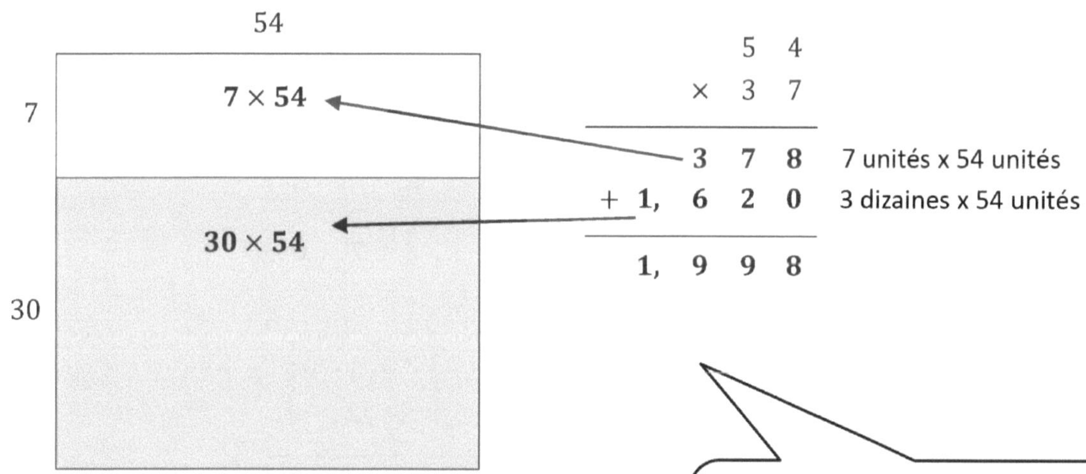

Pour montrer 2 produits partiels, je combine les valeurs des deux rectangles supérieurs et je combine les valeurs des deux rectangles inférieurs.

Je sais un produit partiel est représenté par une partie blanche du grand rectangle. L'autre produit partiel est représenté par une partié ombrée.

2. Résolvez 38×46 en utilisant 2 produits partiels et un modèle d'aire. Faites correspondre chaque produit partiel à son aire sur le modèle.

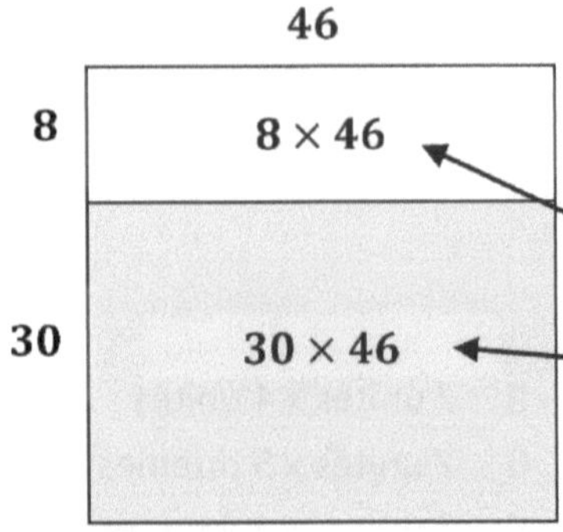

$$\begin{array}{rrrr} & & 4 & 6 \\ \times & & 3 & 8 \\ \hline & 3 & 6 & 8 \\ + \; 1, & 3 & 8 & 0 \\ & {\scriptstyle 1} & & \\ \hline 1, & 7 & 4 & 8 \end{array}$$

8 unités x 46 unités
3 dizaines x 46 unités

$$\begin{array}{rrr} & 4 & 6 \\ \times & & 8 \\ & {\scriptstyle 4} & \\ \hline 3 & 6 & 8 \end{array}$$

$$\begin{array}{rrrr} & & 4 & 6 \\ & \times & 3 & 0 \\ \hline & 1 & 8 & 0 \\ + \; 1, & 2 & 0 & 0 \\ \hline 1, & 3 & 8 & 0 \end{array}$$

Je résous pour les produits partiels et ensuite je trouve leur somme.

3. Résolvez les problèmes suivants en utilisant 2 produits partiels. Visualisez le modèle d'aire pour vous aider.

$$\begin{array}{rrrr} & & 7 & 4 \\ & \times & 2 & 5 \\ \hline & 3 & 7 & 0 \\ + \; 1, & 4 & 8 & 0 \\ & {\scriptstyle 1} & & \\ \hline 1, & 8 & 5 & 0 \end{array}$$

5×74
20×74

$$\begin{array}{rrr} & 7 & 4 \\ \times & & 5 \\ & {\scriptstyle 2} & \\ \hline 3 & 7 & 0 \end{array}$$

$$\begin{array}{rrrr} & & 7 & 4 \\ & \times & 2 & 0 \\ \hline & & 8 & 0 \\ + \; 1, & 4 & 0 & 0 \\ \hline 1, & 4 & 8 & 0 \end{array}$$

Je visualise les 2 produits partiels de 5 unités x 74 et 2 dizaines x 74. Je résous pour les produits partiels et ensuite trouve leur somme.

EUREKA MATH

Nom ______________________________ Date ________________

1. Résolvez 26 × 34 en utilisant 4 produits partiels et 2 produits partiels. N'oubliez pas de penser en termes d'unités lorsque vous résolvez. Écrivez une expression pour trouver l'aire de chaque plus petite rectangle dans le modèle d'aire.

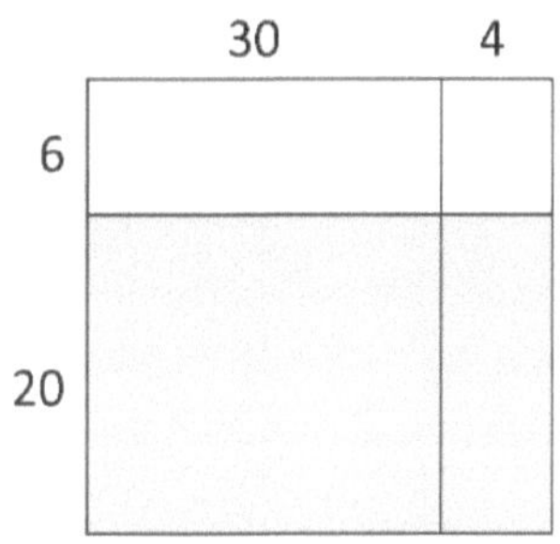

$$\begin{array}{r} 3\ 4 \\ \times\ 2\ 6 \\ \hline \end{array}$$

6 unités x 4 unités

6 unités x 3 dizaines

2 dizaines x 4 unités

2 dizaines x 3 dizaines

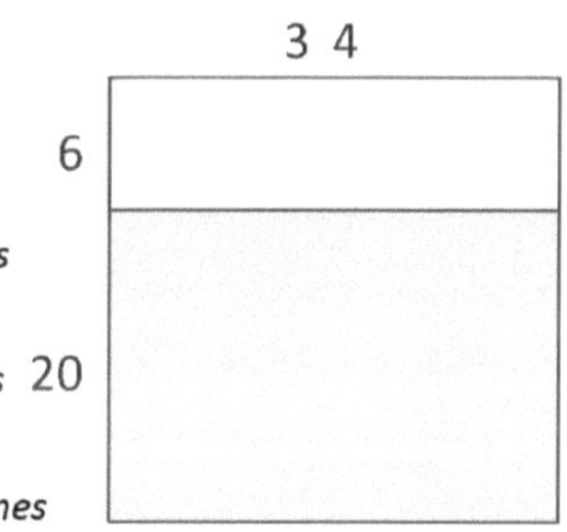

$$\begin{array}{r} 3\ 4 \\ \times\ 2\ 6 \\ \hline \end{array}$$

6 unités x 34 unités

2 dizaines x 34 unités

2. Résolvez en utilisant 4 produits partiels et 2 produits partiels. N'oubliez pas de penser en termes d'unités lorsque vous résolvez. Écrivez une expression pour trouver l'aire de chaque rectangle plus petit dans le modèle d'aire.

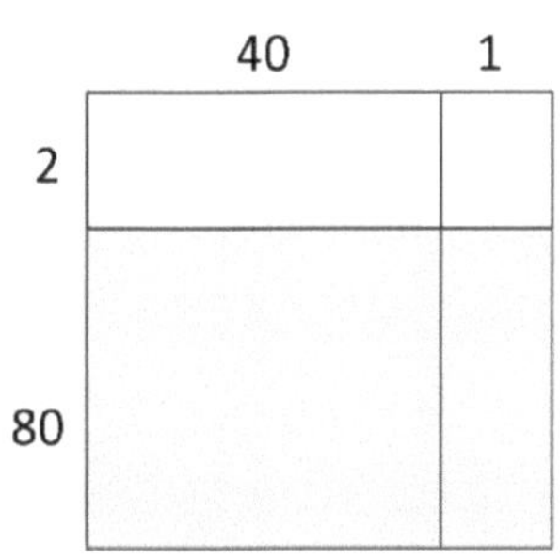

$$\begin{array}{r} 4\ 1 \\ \times\ 8\ 2 \\ \hline \end{array}$$

2 unités x 1 unité

2 unités x 4 dizaines

8 dizaines x 1 unité

8 dizaines x 4 dizaines

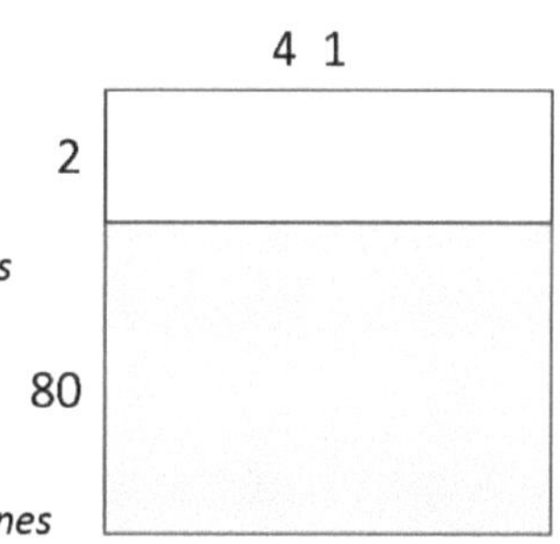

$$\begin{array}{r} 4\ 1 \\ \times\ 8\ 2 \\ \hline \end{array}$$

2 unités x 41 unités

8 dizaines x 41 unités

3. Résolvez 52 × 26 en utilisant 2 produits partiels et un modèle d'aire. Faites correspondre chaque produit partiel à son aire sur le modèle.

4. Résolvez les problèmes suivants en utilisant 2 produits partiels. Visualisez le modèle d'aire pour vous aider.

a.
```
    6 8
  × 2 3
  -----
         ____ × ____
  -----
         ____ × ____
  -----
```

b.
```
    4 9
  × 3 3
  -----
         ____ × ____
  -----
         ____ × ____
  -----
```

c.
```
    1 6
  × 2 5
  -----
```

d.
```
    5 4
  × 7 1
  -----
```

1. Exprimez 38×53 comme deux produits partiels en utilisant la propriété distributive. Résolvez.

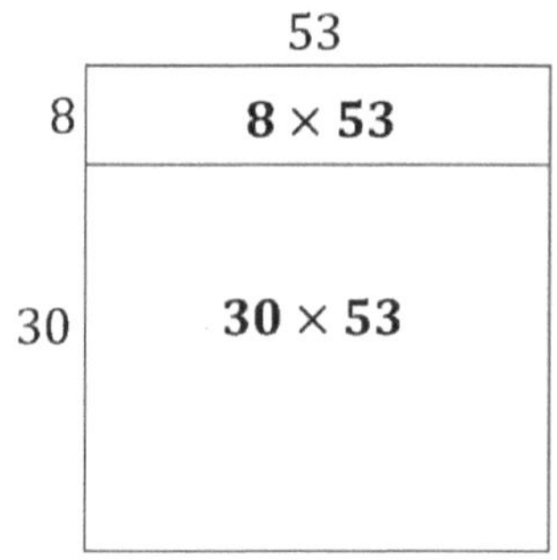

$38 \times 53 =$ (8 cinquante-trois) + (30 cinquante-trois)

$$\begin{array}{rrrrl} & & 5 & 3 & \\ & \times & 3 & 8 & \\ \hline & & 4 & 2 & 4 \quad 8 \times 53 \\ + & 1, & 5 & 9 & 0 \quad 30 \times 53 \\ \hline & {}^{1} & {}^{1} & & \\ 2, & 0 & 1 & 4 & \end{array}$$

> Je peux résoudre pour chacun des produits partiels et trouver leur somme pour vérifier que j'ai correctement résolu l'algorithme 2-chiffres par 2-chiffres.

$$\begin{array}{rrr} & 5 & 3 \\ \times & & 8 \\ \hline & {}^{2} & \\ 4 & 2 & 4 \end{array} \qquad \begin{array}{rrrr} & & 5 & 3 \\ & \times & 3 & 0 \\ \hline & & 9 & 0 \\ + \ 1, & 5 & 0 & 0 \\ \hline 1, & 5 & 9 & 0 \end{array}$$

2. Exprimez 34×44 comme deux produits partiels en utilisant la propriété distributive. Résolvez.

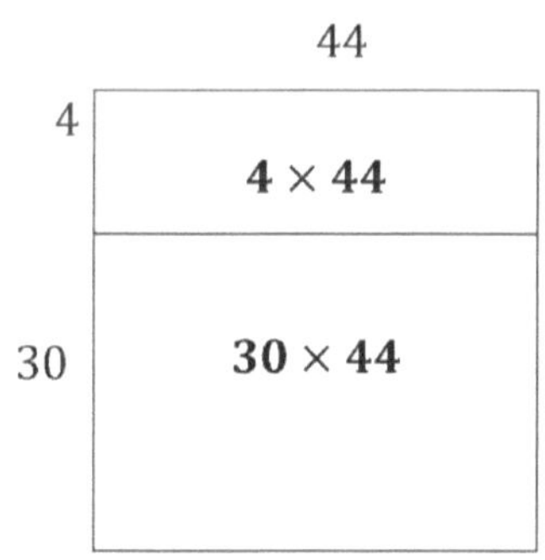

$34 \times 44 = (\underline{4} \times \underline{44}) + (\underline{30} \times \underline{44})$

$$\begin{array}{rrrrl} & & 4 & 4 & \\ & \times & 3 & 4 & \\ \hline & 1 & 7 & 6 & \quad 4 \times 44 \\ + \ 1, & 3 & 2 & 0 & \quad 30 \times 44 \\ \hline 1, & 4 & 9 & 6 & \end{array}$$

$$\begin{array}{rrr} & 4 & 4 \\ \times & & 4 \\ \hline & {}^{1} & \\ 1 & 7 & 6 \end{array} \qquad \begin{array}{rrrr} & & 4 & 4 \\ & \times & 3 & 0 \\ \hline & 1 & 2 & 0 \\ + \ 1, & 2 & 0 & 0 \\ \hline 1, & 3 & 2 & 0 \end{array}$$

3. Résolvez ce qui suit en utilisant deux produits partiels.

			6	2	
		×	4	3	
		1	8	6	3 × 62
+	2,	4	8	0	40 × 62
		~~1~~			
	2,	6	6	6	

Je considère 3 soixante-deux + 40 soixante-deux.

4. Résolvez en utilisant l'algorithme de multiplication.

62×36

			3	6
		×	6	2
			~~1~~	
			7	2
		~~3~~		
+	2,	1	6	0
		1		
	2,	2	3	2

2 unités x 6 unités = 12 unités. Je représente 12 unités en tant que 1 dizaine 2 unités.

2 unités x 3 dizaines= 6 dizaines 6 dizaines+ 1 dizaine=7 dizaines Je raie 1 dizaine pour montrer que je l'ajoute aux 6 dizaines.

6 dizaines x 6 unités = 36 dizaines. Je représente 36 dizaines en tant que 3 centaines 6 dizaines 0 unités.

6 dizaines x 3 dizaines= 18 centaines. 18 centaines + 3 centaines = 21 centaines. Je raie 3 centaines pour montrer que je les ajoute aux 18 centaines.

Nom ______________________________ Date ____________

1. Exprimez 26 × 43 as deux produits partiels en utilisant la propriété distributive. Résolvez.

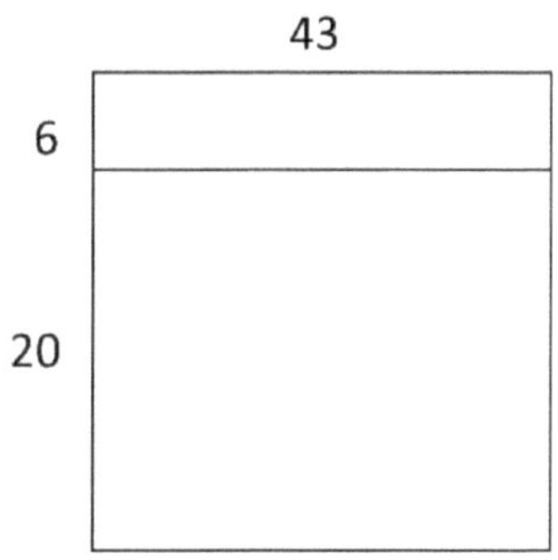

26 × 43 = (____ quarante-trois) + (____ quarante-trois)

```
     4 3
  ×  2 6
  ------
  ______   6 × _____
  ______   20 × _____
```

2. Exprimez 47 × 63 comme deux produits partiels en utilisant la propriété distributive. Résolvez.

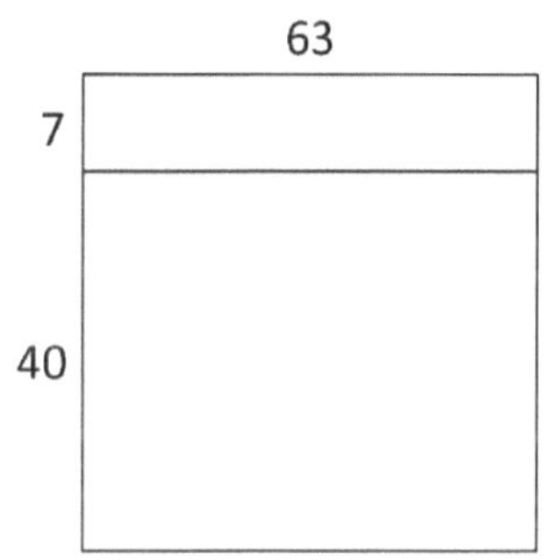

47 × 63 = (____ soixante-trois) + (____ soixante-trois)

```
     6 3
  ×  4 7
  ------
  ______   _____ × _____
  ______   _____ × _____
```

3. Exprimez 54 × 67 comme deux produits partiels en utilisant la propriété distributive. Résolvez.

54 × 67 = (___ × ____) + (___ × ____)

```
     6 7
  ×  5 4
  ------
  ______   _____ × _____
  ______   _____ × _____
```

4. Résolvez les problèmes suivants à l'aide de deux produits partiels.

$$\begin{array}{r} 52 \\ \times\ 34 \\ \hline \end{array}$$

____ × ____

____ × ____

5. Résolvez en utilisant l'algorithme de multiplication.

$$\begin{array}{r} 86 \\ \times\ 56 \\ \hline \end{array}$$

____ × ____

____ × ____

6. 54 × 52

7. 44 × 76

8. 63×63

9. 68×79

4e année
Module 4

1. Utilise les instructions suivantes pour dessiner une forme dans la case ci-dessous.
   a. Trace deux points : J et K.
   b. Utilise une règle pour dessiner $\overleftrightarrow{JK}$. — Je lis cela comme "ligne JK".
   c. Dessine un nouveau point sur $\overleftrightarrow{JK}$. Étiquette-le L.
   d. Dessine un point qui n'est pas sur $\overleftrightarrow{JK}$. Étiquette-le M.
   e. Construit $\overline{LM}$. — Je lis cela comme "segment de ligne LM".
   f. Utilise les points que tu as déjà étiquetés pour nommer deux angles. $\angle JLM, \angle MLK$
   g. Identifie les angles que tu as étiquetés en dessinant un arc pour indiquer leurs positions.

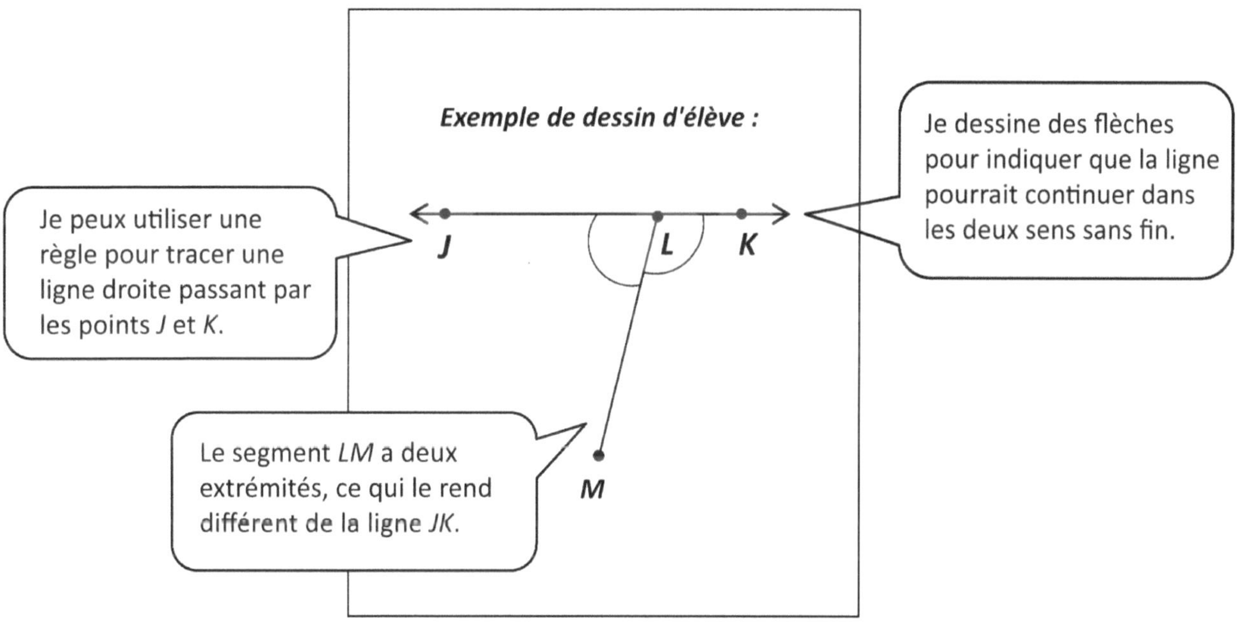

2.

a. Observe les formes familières ci-dessous. Marque quelques points sur chaque forme.

b. Utilise ces points pour étiqueter et nommer les représentations de chacun des éléments suivants dans le tableau ci-dessous : rayon, ligne, segment de ligne et angle. Agrandis les segments pour afficher les lignes et les rayons.

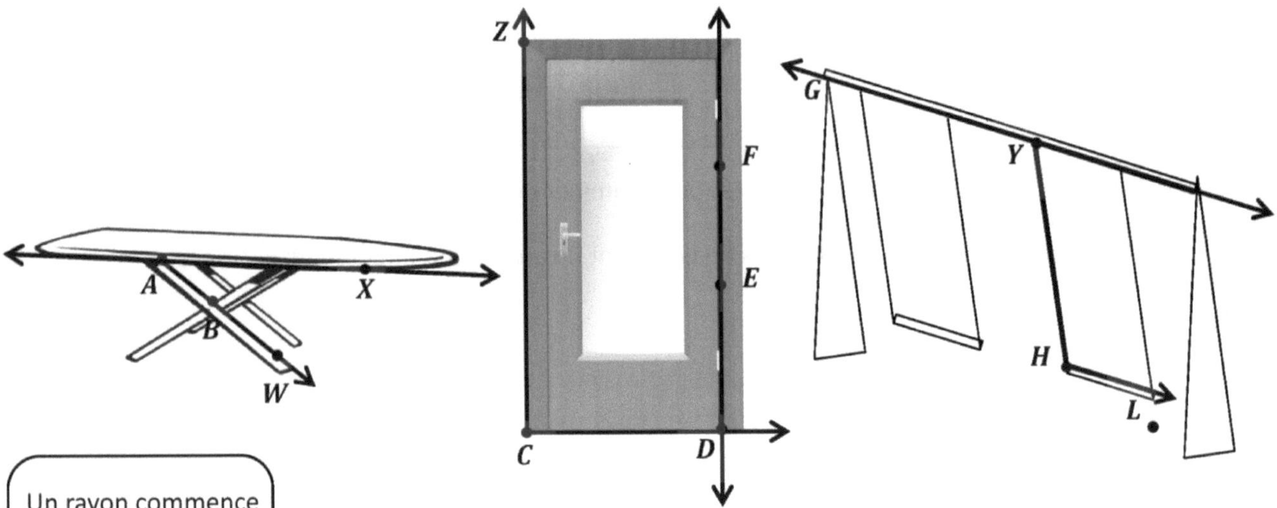

Un rayon commence en un point et s'étend indéfiniment dans une direction.

	Planche à repasser	Porte	Balançoires
Rayon	$\overrightarrow{AW}$	$\overrightarrow{CD}$	$\overrightarrow{HL}$
Ligne	$\overleftrightarrow{AX}$	$\overleftrightarrow{DF}$	$\overleftrightarrow{GY}$
Segment de ligne	$\overline{AB}$	$\overline{EF}$	$\overline{YH}$
Angle	$\angle WAX$	$\angle ZCD$	$\angle YHL$

J'écris les symboles pour l'angle ($\angle$), segment ($\overline{\ \ }$), rayon ($\overrightarrow{\ \ }$), et ligne ($\overleftrightarrow{\ \ }$).

Nom ______________________________ Date ______________

1. Utilise les instructions suivantes pour dessiner une forme dans la case à droite.

   a. Dessine deux points : W et X.

   b. Utilise une règle pour dessiner $\overrightarrow{JK}$.

   c. Dessine un nouveau point qui n'est pas sur $\overrightarrow{JK}$. Étiquette-le Y.

   d. Dessine $\overline{WX}$.

   e. Dessine un point qui n'est $\overrightarrow{JK}$ pas sur ou $\overline{WX}$. Appelle-le Z.

   f. Construis $\overline{GH}$.

   g. Utilise les points que tu as déjà étiquetés pour nommer un angle. ____________

2. Utilise les instructions suivantes pour dessiner une forme dans la case à droite.

   a. Dessine deux points : W et X.

   b. Utilise une règle pour dessiner $\overrightarrow{WX}$.

   c. Dessine un nouveau point qui n'est pas sur WX . Étiquette-le Y.

   d. Dessine $\overline{WX}$.

   e. Dessine un nouveau point qui n'est pas sur $\overline{WY}$ ou sur la ligne contenant $\overline{WX}$. Étiquette-le Z.

   f. Construis $\overleftrightarrow{YZ}$.

   g. Identifie $\angle ZWX$ en dessinant un arc pour indiquer la position de l'angle.

   h. Identifie un autre angle en référençant des points que tu as déjà dessinés. ____________

3. a. Observe les formes familières ci-dessous. Marque quelques points sur chaque forme.

   b. Utilise ces points pour étiqueter et nommer les représentations de chacun des éléments suivants dans le tableau ci-dessous : rayon, ligne, segment de ligne et angle. Agrandis les segments pour afficher les lignes et les rayons.

	Horloge	**Dé**	**Ligne Numérique**
Rayon			
Ligne			
Segment de ligne			
Angle			

Extension : Fais un dessin d'une forme familière. Étiquette avec des points, puis identifie les rayons, les lignes, les segments de ligne et les angles, si nécessaire.

Je peux refaire un modèle à angle droit en utilisant un cercle de papier. Je le plie en quatre et j'utilise le coin carré.

1. Utilise le modèle d'angle droit que tu as fait en classe pour déterminer si chacun des angles suivants est *supérieur, inférieur* ou *égal* à un angle droit. Marque chacun d'eux comme *supérieur, inférieur* ou *égal*, puis relie chaque angle à l'étiquette correcte, à savoir aigu, droit ou obtus.

Je trace une ligne à "aigu" parce qu'elle nomme cet angle qui est plus petit qu'un angle droit.

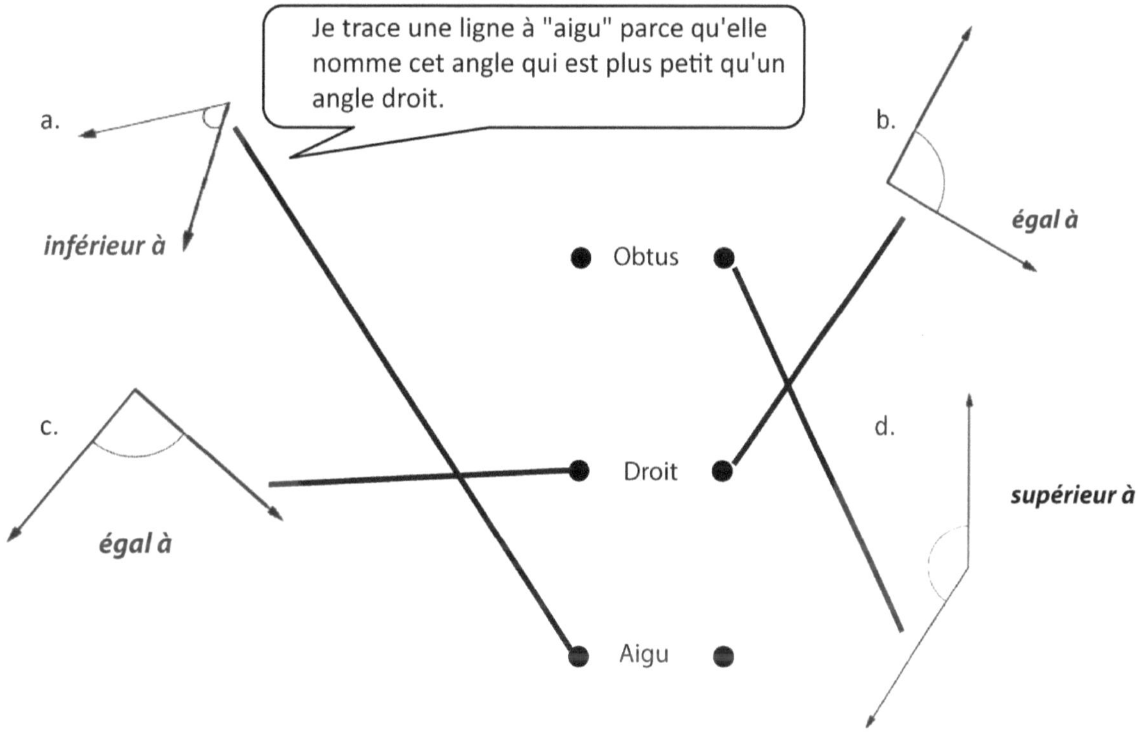

2. Construis un angle obtus à l'aide d'une règle et du modèle d'angle droit que tu as créé. Explique les caractéristiques d'un angle obtus en le comparant à un angle droit. Utilise les mots *supérieur à, inférieur à,* ou *égal à* dans ton explication.

Exemple d'explication :

La mesure d'un angle obtus est supérieure à la mesure d'un angle droit.

Je trace les points A et T. Ensuite, je me sers de ma règle pour dessiner $\overrightarrow{AT}$.

J'utilise mon modèle à angle droit pour tracer le point K de sorte que lorsque je trace un deuxième rayon, $\overrightarrow{AK}$, $\angle KAT$ sera plus grand qu'un angle droit.

Nom ______________________________ Date ____________________

1. Utilise le modèle d'angle droit que tu as fait en classe pour déterminer si chacun des angles suivants est supérieur, inférieur ou égal à un angle droit. Marque chacun d'eux comme *supérieur à, inférieur à*, ou *égal à,* puis relie chaque angle à l'étiquette correcte, à savoir aigu, droit ou obtus. Le premier a été fait pour toi.

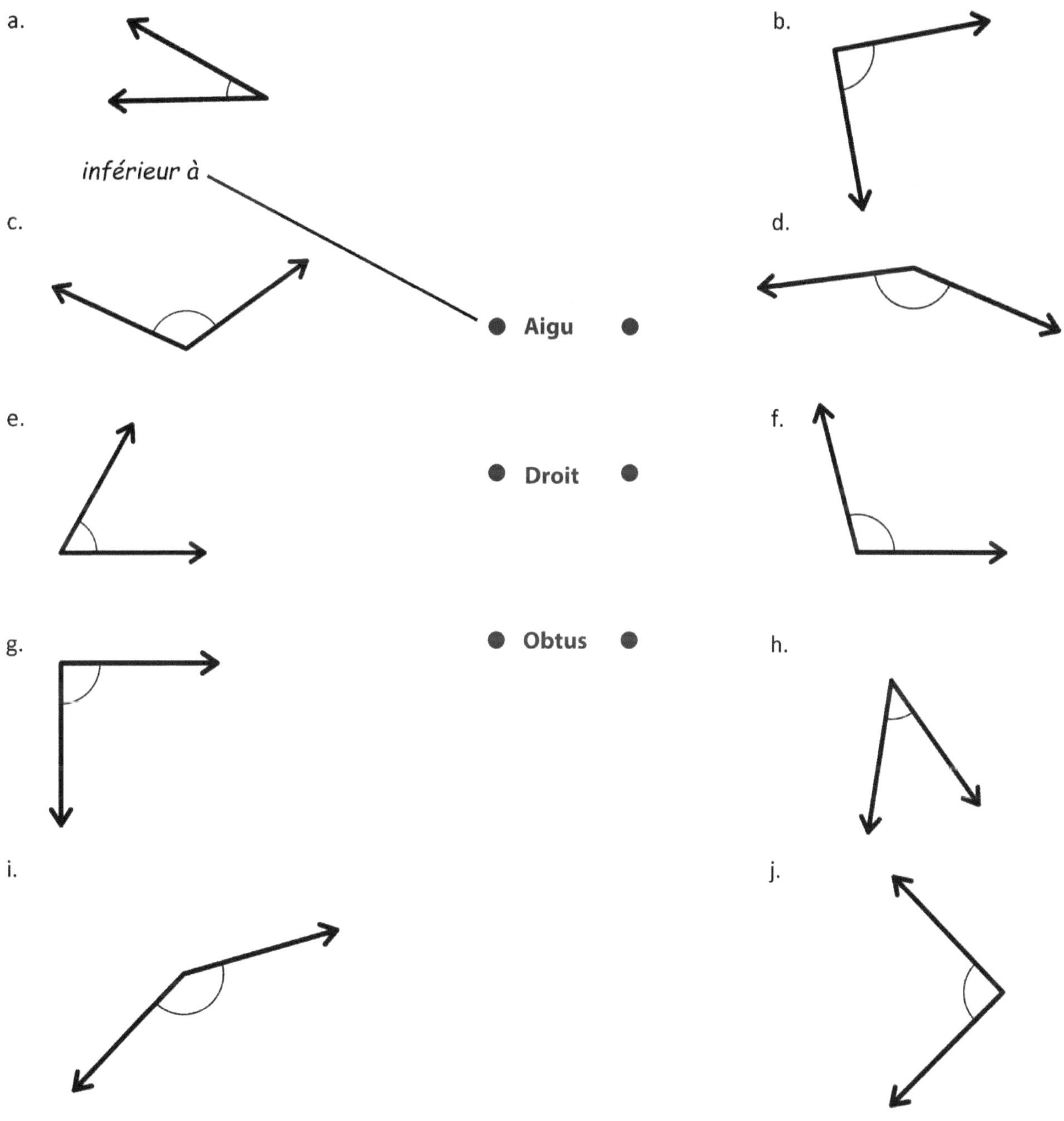

2. Utilise ton modèle d'angle droit pour identifier les angles aigus, obtus et droits dans cette peinture. Traces-en au moins deux de chaque, étiquette avec des points, puis nomme-les dans le tableau sous la peinture.

Angle aigu		
Angle obtus		
Angle droit		

3. Construis chacun des angles suivants à l'aide d'une règle et du modèle d'angle droit que tu as créé. Explique les caractéristiques de chacun en le comparant à un angle droit. Utilise les mots *supérieur à, inférieur à,* ou *égal à* dans ton explication.

   a. Angle aigu

   b. Angle droit

   c. Angle obtus

1. Sur chaque objet, trace au moins une paire de lignes qui semblent perpendiculaires.

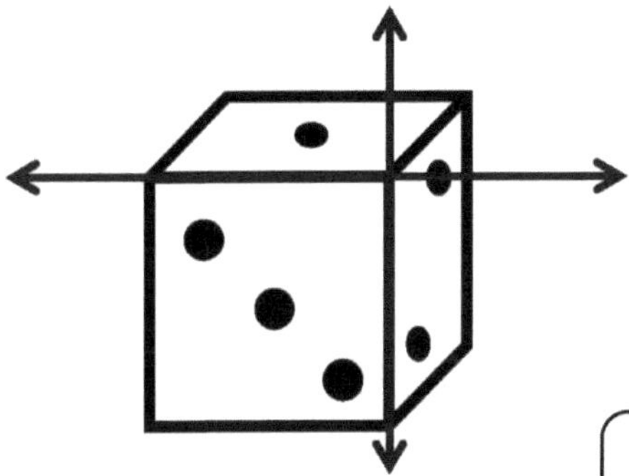

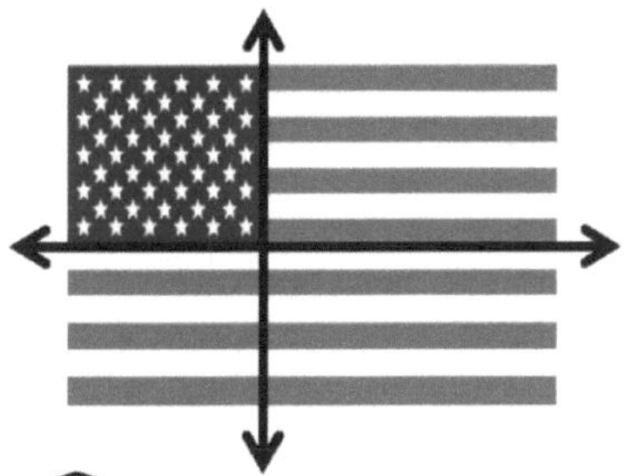

Les lignes perpendiculaires se croisent pour former des angles droits.

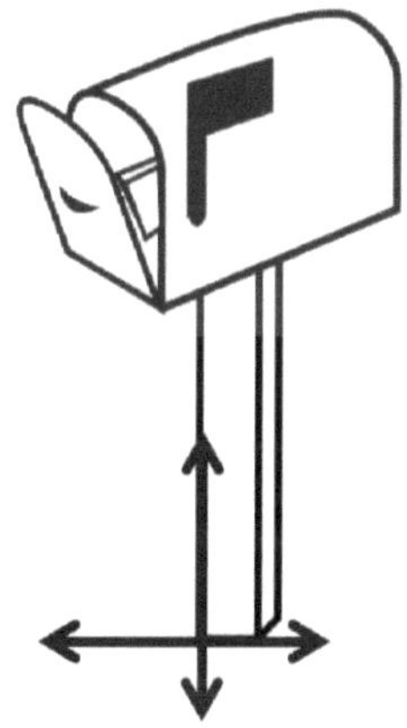

2. Dans la grille ci-dessous, dessine un segment perpendiculaire au segment donné. Utilise une règle.

Je peux tourner le papier pour rendre le segment diagonal horizontal, si cela aide.

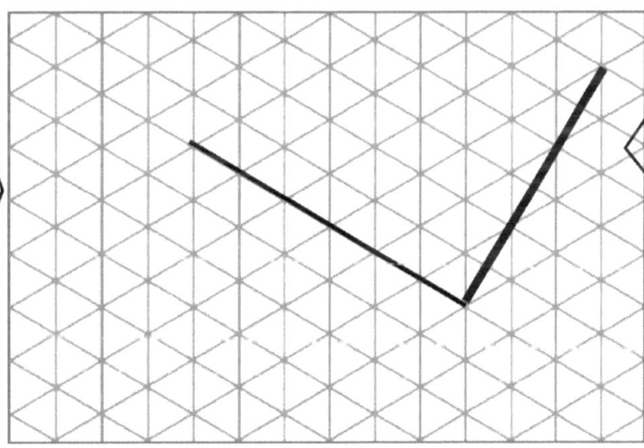

Le segment perpendiculaire à cette diagonale coupe les triangles en deux.

3. Utilise le modèle d'angle droit que tu as créé en classe pour déterminer si la forme suivante a un angle droit. Si c'est le cas, marque-la avec un petit carré. Pour chaque angle droit que tu trouves, nomme les côtés perpendiculaires correspondants.

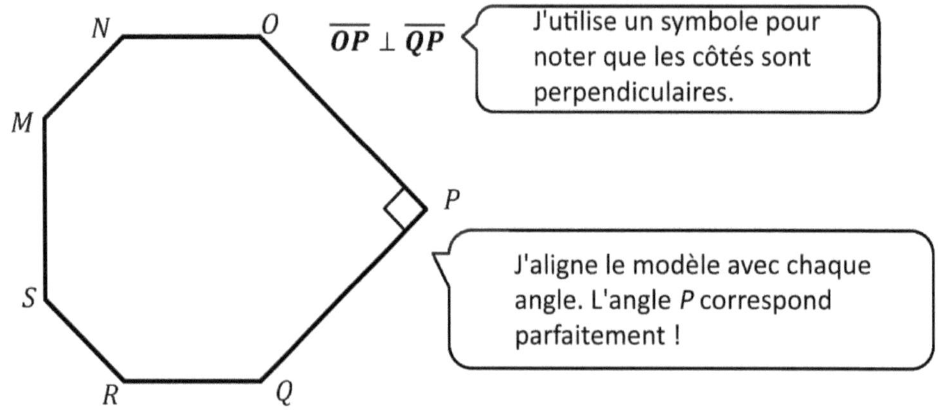

Nom ______________________________ Date ______________

1. Sur chaque objet, trace au moins une paire de lignes qui semblent perpendiculaires.

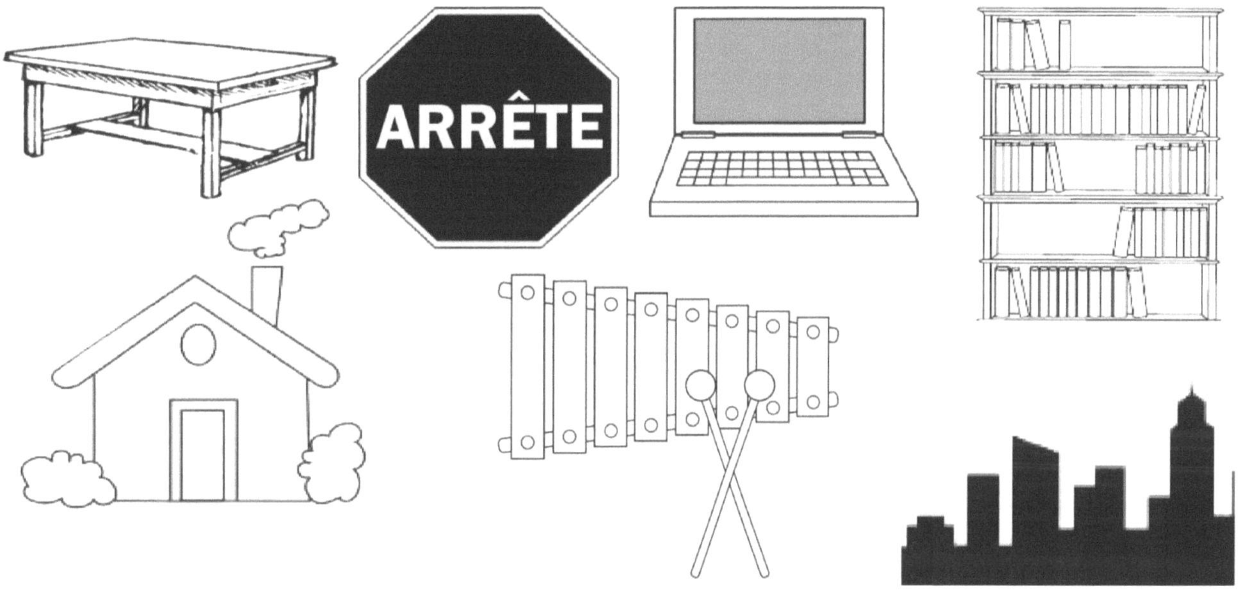

2. Comment peux-tu savoir si deux lignes sont perpendiculaires ?

3. Dans les grilles carrées et triangulaires ci-dessous, utilise les segments donnés dans chaque grille pour dessiner un segment perpendiculaire. Utilise une règle.

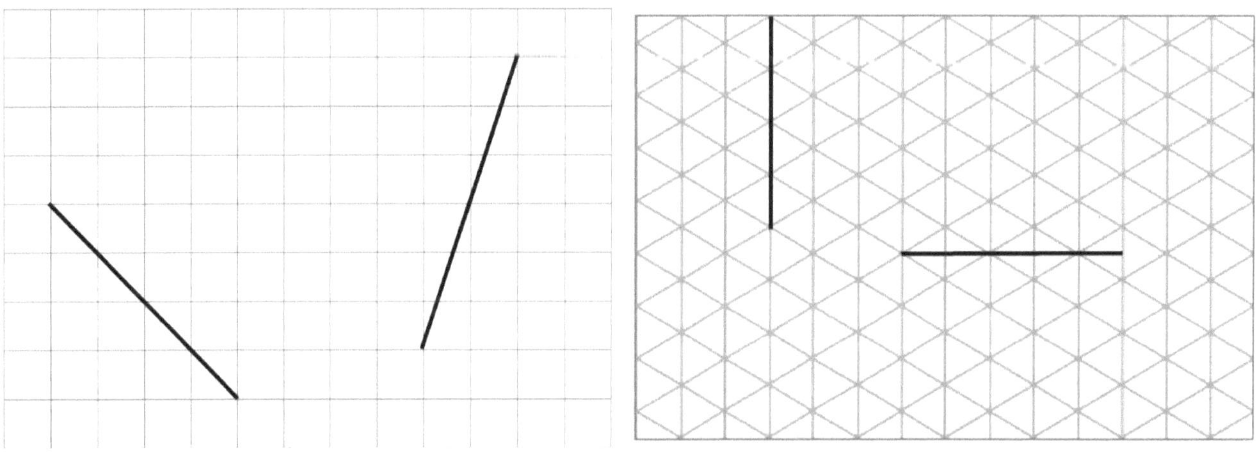

4. Utilise le modèle d'angle droit que tu as créé en classe pour déterminer laquelle des formes suivantes a un angle droit. Marque chaque angle droit avec un petit carré. Pour chaque angle droit que tu trouves, nomme la paire correspondante de côtés perpendiculaires. (Le problème 4 (a) a été commencé pour toi.)

a.

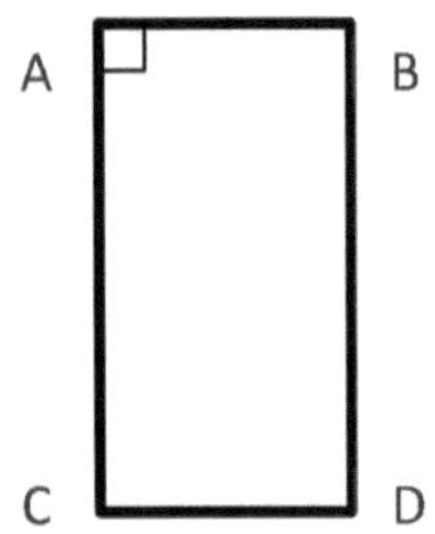

$\overline{CA} \perp \overline{AB}$

b.

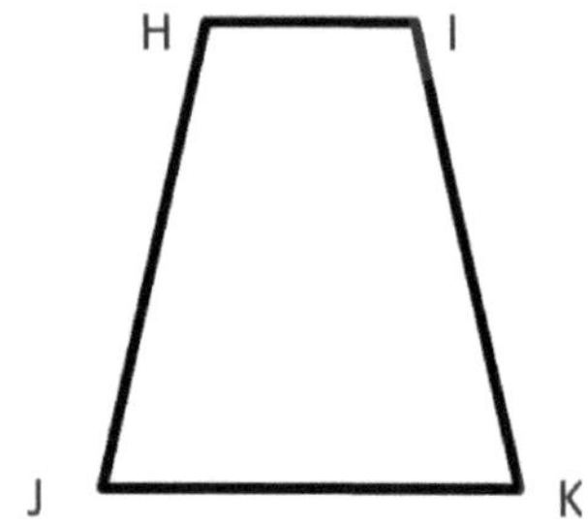

c.

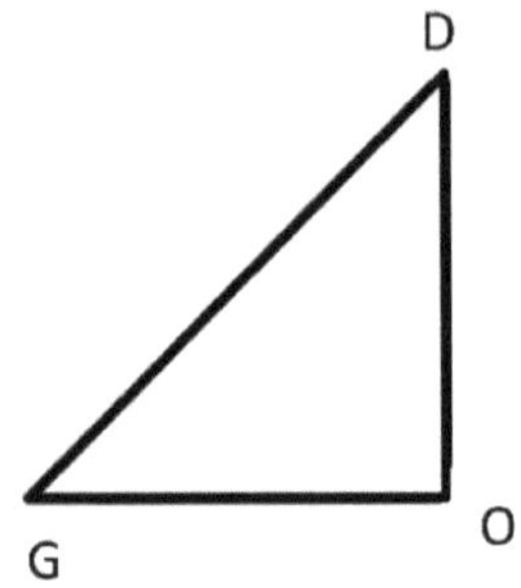

d.

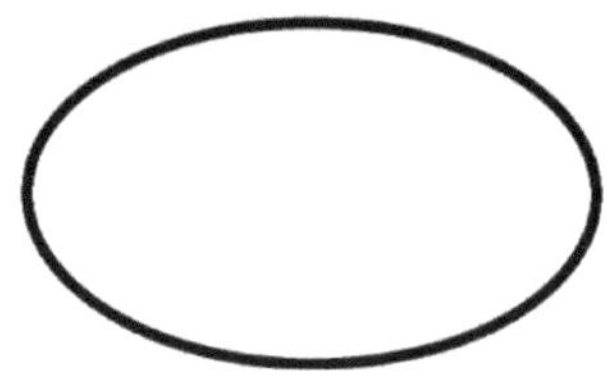

e.

f.

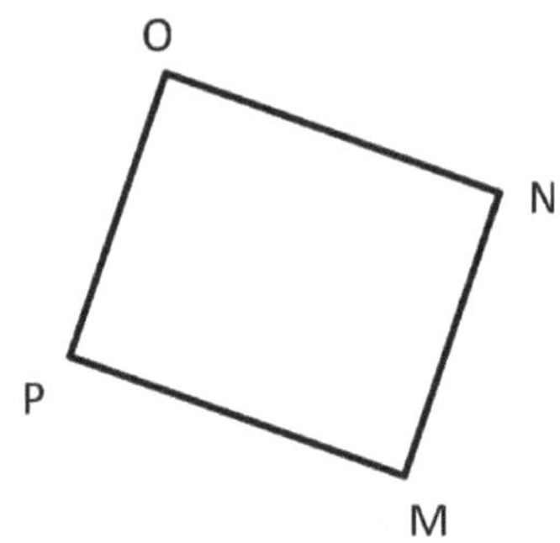

g.

h.

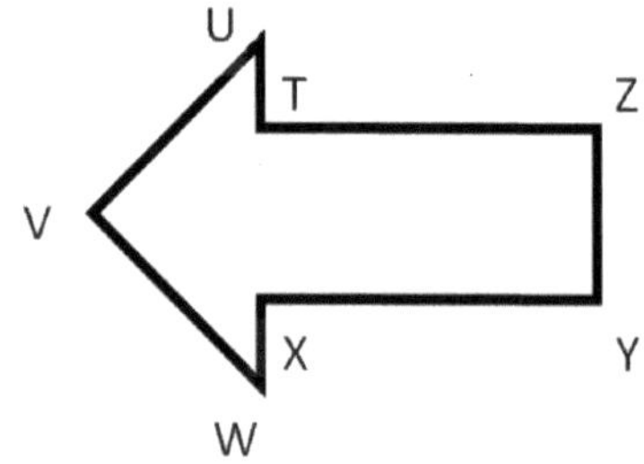

5. Utilise ton modèle d'angle droit comme guide et marque chaque angle droit dans la forme suivante avec un petit carré. (Remarque : il n'est pas nécessaire qu'un angle droit soit à l'intérieur de la forme.) Combien de paires de côtés perpendiculaires cette forme a-t-elle ?

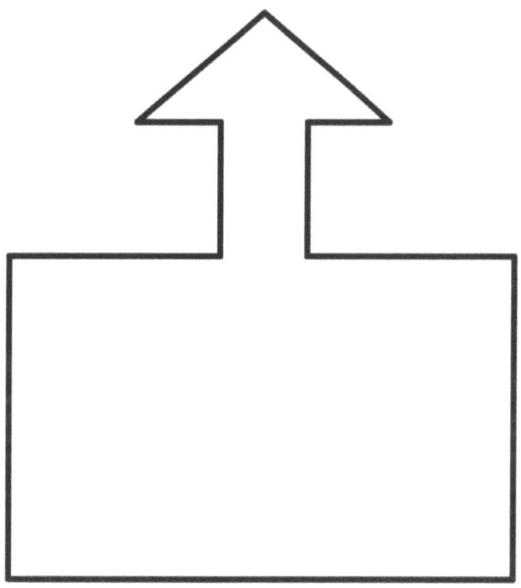

6. Vrai ou Faux ? Les formes qui n'ont pas d'angle droit n'ont pas non plus de segments perpendiculaires. Dessine des formes pour expliquer ton raisonnement.

Sur chaque objet, trace au moins une paire de lignes qui semblent parallèles.

1. 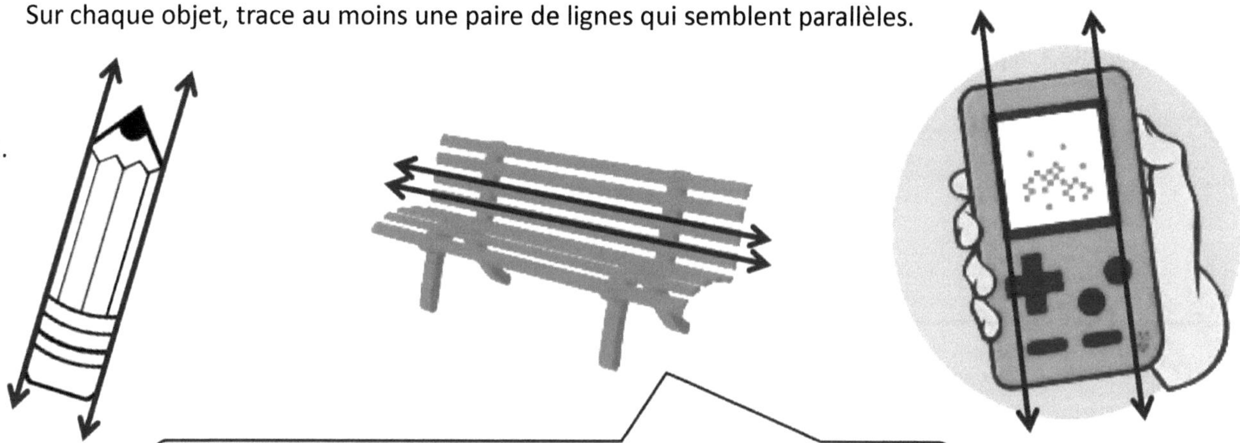

Les lignes parallèles ne se touchent jamais, quelle que soit leur longueur.

Dans la grille ci-dessous, utilise une règle pour dessiner un segment parallèle au segment donné.

2. 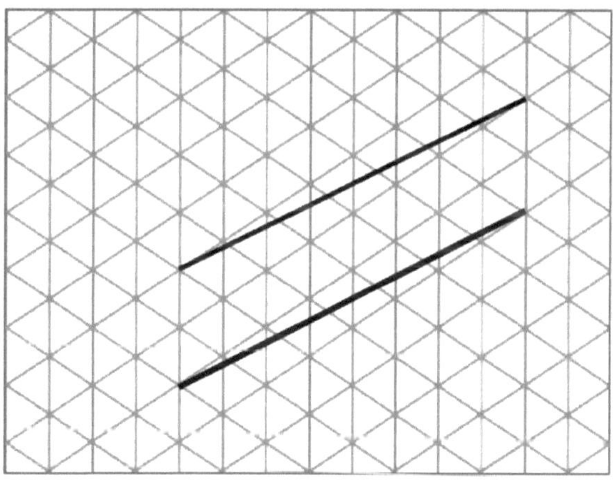

Il est difficile de dessiner des segments de lignes parallèles en diagonale ! Je trace un segment de ligne qui est une distance de deux longueurs de base de triangle à chaque point le long du segment.

3. Trace une ligne à l'aide de ta règle. Ensuite, utilise ton modèle d'angle droit et ta règle pour construire une ligne parallèle à la première ligne que tu as dessinée.

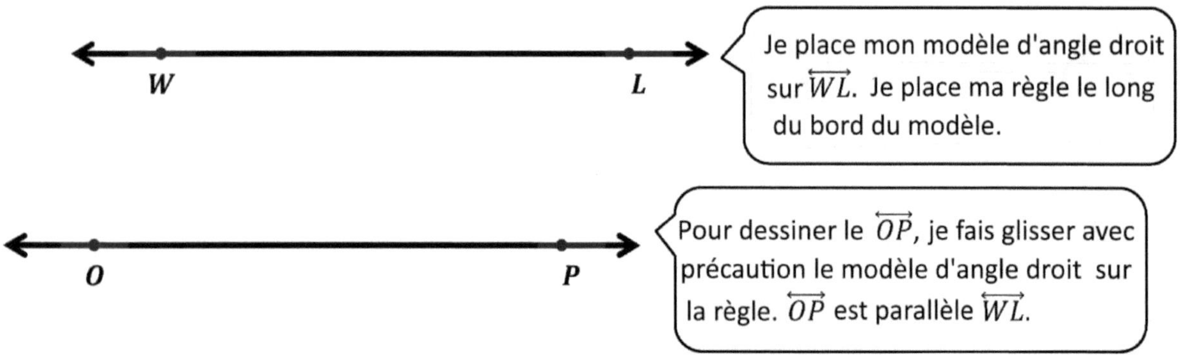

Nom ______________________________ Date ______________

1. Sur chaque objet, trace au moins une paire de lignes qui semblent parallèles.

2. Comment peux-tu savoir si deux lignes sont parallèles ?

3. Dans les grilles carrées et triangulaires ci-dessous, utilise les segments donnés dans chaque grille pour dessiner un segment parallèle à l'aide d'une règle.

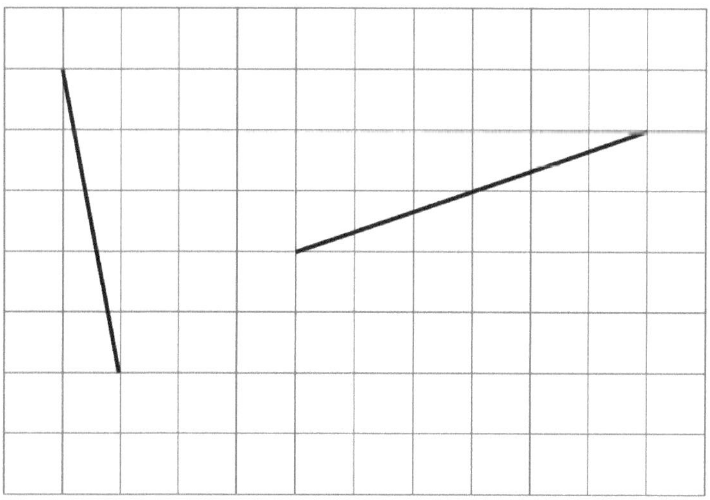
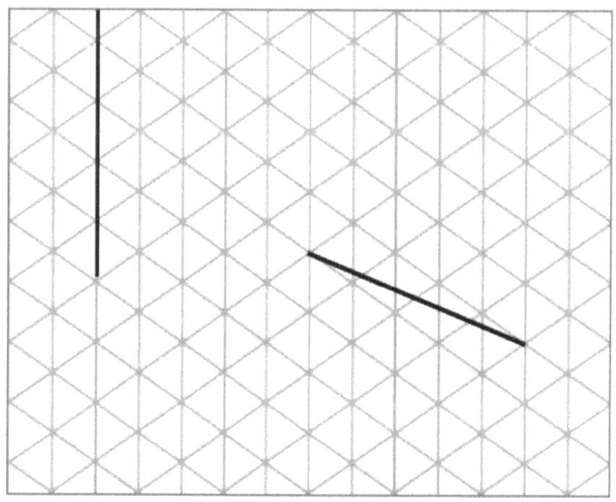

4. Détermine laquelle des formes suivantes a des côtés parallèles à l'aide d'une règle et du modèle d'angle droit que tu as créé. Entoure la lettre des formes qui ont au moins une paire de côtés parallèles. Marque chaque paire de côtés parallèles avec des flèches, puis identifie les côtés parallèles avec une déclaration calquée sur celle de 4 (a).

a.
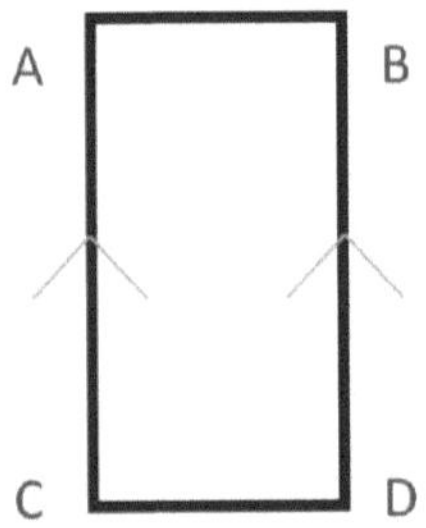

$\overline{AC} \parallel \overline{BD}$

b.
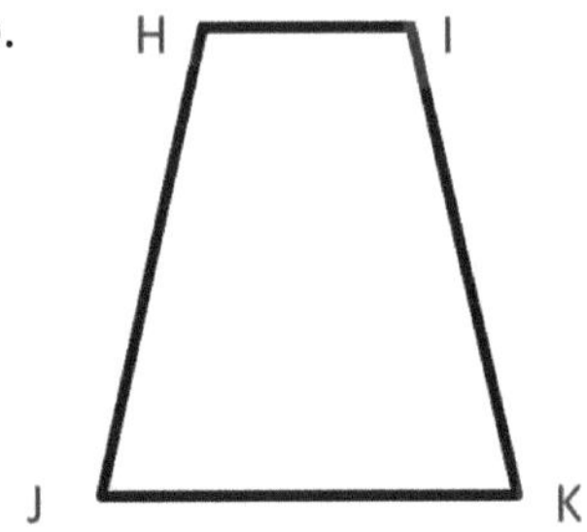

c.
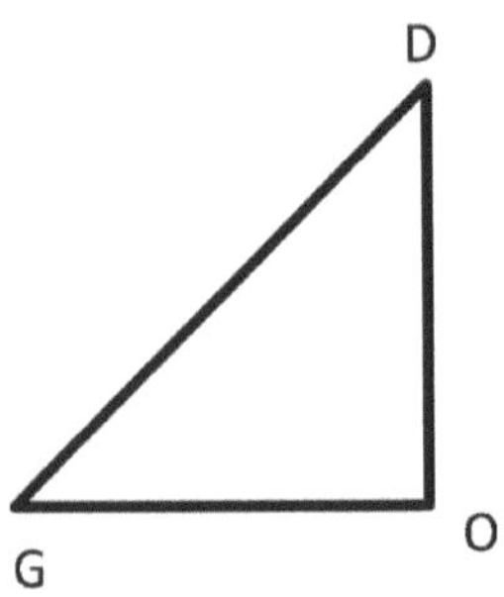

d.
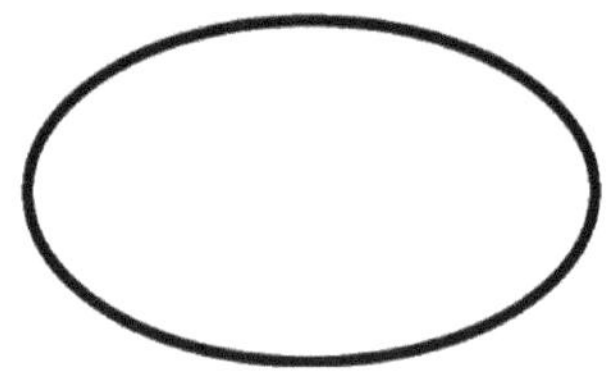

e.

f.
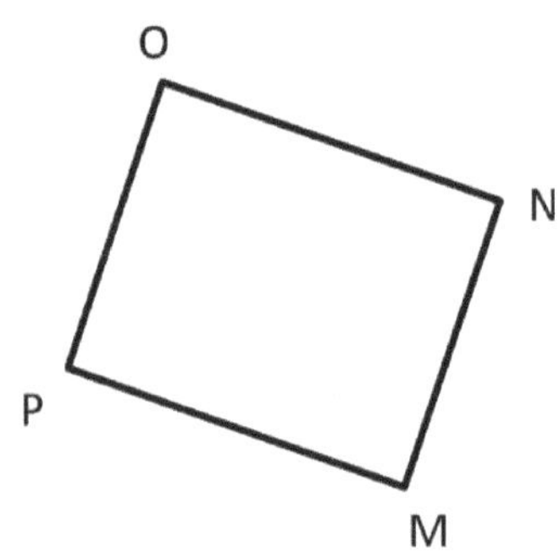

g.

h.
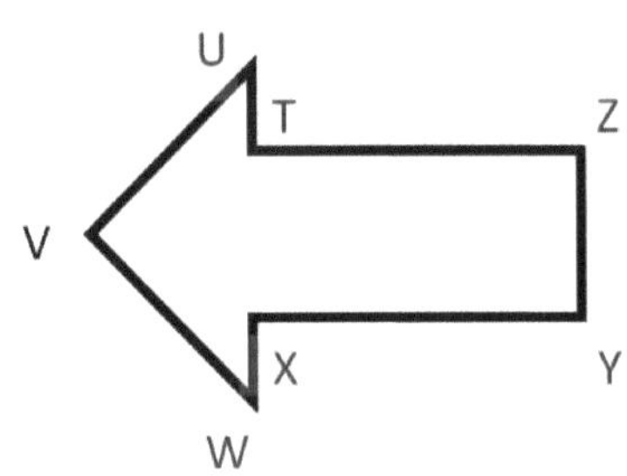

5. Vrai ou Faux ? Toutes les formes à angle droit ont des côtés parallèles. Explique ton raisonnement.

6. Expliquez pourquoi $\overline{AB}$ et $\overline{CD}$ sont parallèles, mais $\overrightarrow{EF}$ et $\overrightarrow{GH}$ ne le sont pas.

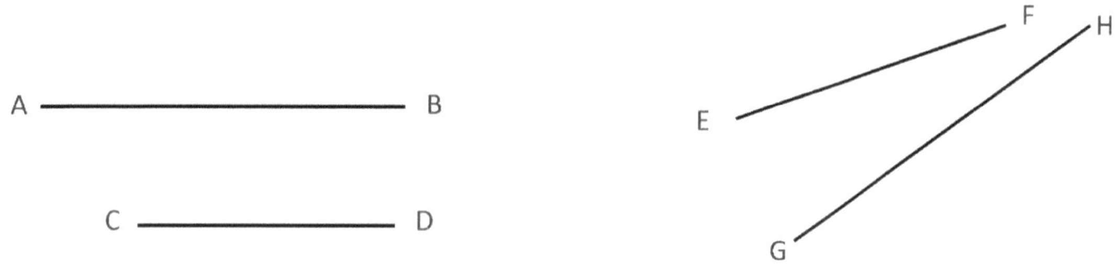

7. Trace une ligne à l'aide de ta règle. Maintenant, utilise ton modèle d'angle droit et ta règle pour construire une ligne parallèle à la première ligne que tu as dessinée.

1. Identifie les mesures des angles suivants.

L'angle mesure 80°.

Pour mesurer un angle, je place le rapporteur sur l'angle de façon à ce que l'un des rayons s'aligne sur zéro et que le sommet soit au centre du rapporteur. Je lis le nombre aligné avec le deuxième rayon pour déterminer la mesure de l'angle.

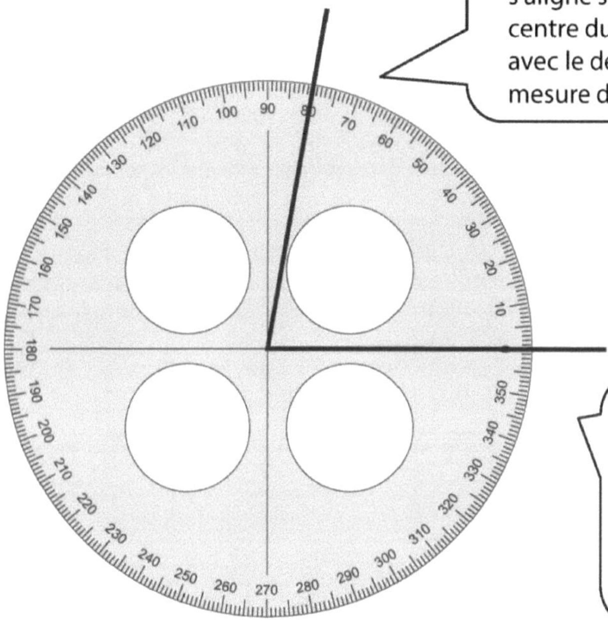

J'utilise un rapporteur pour mesurer les angles. Un rapporteur a des marques de tique comme une règle, mais au lieu de mesurer des pouces ou des centimètres, il mesure des degrés autour d'un point.

2. Si tu n'avais pas de rapporteur, comment pourrais-tu en construire un ? Utilise des mots, des images ou des nombres pour expliquer dans l'espace ci-dessous.

Exemple de réponse d'élève :

Si je n'avais pas de rapporteur, je pourrais découper un cercle de papier. En utilisant un gabarit à angle droit, je pourrais diviser le cercle en quarts et marquer 0°, 90°, 180°, 270° et 360°. Bien que mon rapporteur ne puisse pas donner une mesure exacte de n'importe quel angle, je pourrais estimer la mesure en utilisant ces repères.

Je réfléchis à mes expériences et à mes discussions en classe. Nous avons divisé les cercles de papier de différentes manières, en marquant les degrés avec précision.

Nom ______________________________ Date ______________

1. Identifie les mesures des angles suivants.

a.

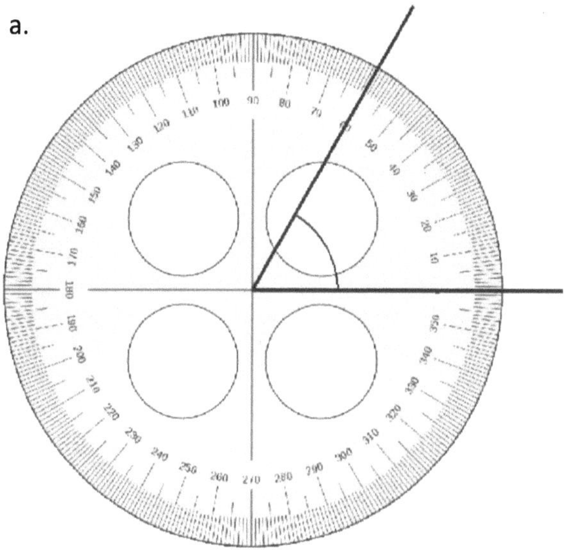

b.

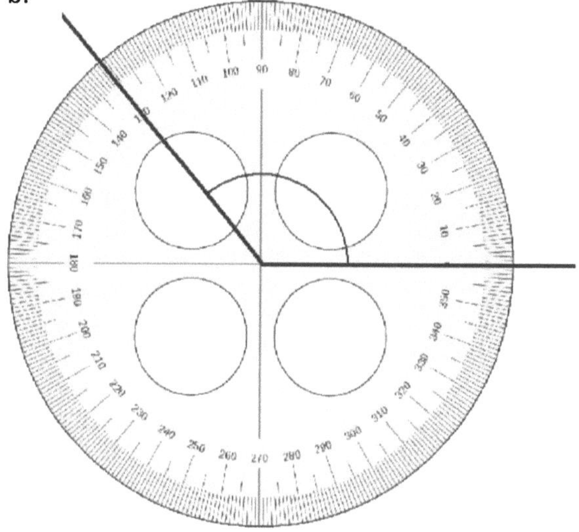

c.

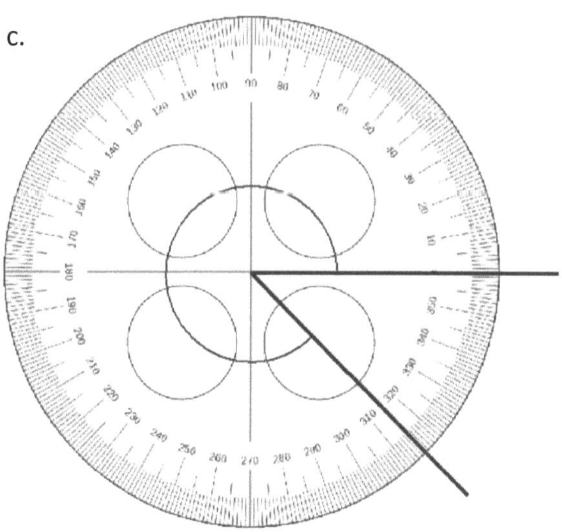

d.

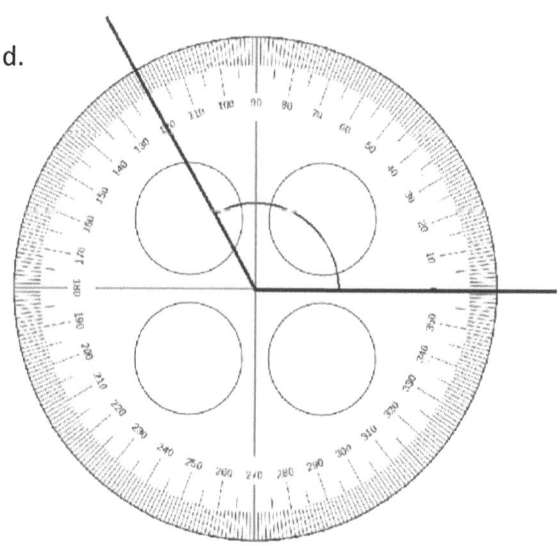

2. Si tu n'avais pas de rapporteur, comment pourrais-tu en construire un ? Utilise des mots, des images ou des nombres pour expliquer dans l'espace ci-dessous.

1. Utilise un rapporteur pour mesurer l'angle, puis enregistre la mesure en degrés.

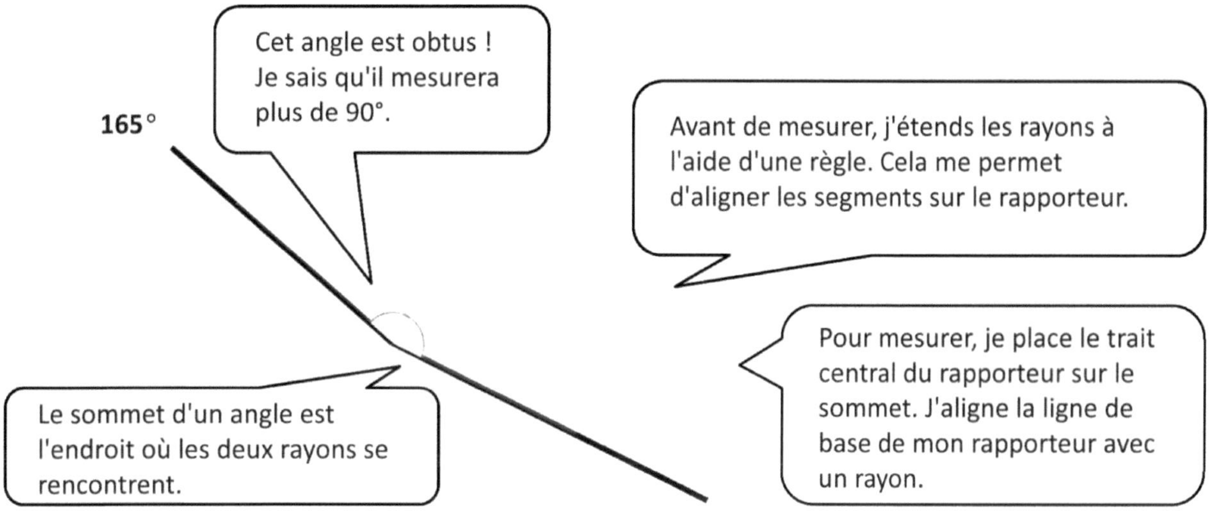

2. Utilise un rapporteur pour mesurer l'angle. Prolonge la longueur des segments si nécessaire. Lorsque tu agrandis les segments, la mesure de l'angle reste-t-elle la même ? Explique comment tu le sais.

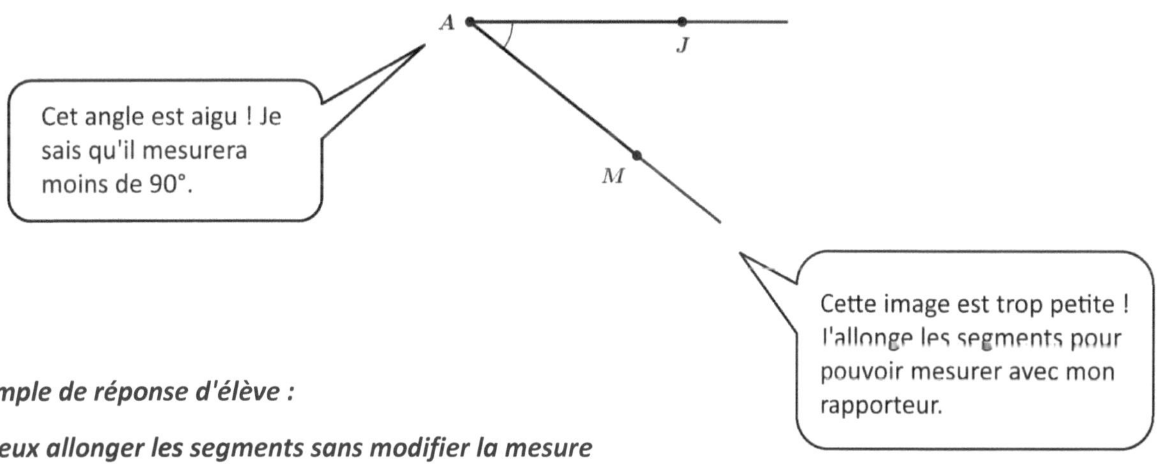

38°

Exemple de réponse d'élève :

Je peux allonger les segments sans modifier la mesure d'angle. Je ne mesure pas la longueur des segments. Je mesure le degré de l'angle. La mesure de l'angle reste la même même si la longueur de l'arc change.

Nom ______________________ Date ____________

1. Utilise un rapporteur pour mesurer les angles, puis enregistre les mesures en degrés.

a.

b.

c.

d.

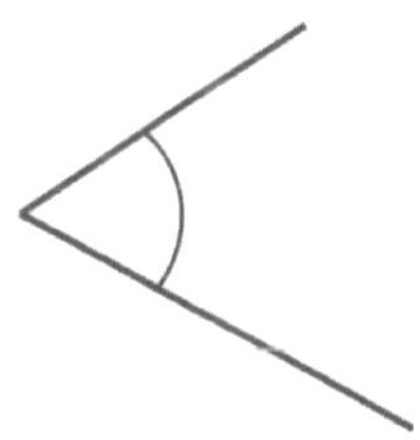

e.

f.

g.

h.

i.

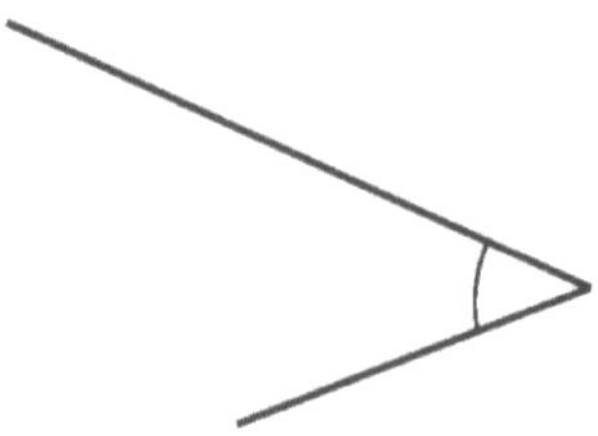

j.

2. À l'aide des découpes de cercle vert et rouge de la leçon d'aujourd'hui, explique à quelqu'un chez toi comment les découpes peuvent être utilisées pour montrer que les mesures d'angle sont les mêmes, même si les cercles sont de tailles différentes. Écris des mots pour expliquer ce que tu lui as dit.

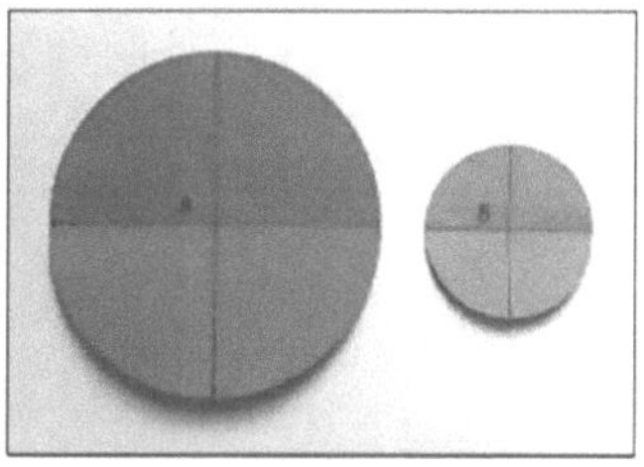

3. Utilise un rapporteur pour mesurer chaque angle. Prolonge la longueur des segments si nécessaire. Lorsque tu agrandis les segments, la mesure de l'angle reste-t-elle la même ? Explique comment tu le sais.

a.

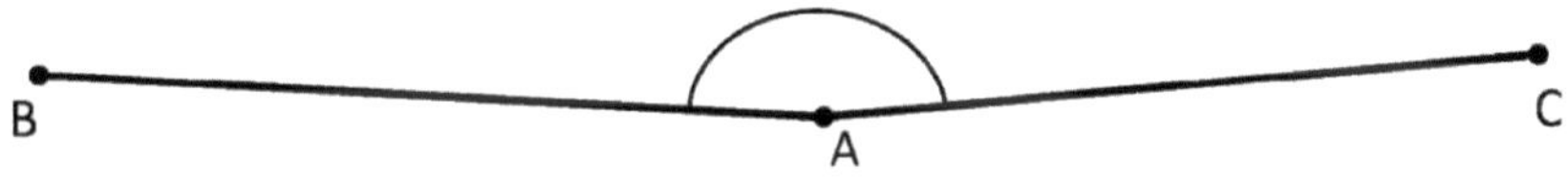

b.

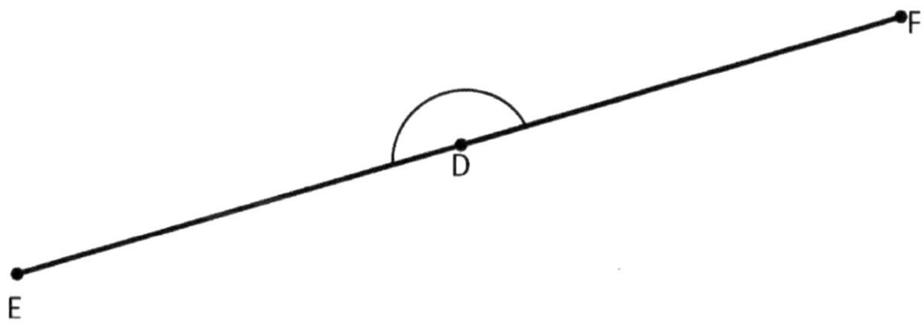

Construis des angles qui mesurent le nombre donné de degrés. Pour le premier problème, utilise le rayon indiqué comme l'un des rayons de l'angle avec son extrémité comme sommet de l'angle. Dessine un arc pour indiquer l'angle mesuré.

1. 90°

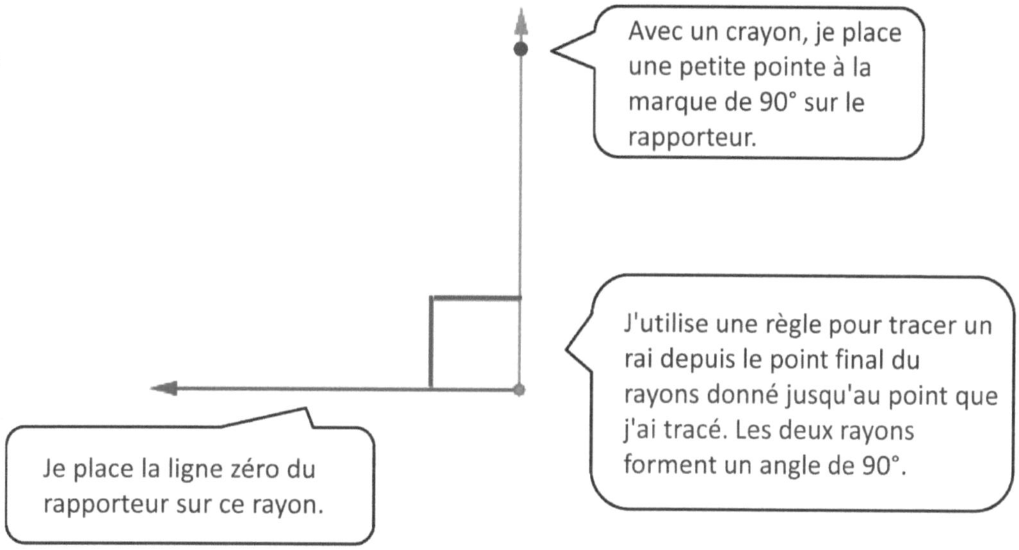

2. 32°

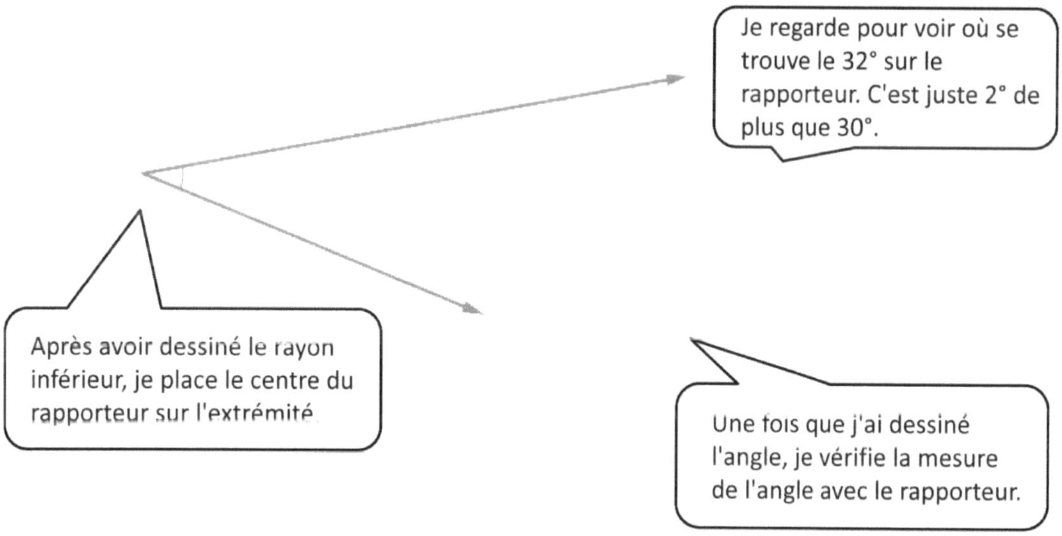

Nom ______________________ Date ______________

Construis des angles qui mesurent le nombre de degrés donné. Pour les problèmes 1 à 4, utilise le rayon indiqué comme l'un des rayons de l'angle avec son extrémité comme sommet de l'angle. Dessine un arc pour indiquer l'angle mesuré.

1. 25°

2. 85°

3. 140°

4. 83°

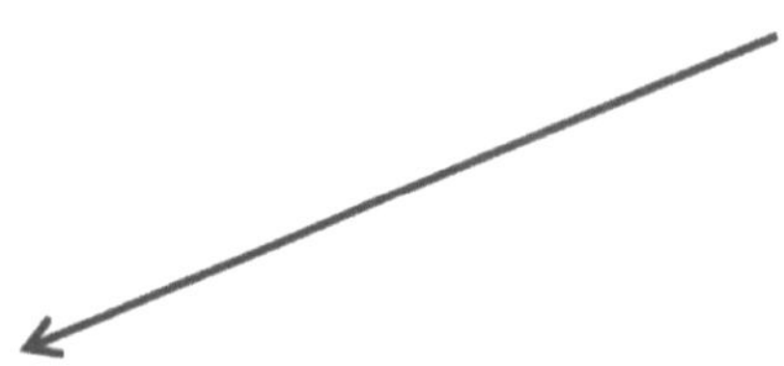

5. 108°

6. 72°

7. 25°

8. 155°

9. 45°

10. 135°

1. James a regardé l'horloge quand il a mis le gâteau dans le four et quand il l'a sorti. De combien de degrés l'aiguille des minutes a-t-elle tourné du début à la fin ?

heure de début

heure de fin

L'aiguille des minutes a tourné de 180°.

Je sais, grâce à la leçon 5, qu'il y a 360° dans un tour complet. Du 12 au 3 est un angle de 90°, et du 3 au 6 est un autre angle de 90°.

2. Delonte tourna la serrure de son casier d'un quart de tour vers la droite, puis de 180° vers la gauche. Fais un dessin de la position de la serrure après l'avoir tournée.

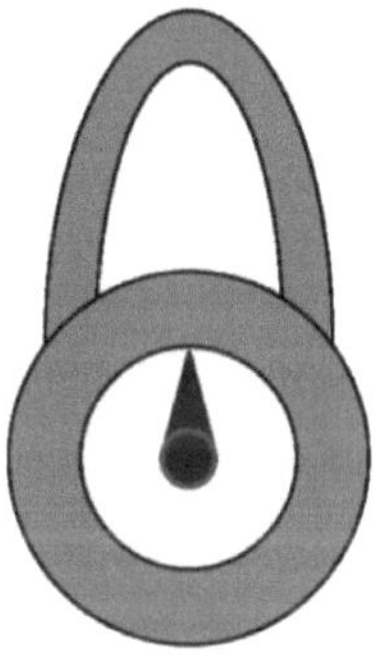

avant

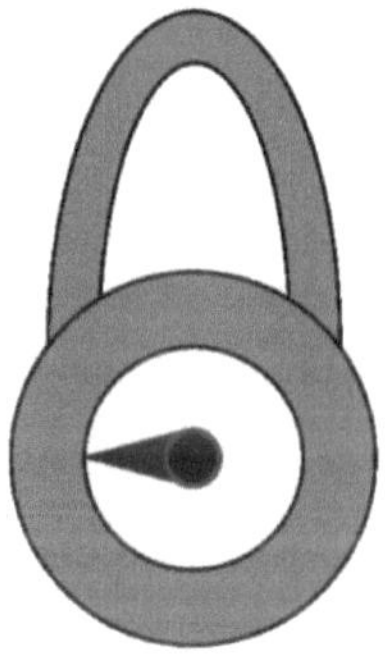

après

Je vois la serrure comme une horloge. Un quart de tour à droite égale 15 minutes, et 180° à gauche égale 30 minutes en arrière.

3. De combien de quarts de tour l'image doit-elle être tournée pour qu'elle soit droite ?

Pour qu'elle soit droite, l'image doit être tournée de deux quarts de tour.

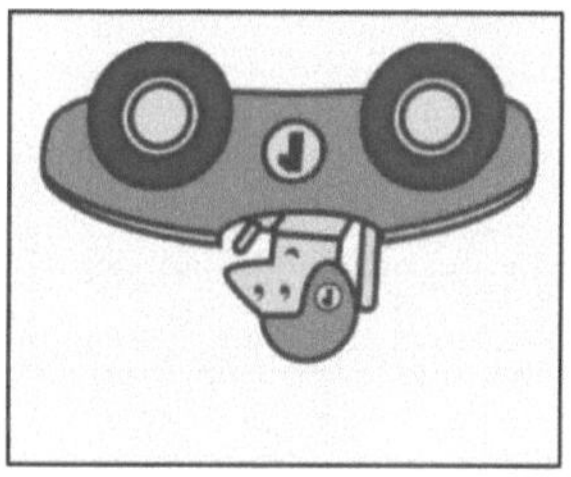

Je peux tourner le papier lui-même pour m'aider à trouver la réponse !

Nom ______________________________ Date ________________

1. Jill, Shyan et Barb se tenaient au milieu de la cour et faisaient face à la grange. Jill s'est tournée de 90° vers la droite.
   Shyhan s'est tournée de 180° vers la gauche. Barb s'est tournée de 270° vers la gauche. Nomme l'objet auquel chaque fille fait maintenant face.

   Jill ________________

   Shyan ________________

   Barb ________________

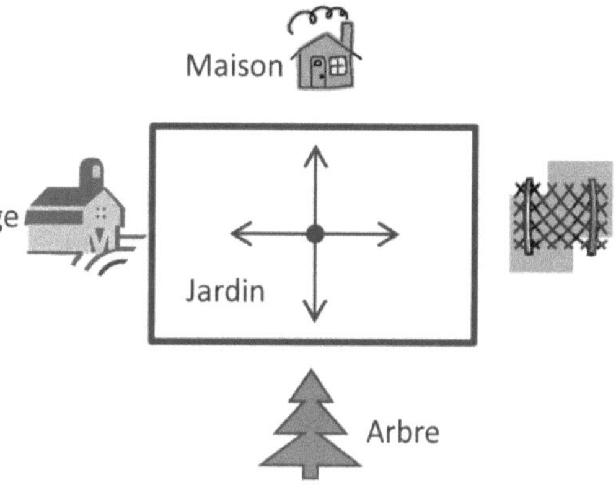

2. Allison a regardé l'horloge au début et à la fin du cours. De combien de degrés l'aiguille des minutes a-t-elle tourné du début à la fin du cours ?

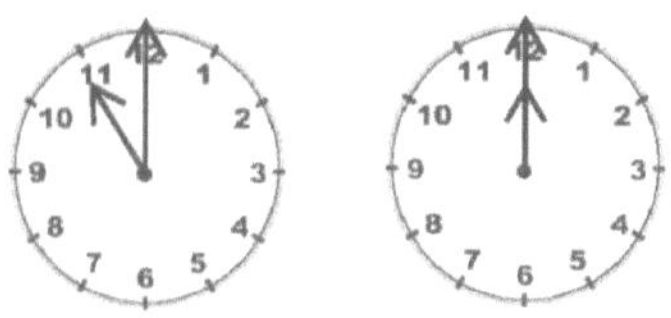

Début Fin

3. Le snowboardeur a fait un saut en tournant à 180 degrés à 180 degrés. Dans quelle direction le snowboardeur faisait-il face lorsqu'il a atterri ? Comment le sais-tu ?

4. Alors qu'elle roulait sur la route verglacée, Mme Campbell a serré les freins. Sa voiture a fait un tour de 360 degrés. Explique ce qui est arrivé à la voiture de Mme Campbell.

5. Jonah tourna le bouton du poêle de deux quarts de tour. Fais un dessin montrant la position du bouton après l'avoir tourné.

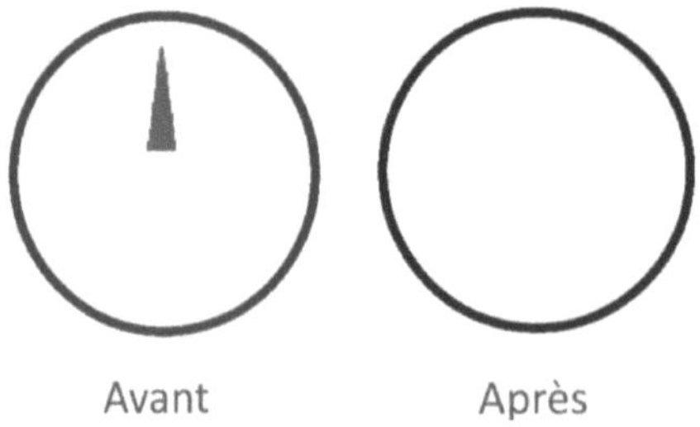

6. Betsy a utilisé ses ciseaux pour découper un coupon dans le journal. De combien de quarts de tour au total aura-t-elle besoin pour tourner le journal afin de découper tout le coupon ?

7. De combien de quarts de tour l'image doit-elle être tournée pour qu'elle soit droite ?

8. David faisait face au nord. Il a tourné de 180° vers la droite, puis de 270° vers la gauche. Dans quelle direction fait-il maintenant face ?

EUREKA MATH

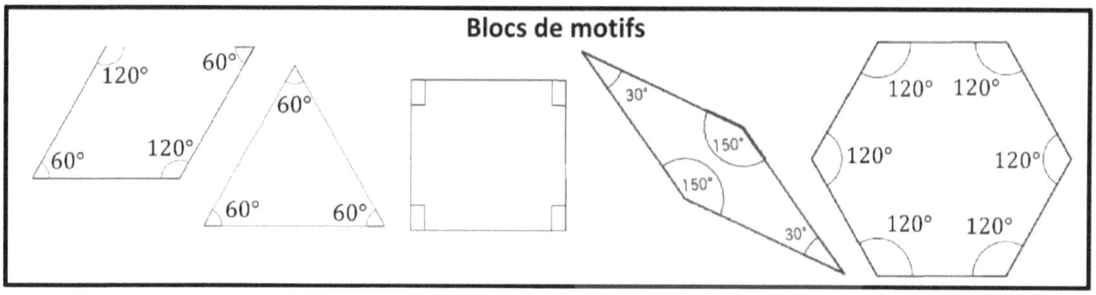

Dessine une façon de composer $\angle ABC$ en utilisant au moins deux blocs de motifs. Écris une phrase d'addition pour montrer comment tu as composé l'angle donné.

1. $\angle ABC$ = 150°

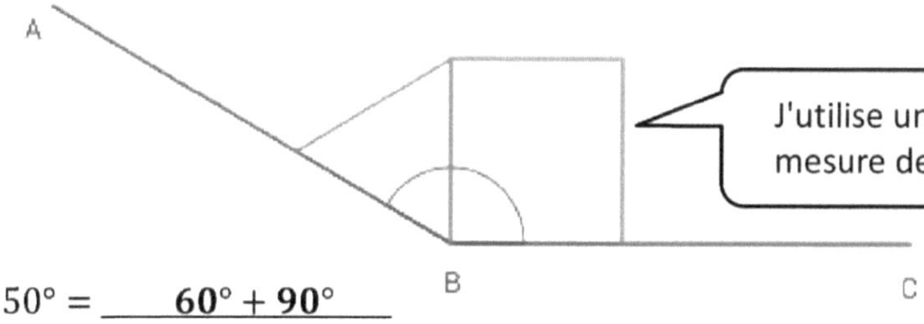

$150° =$ **60° + 90°**

Sabrina a construit la forme suivante avec ses blocs de motifs. Comme indiqué par leurs arcs, résous pour $x°$, $y°$, et $z°$. Écris une phrase d'addition pour chacune. Le premier a été fait pour toi.

2.

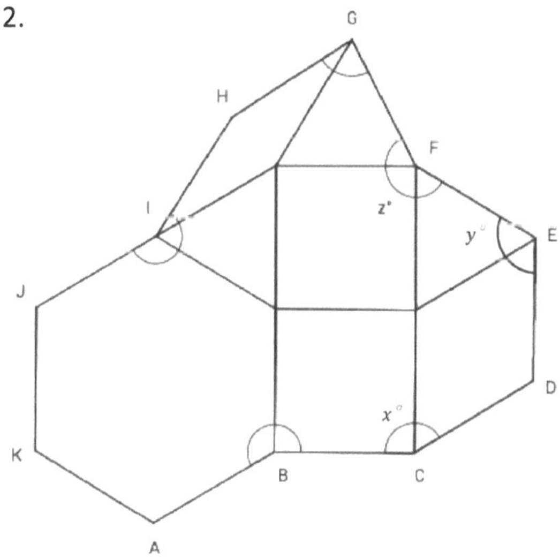

a. $y° = 60° + 60°$

$y° = 120°$

b. $z° =$ **60° + 90° + 60°**

$z° =$ **210°**

c. $x° =$ **90° + 60°**

$x° =$ **150°**

Pour déterminer $x°$, $y°$ et $z°$, j'additionne les petits angles englobés par les arcs. J'utilise le tableau en haut de la page pour déterminer la mesure de chacun des petits angles.

Nom ______________________________ Date ______________

Dessine deux manières différentes de composer les angles donnés en utilisant au moins deux blocs de motifs. Écris une phrase d'addition pour montrer comment tu as composé l'angle donné.

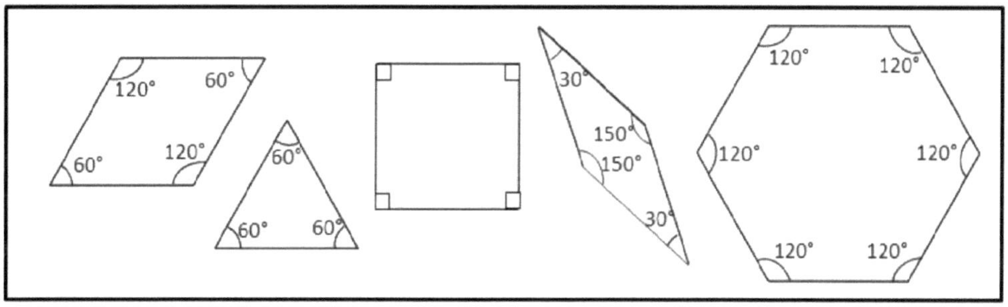

1. Les points A, B, et C forment une ligne droite.

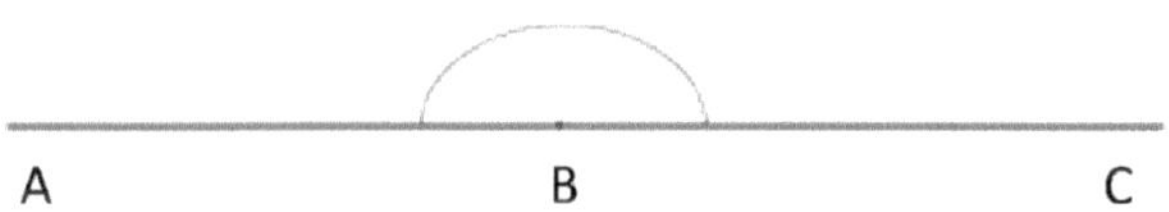

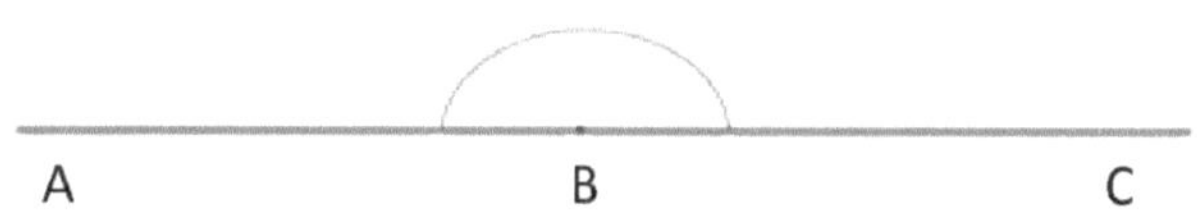

180° = ______________________ 180° = ______________________

2. $\angle DEF$ = 90°

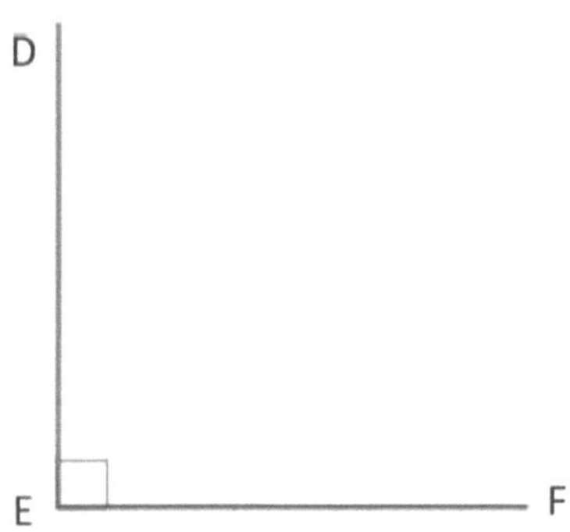

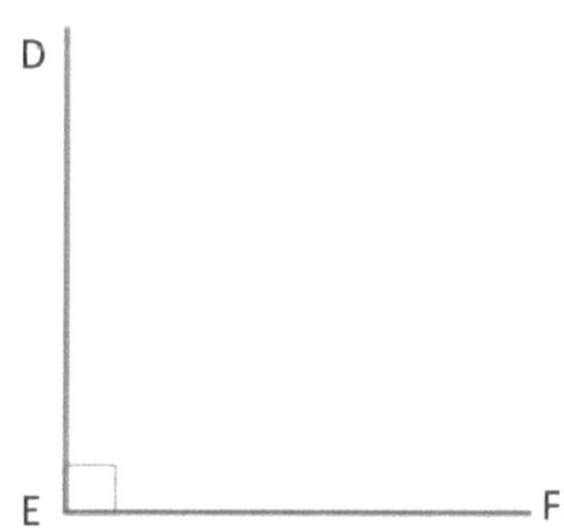

90° = ______________________ 90° = ______________________

3. $\angle GHI$ = 120°

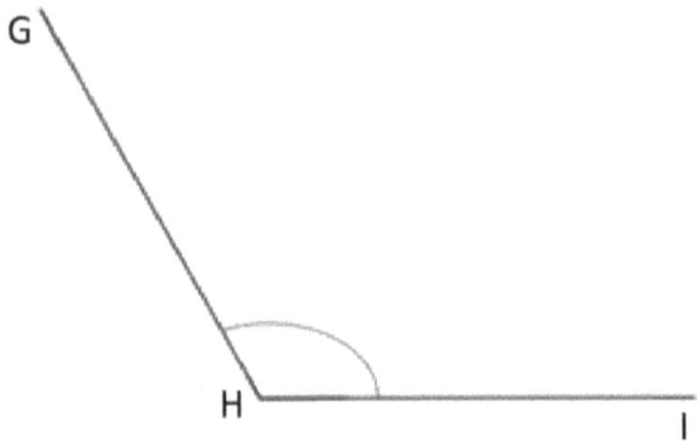

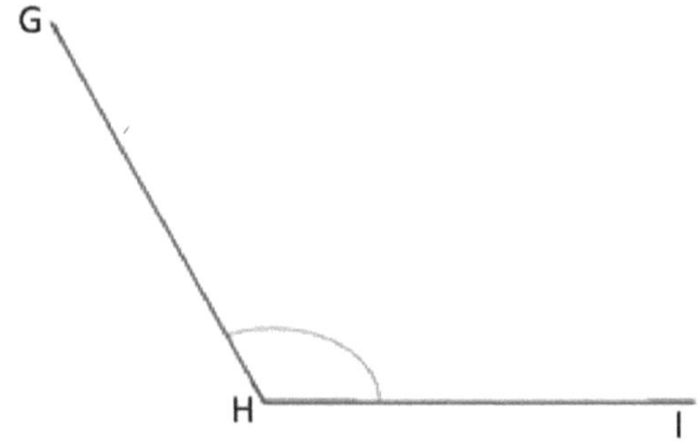

120° = ______________________

120° = ______________________

4. $x° = 270°$

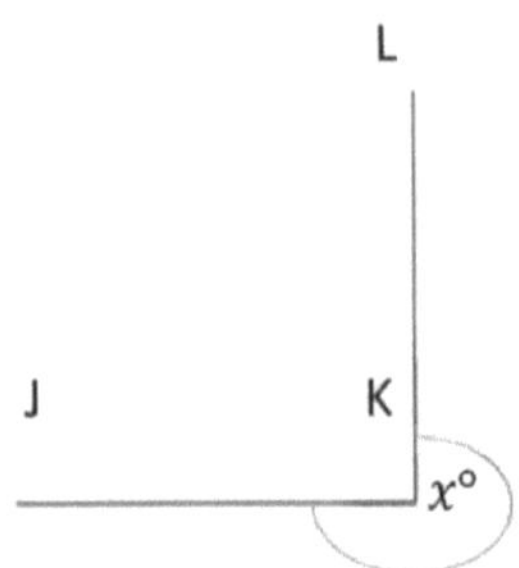

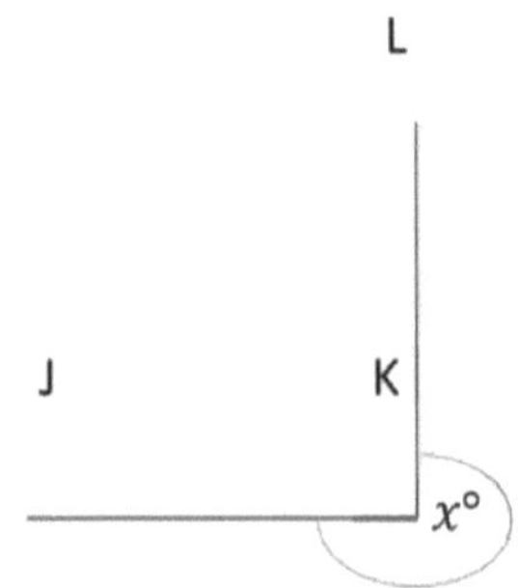

270° = ______________________

270° = ______________________

5. Micah a construit la forme suivante avec ses blocs de motifs. Écris une phrase d'addition pour chaque angle indiqué par un arc et résous. Le premier a été fait pour toi.

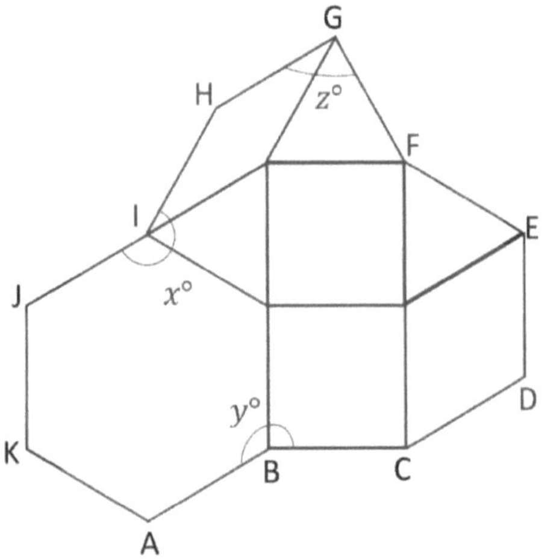

a. $y° = 120° + 90°$

$y° = 210°$

b. $z° =$ ______________________

$z° =$ __________

c. $x° =$ ______________________

$x° =$ __________

EUREKA MATH

1. Écris une équation et résous la mesure de $\angle x$. Vérifie la mesure à l'aide d'un rapporteur.

a. <*JKL* est un angle droit.

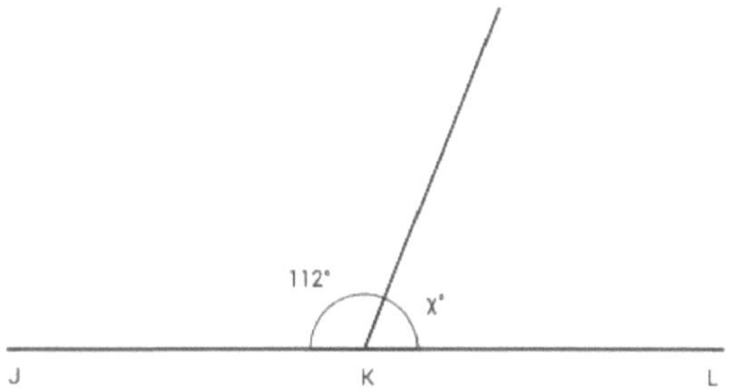

$\underline{112°} + \underline{68°} = \underline{180°}$

$x° = \underline{68°}$

$$\begin{array}{rrrr} & & 7 & 10 \\ & 1 & \not{8} & \not{0} \\ - & 1 & 3 & 2 \\ \hline & 0 & 4 & 8 \end{array}$$

Je sais qu'un angle droit mesure 180°. Je soustrais 112° de 180° pour trouver la valeur de *x*°. Pour vérifier ma réponse, j'utilise mon rapporteur pour mesurer l'angle. Il mesure 68°.

b. Résoudre Résoudre la mesure de <USW
<RST est un angle droit.

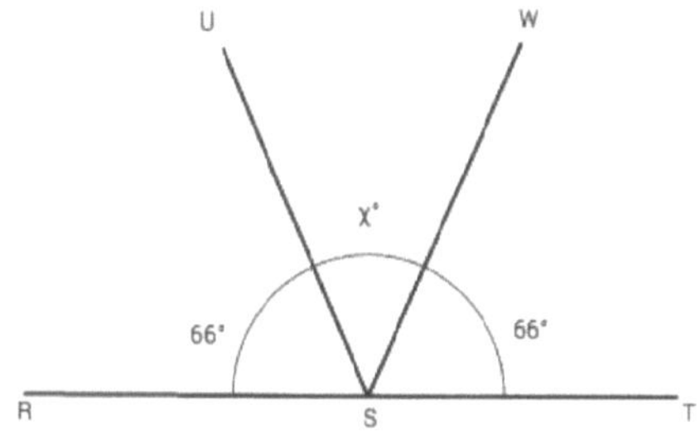

$$66° + 66° + x° = 180°$$
$$132° + x° = 180°$$
$$x° = 48°$$
$$\angle USW = 48°$$

Je sais que la somme de ces trois mesures d'angle est de 180°. J'additionne les deux parties que je connais et je soustrais leur total de 180°.

2. Suis les instructions ci-dessous dans l'espace à droite.

a. Dessine 2 points : S and T. À l'aide d'une règle, dessine $\overline{ST}$.

b. Trace un point U quelque part entre les points S et T.

c. Tracc un point W, qui n'est pas sur $\overline{ST}$.

d. Dessine $\overline{UW}$.

e. Trouve la mesure de $\angle SUW$ et de $\angle TUW$.

f. Écrire une équation pour montrer que les angles s'ajoutent à la mesure d'un angle droit.

Exemple de réponse :

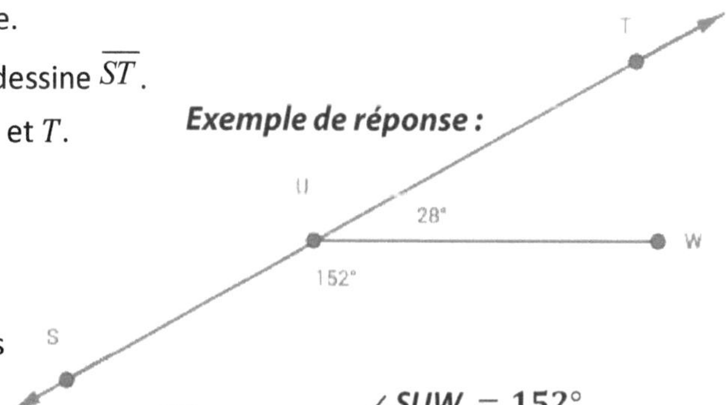

Je dessine la figure. J'utilise mon rapporteurs pour mesurer les ∠*SUW* et les ∠*TUW*

$\angle SUW = 152°$

$\angle TUW = 28°$

$152° + 28° = 180°$

Nom ______________________________ Date ______________

Écris une équation et résous la mesure de $\angle x$. Vérifie la mesure à l'aide d'un rapporteur.

1. $\angle DCB$ est un angle droit.

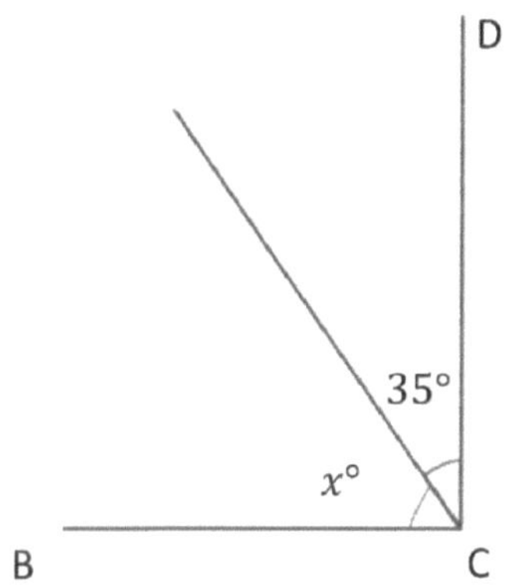

_____ + 35° = 90°

$x°$ = _____

2. $\angle HGF$ est un angle droit.

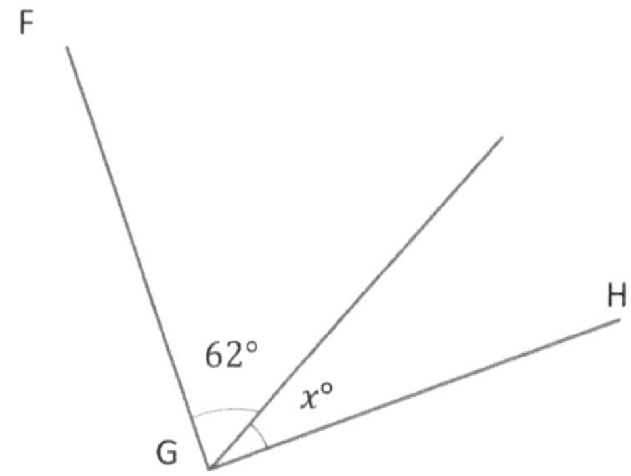

_____ + _____ = _____

$x°$ = _____

3. $\angle JKL$ est un angle droit.

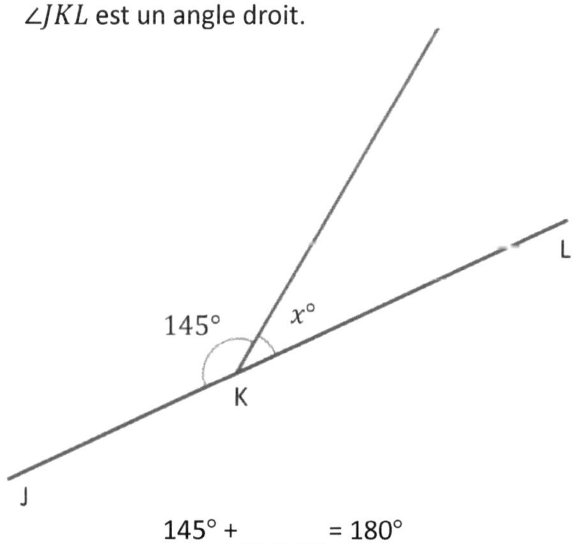

145° + _____ = 180°

$x°$ = _____

4. $\angle PQR$ est un angle droit.

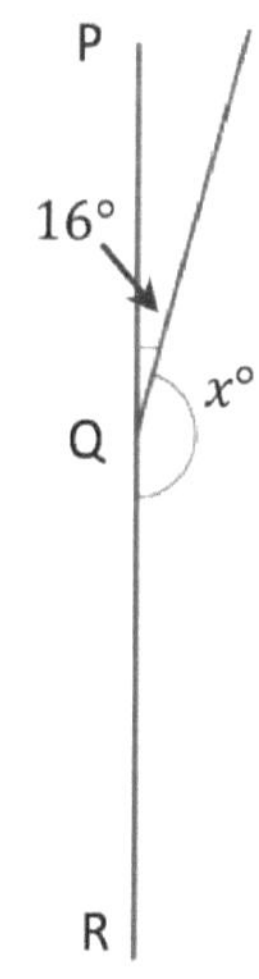

_____ + _____ = _____

$x°$ = _____

Écris une équation et résous les mesures inconnues de l'angle.

5. Résous la mesure de $\angle USW$.
$\angle RST$ est un angle droit.

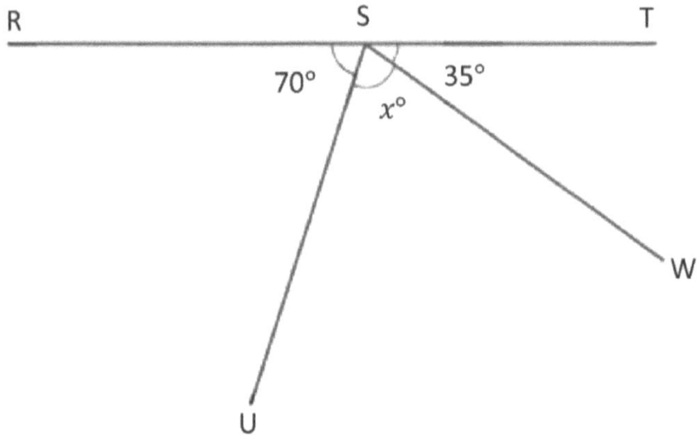

6. Résous la mesure de $\angle OML$.
$\angle LMN$ est un angle droit.

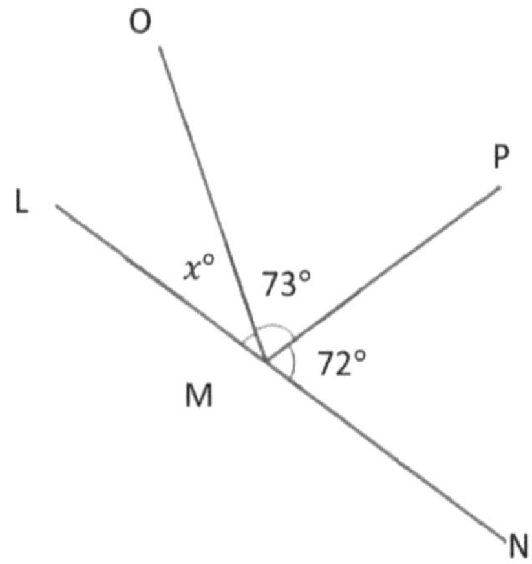

7. Dans l'illustration ci-dessous, $DEFH$ est un rectangle. Sans utiliser de rapporteur, détermine la mesure de $\angle GEF$. Écris une équation qui pourrait être utilisée pour résoudre le problème.

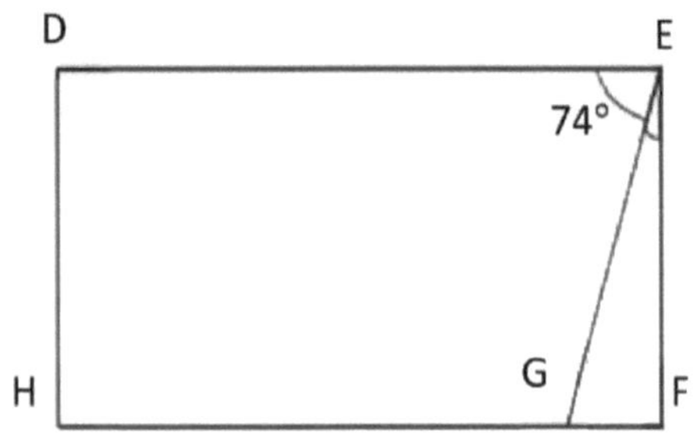

8. Suis les instructions ci-dessous dans l'espace à droite.

   a. Dessine 2 points : Q et R. À l'aide d'une règle, dessine $\overleftrightarrow{QR}$.
   b. Trace un point S quelque part entre les points Q et R.
   c. Trace un point T, qui n'est pas sur $\overleftrightarrow{QR}$.
   d. Dessine $\overline{TS}$.
   e. Trouve la mesure de $\angle QST$et de $\angle RST$.
   f. Écrire une équation pour montrer que les angles s'ajoutent à la mesure d'un angle droit.

EUREKA MATH

Écris une équation et résous numériquement les mesures inconnues de l'angle.

1.

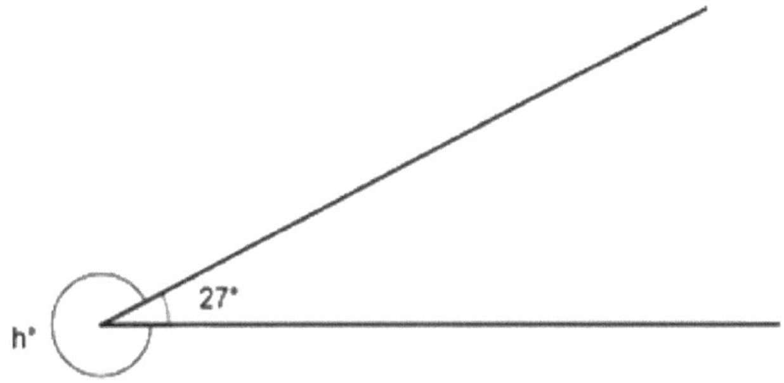

Je sais, grâce à la leçon 5, qu'un cercle mesure 360°. Je résous le problème pour *h*° en soustrayant 27° de 360°.

$\underline{27°} + \underline{333°} = 360°$

$h° = \underline{333°}$

$$\begin{array}{r} {}^{5}\ {}^{10} \\ 3\ \not{6}\ \not{0} \\ -\ \ \ 2\ 7 \\ \hline 3\ 3\ 3 \end{array}$$

2.

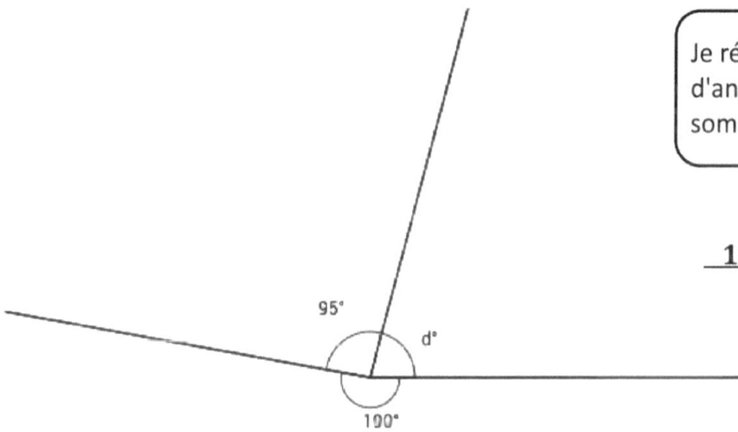

Je résous *d*° en additionnant les mesures d'angle connues, puis en soustrayant leur somme de 360°.

$\underline{190°} + \underline{95°} + \underline{75°} = \underline{360°}$

$d° = \underline{75°}$

$$\begin{array}{r} 1\ 9\ 0 \\ +\ \ \ 9\ 5 \\ \hline {}_{1} \\ 2\ 8\ 5 \end{array} \qquad \begin{array}{r} {}^{15} \\ {}^{2}\ {}^{5}\ {}^{10} \\ \not{3}\ \not{6}\ \not{0} \\ -\ 2\ 8\ 5 \\ \hline 7\ 5 \end{array}$$

3. T est l'intersection de $\overline{UV}$ et $\overline{WX}$.
$\angle UTW$ est de $51°$.

$g° =$ **129°** $h° =$ **51°** $i° =$ **129°**

$$\mathbf{129° + h° = 180°}$$
$$\mathbf{h° = 51°}$$

$$\mathbf{51° + i° = 180°}$$
$$\mathbf{i° = 129°}$$

Je peux résoudre le problème pour $i°$ en pensant à sa relation avec $\overline{UV}$ ou $\overline{WX}$. Mais je remarque aussi que des angles opposés mesurent la même chose pour cette figure.

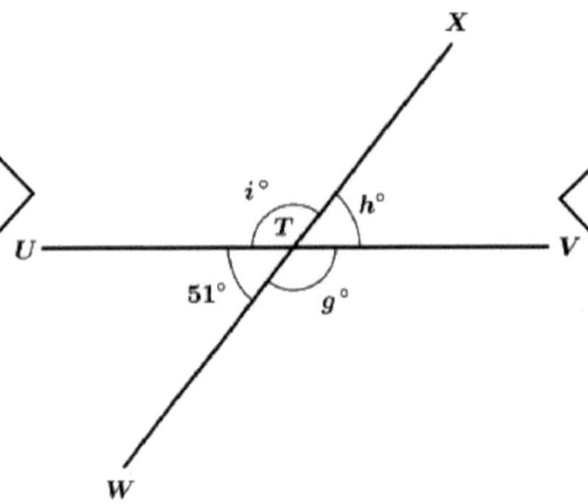

Je résous pour $h°$ en pensant aux relations entre $\angle WTV$ et $\angle VTX$. Les deux mesures d'angle s'additionnent à 180° car elles sont sur $\overline{WX}$.

$$\mathbf{51° + g° = 180°}$$
$$\mathbf{g° = 129°}$$

Je résous pour $g°$ en pensant à sa relation avec $\angle UTW$. $\angle UTV$ est un angle droit qui mesure 180°.

$$\begin{array}{r} \,{}^{7}\,{}^{10} \\ 1\,\not{8}\,\not{0} \\ -\;\;5\;1 \\ \hline 1\;2\;9 \end{array}$$

EUREKA MATH

4. P est l'intersection de $\overline{QR}$, $\overline{ST}$, et $\overline{UP}$. $\angle QPS$ est de $56°$.

$j° =$ **124°** $k° =$ **56°** $m° =$ **34°**

$$\begin{array}{r} \overset{7}{\not{8}}\overset{10}{\not{0}} \\ 1\;\;\;\;\;\; \\ -\;\;\;5\;6 \\ \hline 1\;2\;4 \end{array}$$

$$56° + j° = 180°$$
$$j° = 124°$$

Je résous pour $j°$ en pensant à la relation que $\angle SPQ$ et $\angle QPT$ ont avec $\overline{ST}$.

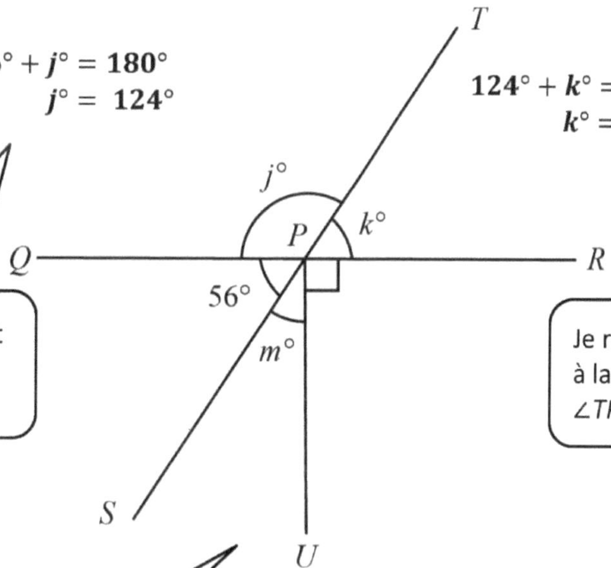

$$124° + k° = 180°$$
$$k° = 56°$$

$$\begin{array}{r} \overset{7}{\not{8}}\overset{10}{\not{0}} \\ 1\;\;\;\;\;\; \\ -\;1\;2\;4 \\ \hline 0\;5\;6 \end{array}$$

Je résous pour $k°$ en pensant à la relation que $\angle QPT$ et $\angle TPR$ ont avec $\overline{QR}$.

Je résous pour $m°$ en remarquant que $\angle$UPR est un angle droit ; donc, $\angle$UPQ est aussi un angle

$$56° + m° = 90°$$
$$m° = 34°$$

$$\begin{array}{r} \overset{8}{\not{9}}\overset{10}{\not{0}} \\ -\;5\;6 \\ \hline 3\;4 \end{array}$$

Nom ______________________________ Date ______________

Écris une équation et résous numériquement les mesures inconnues de l'angle.

1.

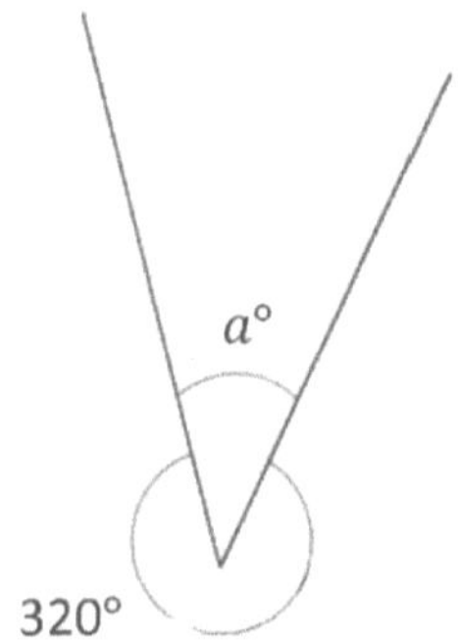

____° + 320° = 360°

$a°$= ____°

2.

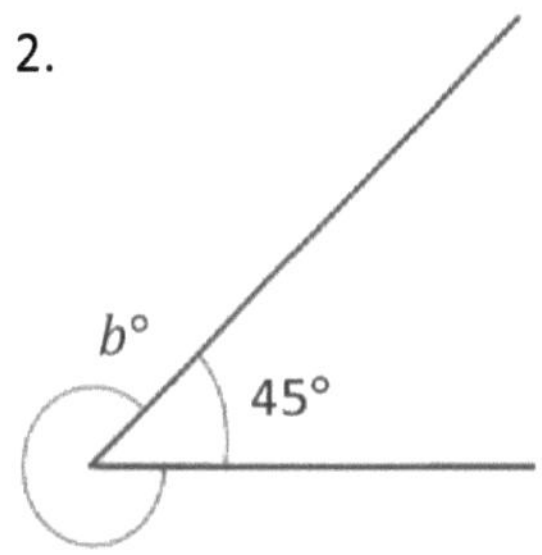

____° + ____° = 360°

$b°$= ____°

3.

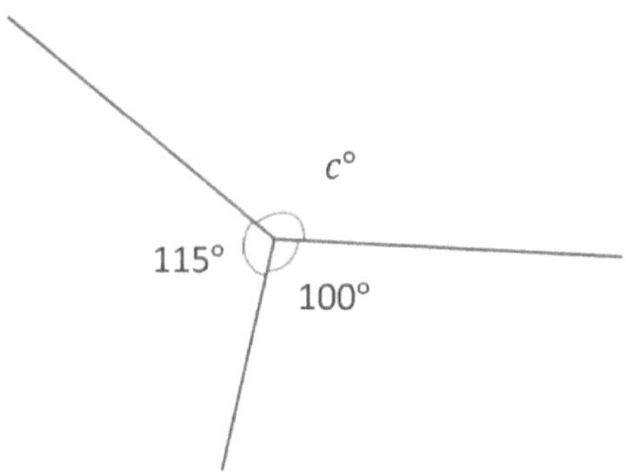

____° + ____° + ____° = _____°

$c°$ = _____°

4.

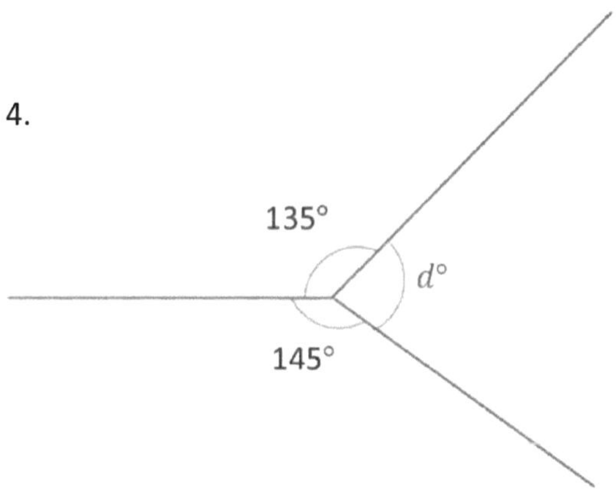

____° + ____° + ____° = _____°

$d°$ = _____°

Écris une équation et résous numériquement les mesures des angles inconnues.

5. O est l'intersection de $\overline{AB}$ et $\overline{CD}$. $e° =$ ________ $f° =$ ________
$\angle COB$ est de 145°, et $\angle AOC$ est de 35°.

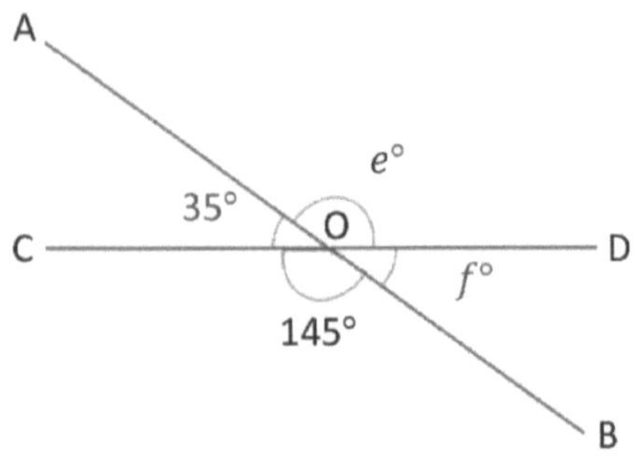

6. O est l'intersection de $\overline{QR}$ et $\overline{ST}$. $g° =$ ________ $h° =$ ________ $i° =$ ________
$\angle QOS$ est de 55°.

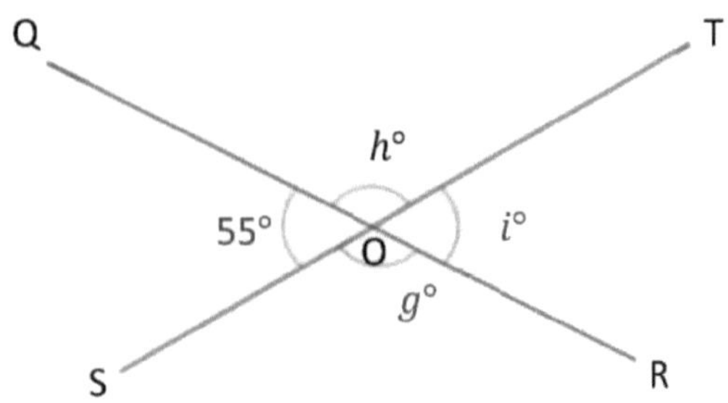

7. O est l'intersection de $\overline{UP}$, $\overline{WX}$, et $\overline{YO}$. $j° =$ ________ $k° =$ ________ $m° =$ ________
$\angle VOX$ est de 46°.

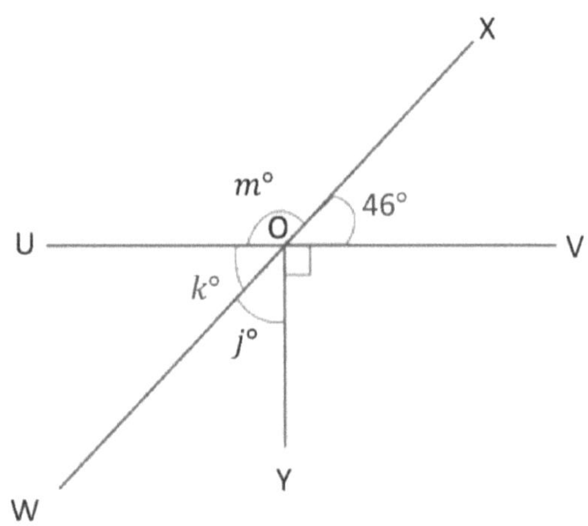

EUREKA MATH

Je peux dire que les parties (b) et (d) ont chacune une ligne de symétrie parce que la figure dans chaque partie est la même des deux côtés de la ligne.

1. Entoure les formes qui ont une ligne de symétrie correcte.

a. b. c. d.

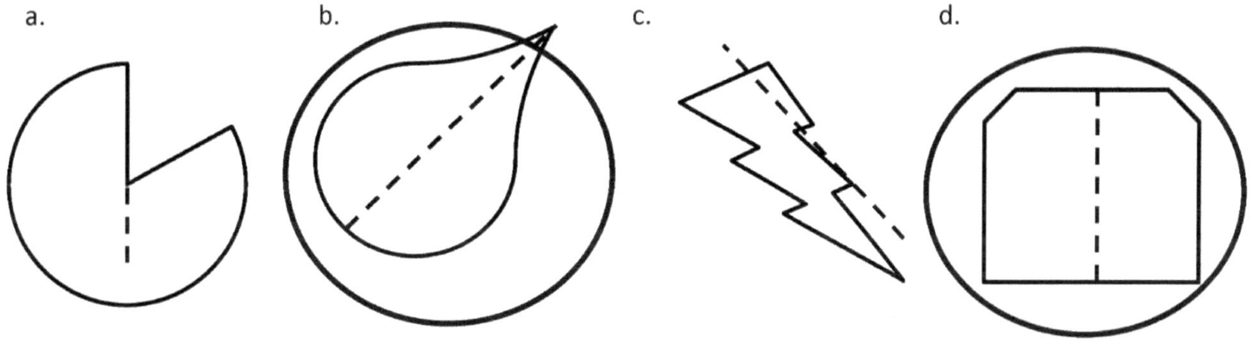

2. Trouve et dessine toutes les lignes de symétrie pour les formes suivantes. Écris le nombre de lignes de symétrie que tu as trouvées dans le blanc sous la forme.

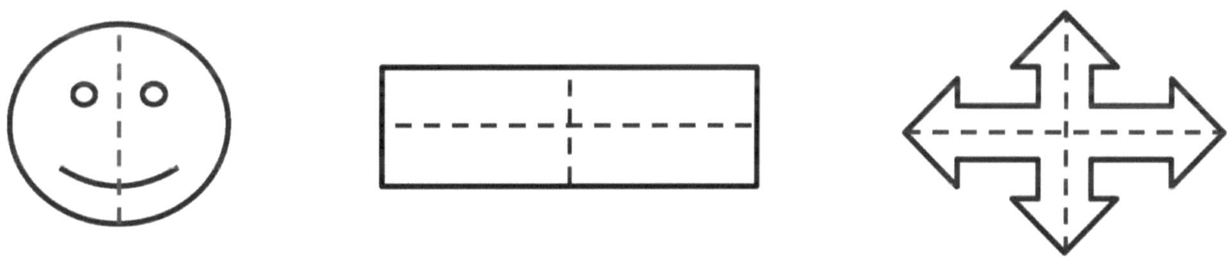

a. 1 b. 2 c. 2

Je pense à plier ces formes en moitié de nombreuses façons différentes. Si les formes correspondent à l'endroit où je les plie, c'est une ligne de symétrie.

3. La moitié de la forme ci-dessous a été dessinée. Utiliser la ligne de symétrie, représentée par la ligne en pointillés, pour compléter la forme.

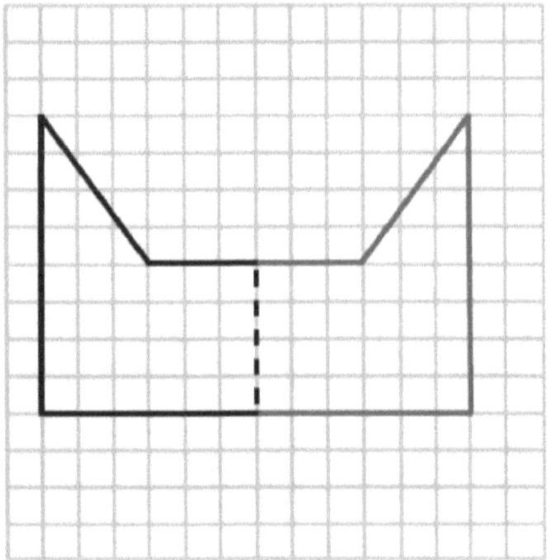

J'utilise la grille pour m'aider à compléter la figure. Je compte le nombre d'unités de longueur de chaque segment, puis je dessine des segments de même longueur pour l'autre moitié de la figure. Je dessine d'abord les côtés qui suivent les lignes de la grille, puis je fais la ligne diagonale.

Nom ______________________________ Date ________________

1. Entoure les formes qui ont une ligne de symétrie correcte.

a. 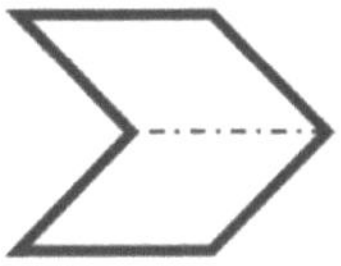 b. 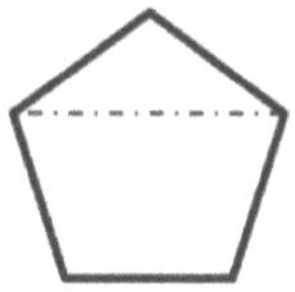 c.  d. 

2. Trouve et dessine toutes les lignes de symétrie pour les formes suivantes. Écris le nombre de lignes de symétrie que tu as trouvées dans le blanc sous la forme.

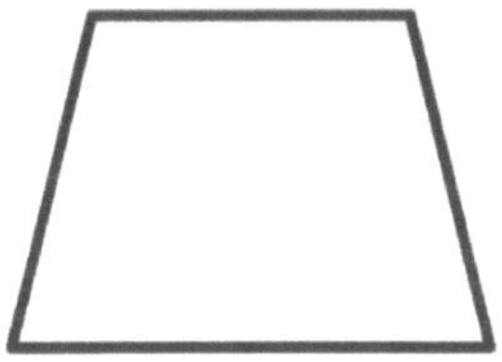  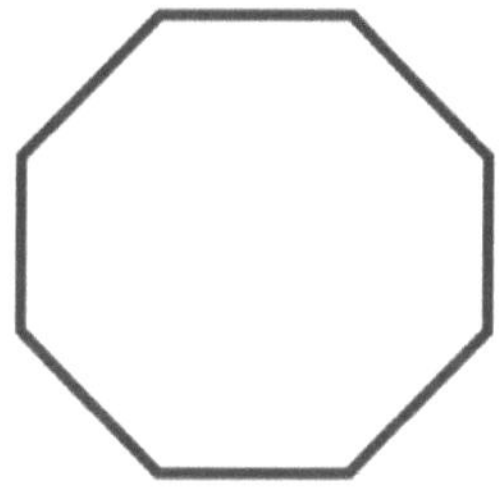

a. ________ b. ________ c. ________

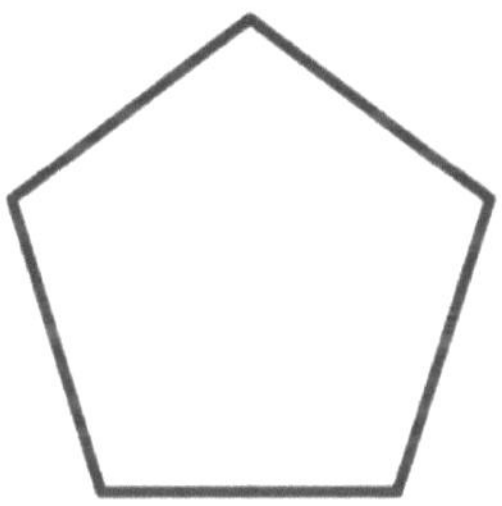  

d. ________ e. ________ f. ________

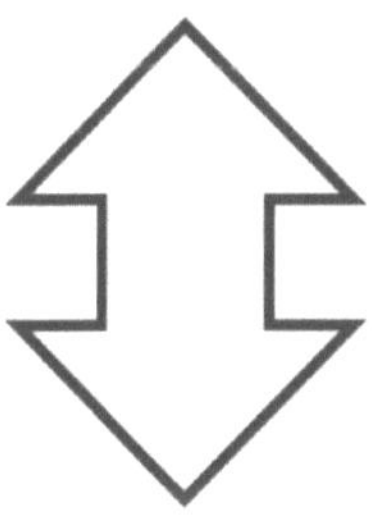  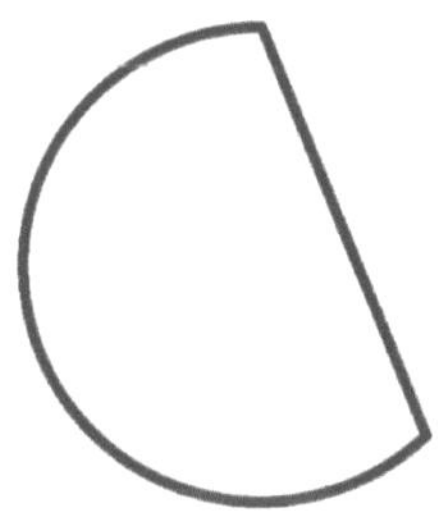

g. ________ h. ________ i. ________

3. La moitié de chaque forme ci-dessous a été dessinée. Utilise la ligne de symétrie, représentée par la ligne en pointillés, pour compléter chaque forme.

a.

b.

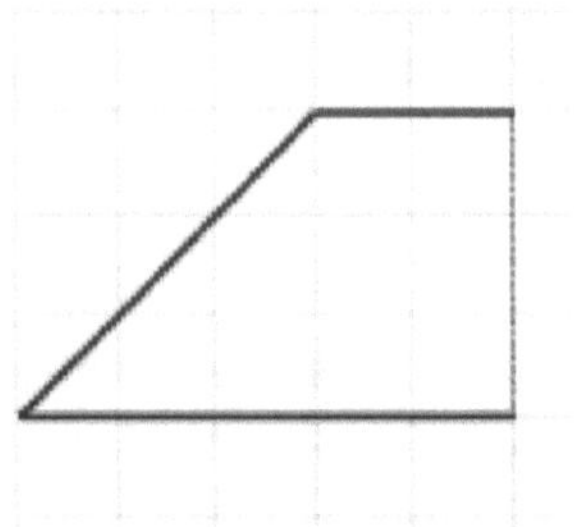

c.

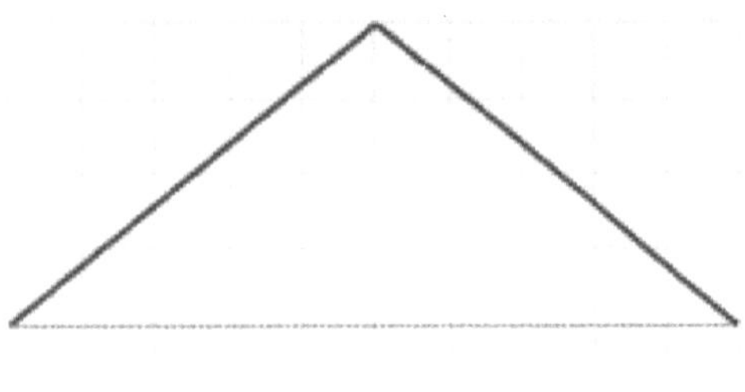

d.

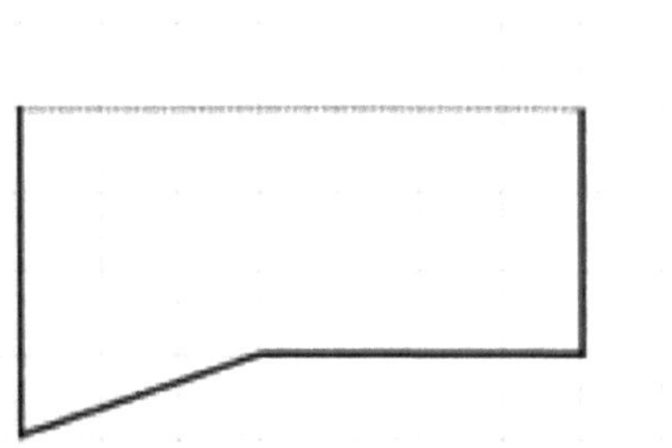

4. Y a-t-il une autre forme qui a le même nombre de lignes de symétrie qu'un cercle ? Explique.

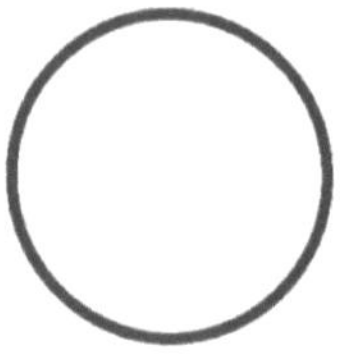

1. Classe chaque triangle par ses longueurs de côté et ses mesures d'angle. Entoure les noms corrects.

	Classer à l'aide des longueurs de côté	Classer à l'aide de mesures d'angle
a. 	Équilatéral Isocèle **Scalène**	Aigu **Droit** Obtus
b. 	Équilatéral **Isocèle** Scalène	Aigu Droit **Obtus**
c. 	**Équilatéral** Isocèle Scalène	**Aigu** Droit Obtus

Parfois, les triangles sont dessinés avec des marques de tique, de petits tirets perpendiculaires sur les côtés du triangle. Ces marques de tiques signifient que ces côtés ont la même longueur.

Pour classer par longueurs de côté, j'utilise une règle pour mesurer chaque côté du triangle ou je regarde si des marques de tiques sont dessinées. Les triangles équilatéraux ont des côtés qui sont tous de la même longueur. Les triangles isocèles ont deux côtés de même longueur. Les triangles scalènes ont des côtés de longueurs différentes.

Pour classer par mesure d'angle, je peux utiliser un rapporteur ou un modèle d'angle droit. Un triangle aigu a trois angles inférieurs à 90°. Un triangle rectangle a un angle de 90°. Un triangle obtus a un angle supérieur à 90°.

2. Utilise une règle pour relier des points pour former deux autres triangles. N'utilise chaque point qu'une seule fois. Aucun des triangles ne peut se chevaucher. Un point ne sera pas utilisé. Nomme et classe les trois triangles ci-dessous. Le premier a été fait pour toi.

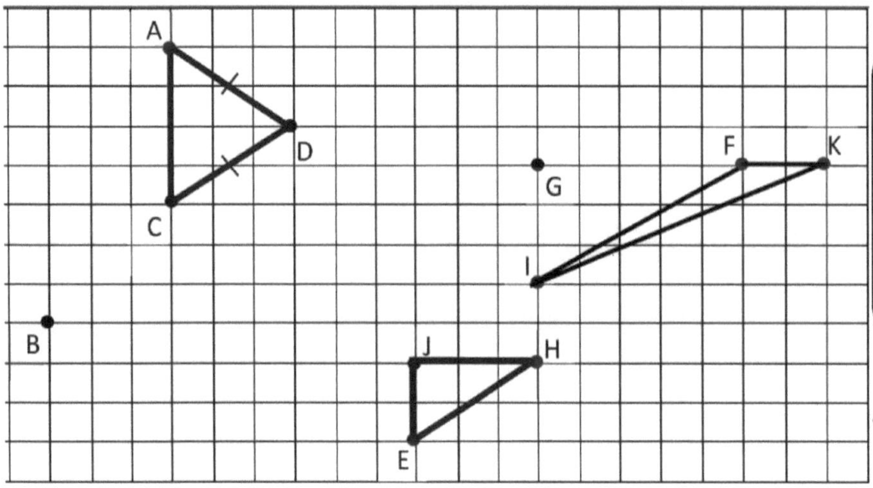

Je dessine deux triangles et je classe chacun d'eux. Je reviens sur le premier problème pour rappeler comment classer les triangles.

Nommer les triangles à l'aide de leurs sommets	Classer par longueur de côté	Classer par mesure d'angle
$\triangle FKI$	Scalène	Obtus
$\triangle ACD$	***Isocèle***	***Aigu***
$\triangle EHJ$	***Scalène***	***Droit***

3. Un triangle peut-il avoir deux angles obtus ? Explique.

Exemple de réponse :

Non, si un triangle avait deux angles obtus, les trois côtés ne pourraient jamais se rencontrer.

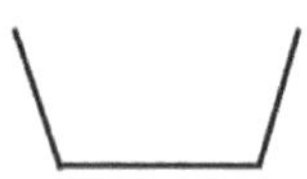

Je dessine deux angles obtus, et je vois que les trois côtés ne peuvent pas former un triangle puisque deux des segments de ligne continueront à s'éloigner au lieu de se rapprocher si je les allonge.

EUREKA MATH

Nom ____________________ Date ____________

1. Classe chaque triangle par ses longueurs de côté et ses mesures d'angle. Entoure les noms corrects.

	Classer à l'aide des longueurs de côté	Classer à l'aide de mesures d'angle
a. 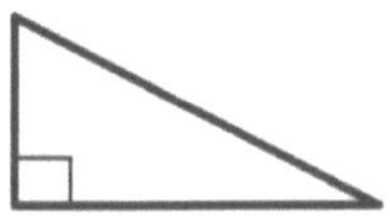	Équilatéral Isocèle Scalène	Aigu Droit Obtus
b. 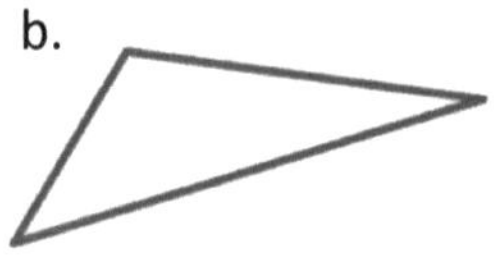	Équilatéral Isocèle Scalène	Aigu Droit Obtus
c. 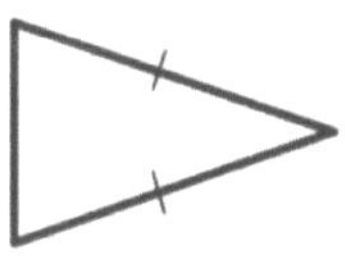	Équilatéral Isocèle Scalène	Aigu Droit Obtus
d. 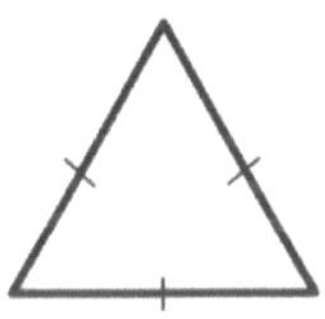	Équilatéral Isocèle Scalène	Aigu Droit Obtus

2. a. $\triangle ABC$ a une ligne de symétrie comme indiqué. La mesure de $\angle A$ est-elle plus grande, plus petite, ou égale à celle de $\angle C$?

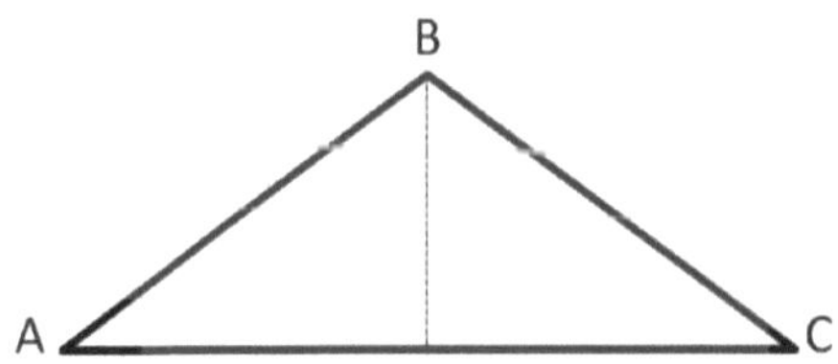

b. $\triangle DEF$ est scalène. Qu'observes-tu sur ses angles ? Explique.

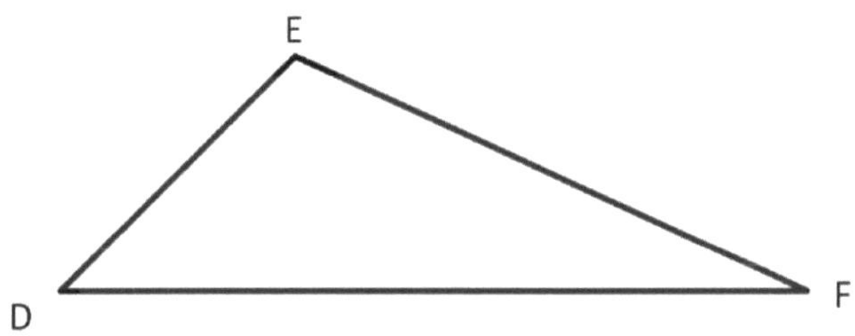

3. Utilise une règle pour relier des points pour former deux autres triangles. N'utilise chaque point qu'une seule fois. Aucun des triangles ne peut se chevaucher. Deux points ne seront pas utilisés. Nomme et classe les trois triangles ci-dessous.

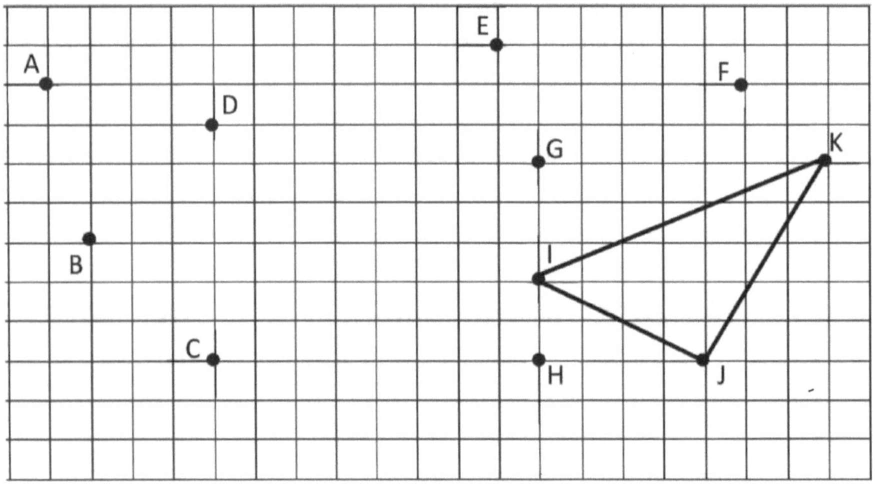

Nommer les triangles à l'aide de leurs sommets	Classer par longueur de côté	Classer par mesure d'angle
$\triangle IJK$		

4. Si le périmètre d'un triangle équilatéral est de 15 cm, quelle est la longueur de chaque côté ?

5. Un triangle peut-il avoir plus d'un angle obtus ? Explique.

6. Un triangle peut-il avoir un angle obtus et un angle droit ? Explique.

EUREKA MATH

1. Dessine des triangles qui correspondent aux classifications suivantes. Utilise une règle et un rapporteur. Étiquette les longueurs de côté et les angles.

   a. Aigu et équilatérale

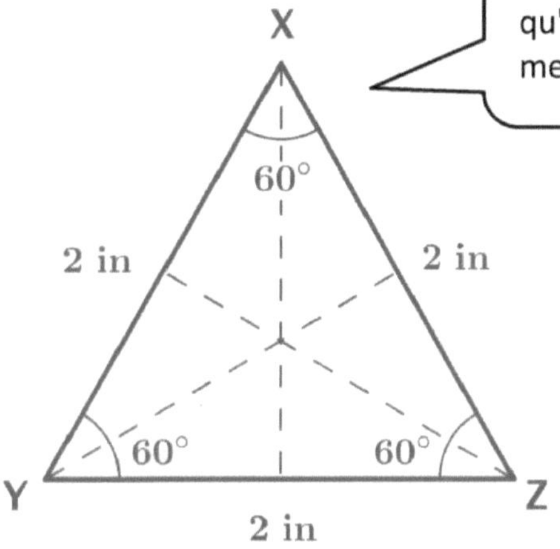

Je me souviens de la leçon 9 qu'un triangle équilatéral a des mesures d'angle de 60°.

   b. Droit et isocèle

Pour dessiner ce triangle, j'utilise d'abord mon rapporteur pour tracer l'angle droit. Ensuite, j'utilise ma règle pour m'assurer que EG et GF sont de la même longueur.

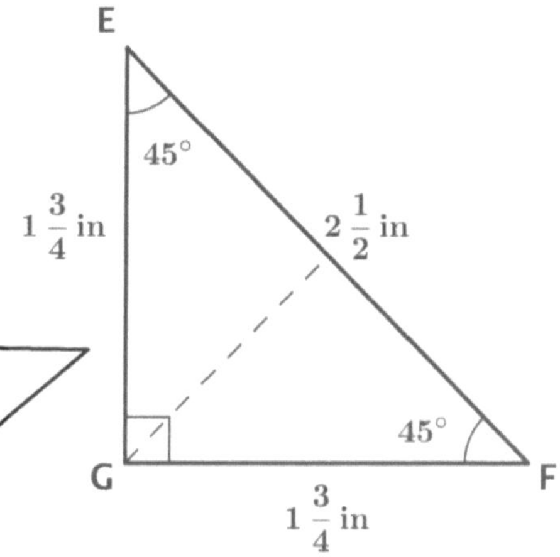

2. Trace toutes les lignes de symétrie possibles dans les triangles ci-dessus.

△ *XYZ* a trois lignes de symétrie car il s'agit d'un triangle équilatéral.
△ *EFG* a une ligne de symétrie car c'est un triangle isocèle.

3. $\triangle EFG$ peut être décrit comme un triangle rectangle et un triangle scalène. Vrai ou faux ?

   Exemple de réponse :

   Faux. $\triangle EFG$ ***est isocèle et droit. Je le sais car deux des côtés ont la même longueur et il y a un angle droit.***

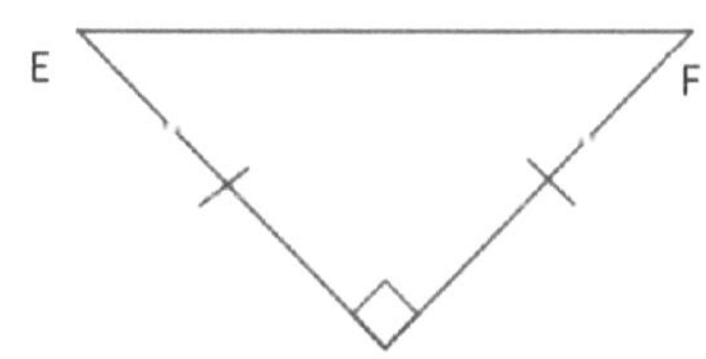

4. Si $\triangle ABC$ est un triangle équilatéral, $\overline{BC}$ doit faire 1 cm. Vrai ou faux ?

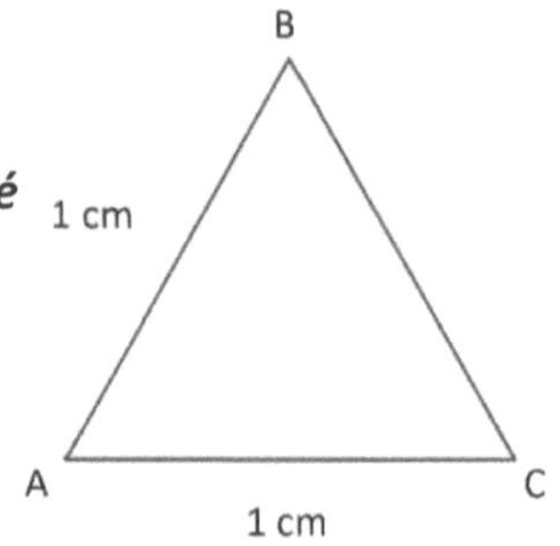

Exemple de réponse :

Vrai. Si $\triangle ABC$ est équilatéral, cela signifie que toutes les longueurs de côté doivent être de la même longueur. Donc, si deux des côtés mesurent 1 cm, le troisième côté doit également faire 1 cm.

Nom ______________________________ Date ______________

1. Dessine des triangles qui correspondent aux classifications suivantes. Utilise une règle et un rapporteur. Étiquette les longueurs de côté et les angles.

   a. Droit et isocèle

   b. Droit et scalène

   c. Obtus et isocèle

   d. Aigu et scalène

2. Trace toutes les lignes de symétrie possibles dans les triangles ci-dessus. Explique pourquoi certains des triangles n'ont pas de lignes de symétrie.

Les déclarations suivantes sont-elles vraies ou fausses ? Explique.

3. $\triangle ABC$ est un triangle isocèle. $\overline{AB}$ doit faire 2 cm. Vrai ou faux ?

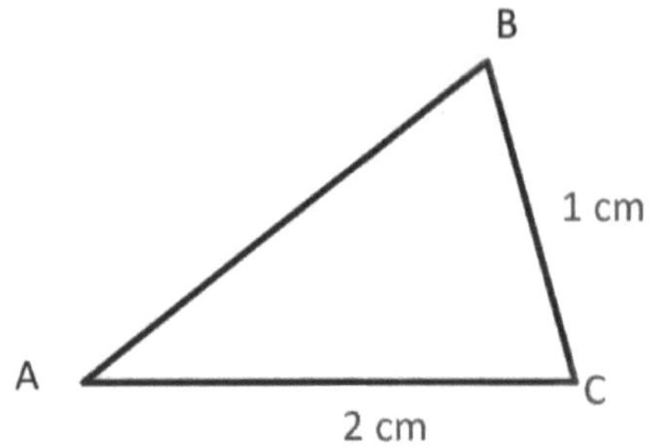

4. Un triangle ne peut pas avoir à la fois un angle aigu et un angle droit. Vrai ou faux ?

5. $\triangle XYZ$ peut être décrit à la fois comme équilatéral et aigu. Vrai ou faux ?

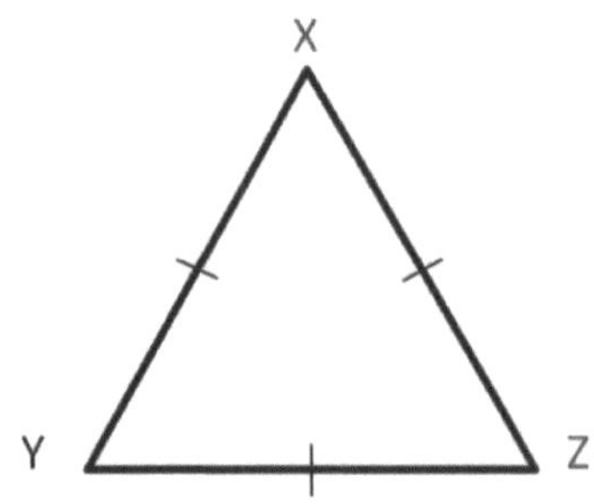

6. Un triangle rectangle est toujours scalène. Vrai ou faux ?

Extension : Dans $\triangle ABC$, x = y. Vrai ou faux ?

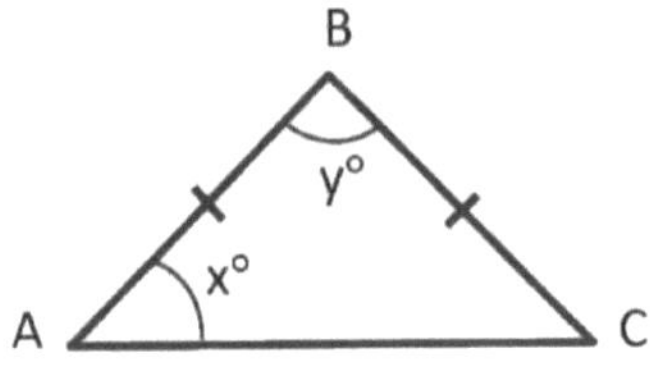

J'utilise ce que j'ai appris dans les leçons 3 et 4 pour dessiner des lignes parallèles et perpendiculaires à l'aide d'un modèle à angle droit et d'une règle.

Construis les formes suivantes en fonction des attributs donnés. Donne un nom à chaque forme que tu construis. Sois aussi spécifique que possible.

1. Un quadrilatère avec des côtés opposés de la même longueur et quatre angles droits

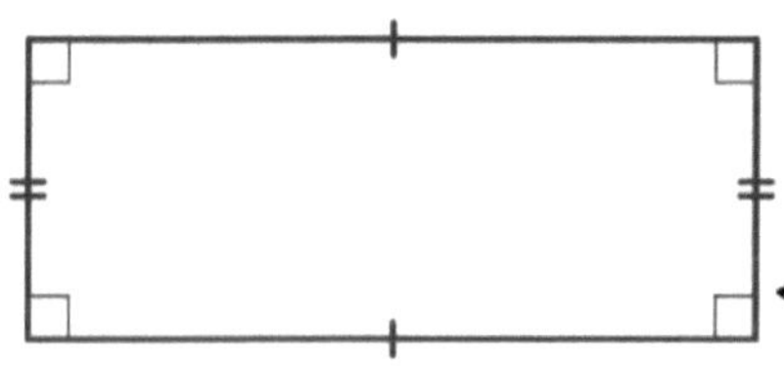

rectangle

Je dessine le segment inférieur à l'aide de ma règle. Je dessine les deux côtés en utilisant mon modèle d'angle droit et ma règle pour faire des angles droits et pour que les longueurs des côtés gauche et droit soient égales. Je dessine le segment supérieur perpendiculairement aux côtés et parallèlement au segment inférieur. Je dessine de petits carrés pour montrer les angles droits et des coches pour indiquer les côtés qui sont égaux.

2. Un quadrilatère avec une paire de côtés parallèles

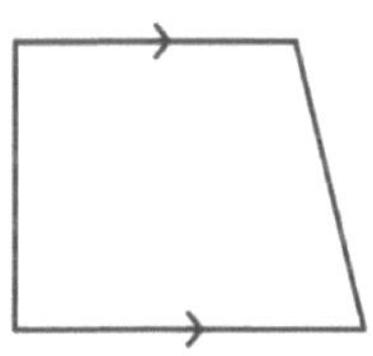

trapèze

Je dessine un segment horizontal. Je dessine un segment qui est parallèle au premier segment. Je relie les extrémités des segments. Je dessine des flèches pour marquer les côtés parallèles.

3. Un quadrilatère avec deux paires de côtés parallèles

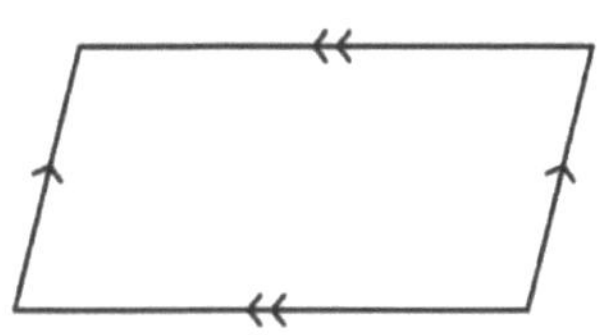

parallélogramme

Je commence par dessiner des côtés horizontaux et parallèles comme lorsque j'ai commencé à dessiner un trapèze. Après avoir dessiné le segment latéral gauche, je m'assure que le segment latéral droit est parallèle à celui-ci. J'ajoute des flèches sur les segments opposés pour montrer qu'ils sont parallèles entre eux.

4. Un parallélogramme avec tous les côtés de la même longueur et quatre angles droits

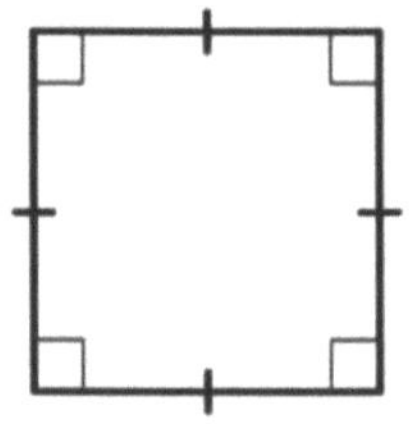

carré

Je commence par dessiner un parallélogramme, sauf que je dessine le segment latéral gauche perpendiculairement aux segments horizontaux. Je mesure le segment latéral gauche et je m'assure que les segments supérieur et inférieur sont de la même longueur. Je dessine un segment droit perpendiculaire aux segments supérieur et inférieur. Il sera de la même longueur que tous les autres côtés. J'ajoute des marques de tiquetage et des carrés à angle droit.

Nom ______________________________ Date ______________

1. Utilise la banque de mots pour nommer chaque forme, en étant aussi spécifique que possible.

Parallélogramme	Trapèze	Rectangle	Carré

a. 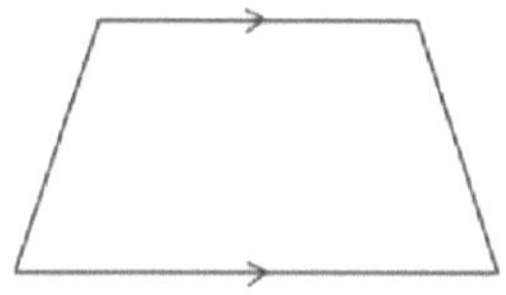

____

b. 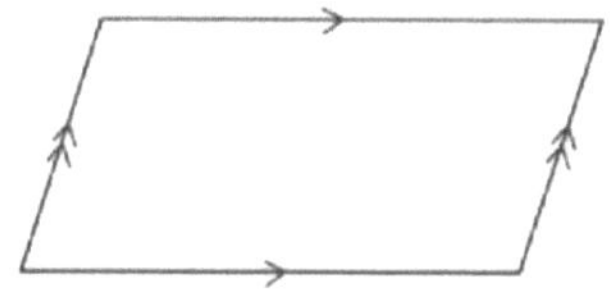

____

c. 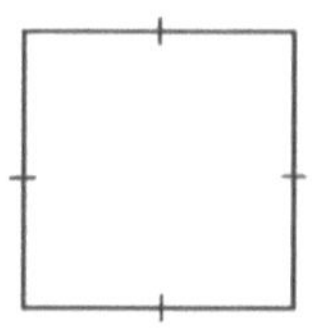

____

d. 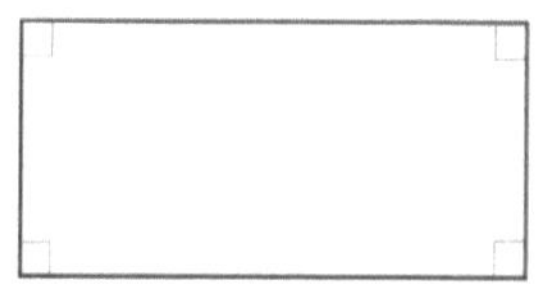

____

2. Explique l'attribut qui fait d'un carré un rectangle spécial.

3. Explique l'attribut qui fait d'un rectangle un parallélogramme spécial.

4. Explique l'attribut qui fait d'un parallélogramme un trapèze spécial.

5. Construis les formes suivantes en fonction des attributs donnés. Donne un nom à chaque forme que tu construis. Sois aussi spécifique que possible.

a. Un quadrilatère avec quatre côtés de la même longueur et quatre angles droits.

b. Un quadrilatère avec deux paires de côtés parallèles.

c. Un quadrilatère avec une seule paire de côtés parallèles.

d. Un parallélogramme à quatre angles droits.

1. Construis un quadrilatère avec tous les côtés de même longueur. Quelle forme as-tu créée ?

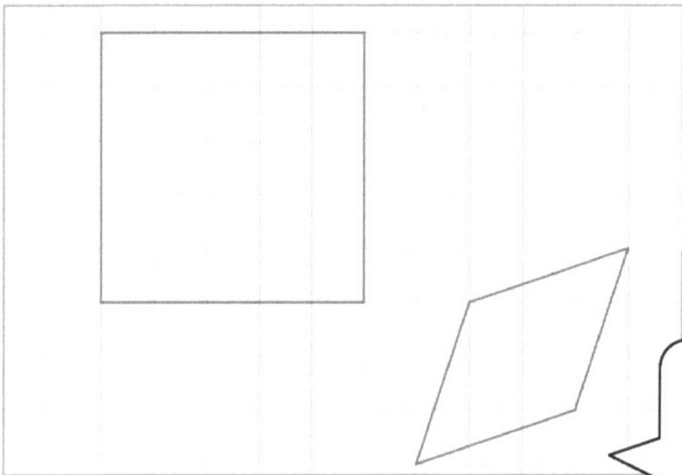

Exemple de réponse :

J'ai créé un carré.

Je trace des lignes de quadrillage pour dessiner des segments de ligne de longueur égale, en construisant un carré.

J'ai créé un losange.

Je cherche un modèle sur la grille pour dessiner un losange. Je dessine des segments qui vont en diagonale sur trois carrés de la grille.

2. Construis un quadrilatère avec deux paires de côtés parallèles. Quelle forme as-tu créée ?

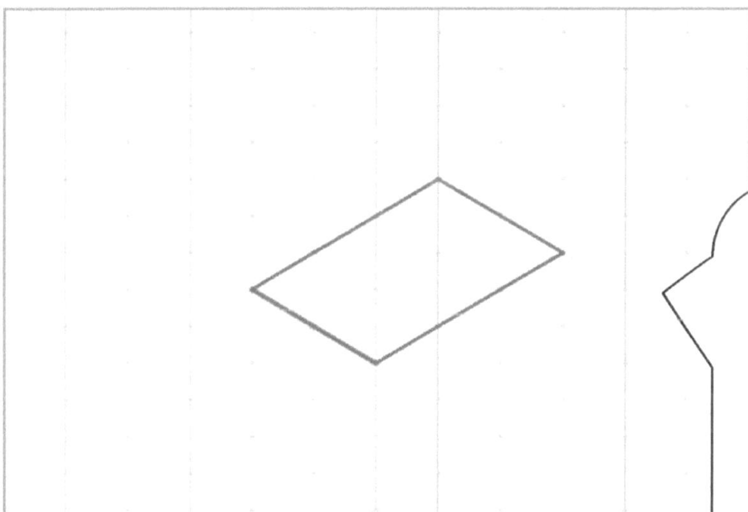

Exemple de réponse :

J'ai créé un parallélogramme.

Je trace le long d'une des lignes de quadrillage diagonales. Je dessine un deuxième segment parallèle au premier en traçant le long d'une ligne de quadrillage à deux longueurs de côté du triangle. Je dessine les troisième et quatrième segments en traçant deux autres grilles diagonales allant dans la direction opposée. J'utilise une règle et un modèle à angle droit pour vérifier que les paires de côtés sont parallèles.

J'aurais également pu dessiner un rectangle, un carré ou un losange car ils sont aussi

Nom ______________________________ Date ______________

Utilise la grille pour construire ce qui suit. Nomme la forme que tu as dessinée en utilisant l'un des termes de la case de mots.

CASE DE MOTS
Parallélogramme
Trapèze
Rectangle
Carré
Losange

1. Construis un quadrilatère avec une seule paire de côtés parallèles.
   Quelle forme as-tu créée ?

2. Construis un quadrilatère avec une paire de côtés parallèles et deux angles droits.
   Quelle forme as-tu créée ?

3. Construis un quadrilatère avec deux paires de côtés parallèles.
   Quelle forme as-tu créée ?

4. Construis un quadrilatère avec tous les côtés de même longueur.
   Quelle forme as-tu créée ?

5. Construis un rectangle avec tous les côtés de même longueur.
   Quelle forme as-tu créée ?

Crédits

Great Minds® a fait tout son possible pour obtenir l'autorisation de réimprimer tout le matériel protégé par des droits d'auteur. Si un propriétaire de matériel protégé par des droits d'auteur n'est pas mentionné dans le présent document, veuillez contacter Great Minds pour qu'il soit dûment mentionné dans toutes les éditions et réimpressions futures de ce module.

Printed by Libri Plureos GmbH in Hamburg,
Germany